普通高等教育"十二五"规划教材

SolidWorks 2014 实用教程

主 编 王喜仓 于利民

副主编 许淑珍 焦培刚 耿相军 刘同音

中国水利水电出版社
www.waterpub.com.cn

内 容 提 要

本书是学习 SolidWorks 2014 中文版软件的实用教程,内容包括 SolidWorks 2014 功能模块和特点概述、软件的环境设置与工作界面的定制、二维草图绘制、零件设计、装配设计、工程图制作等。

在内容安排上,结合大量实例对 SolidWorks 2014 软件中一些抽象的概念、命令和功能进行讲解;另外,为了学习方便,在附录中制作了本书的全程同步操作范例文件、练习素材文件。

本书内容全面、条理清晰、实例丰富、讲解详细,适用于高等院校工程技术各专业学生学习 SolidWorks,同时也可作为工程技术人员及教师的学习和参考书籍。

图书在版编目(C I P)数据

SolidWorks 2014实用教程 / 王喜仓,于利民主编
. -- 北京 : 中国水利水电出版社,2014.8(2023.1重印)
普通高等教育"十二五"规划教材
ISBN 978-7-5170-2217-6

Ⅰ. ①S… Ⅱ. ①王… ②于… Ⅲ. ①计算机辅助设计
—应用软件—高等学校—教材 Ⅳ. ①TP391.72

中国版本图书馆CIP数据核字(2014)第140816号

策划编辑:雷顺加/宋俊娥   责任编辑:王玉梅   封面设计:李 佳

书　　名	普通高等教育"十二五"规划教材 **SolidWorks 2014 实用教程**
作　　者	主 编 王喜仓 于利民 副主编 许淑珍 焦培刚 耿相军 刘同音
出版发行	中国水利水电出版社 (北京市海淀区玉渊潭南路 1 号 D 座　100038) 网址:www.waterpub.com.cn E-mail: mchannel@263.net(答疑) 　　　　sales@mwr.gov.cn 电话:(010)68545888(营销中心)、82562819(组稿)
经　　售	北京科水图书销售有限公司 电话:(010)68545874、63202643 全国各地新华书店和相关出版物销售网点
排　　版	北京万水电子信息有限公司
印　　刷	三河市德贤弘印务有限公司
规　　格	184mm×260mm　16 开本　20.75 印张　565 千字
版　　次	2014 年 8 月第 1 版　2023 年 1 月第 9 次印刷
印　　数	18001—20000 册
定　　价	39.00 元

前　　言

随着计算机与图形设备的日益普及与发展，计算机三维辅助设计在各行各业得到了广泛的应用。在工程制图的教学内容、教学模式上也从过去的手工仪器绘图为主，逐步过渡到手工仪器绘图、计算机绘图并存，并以计算机绘图为主的新教学模式。我们正是顺应这种教学改革的趋势，在集合了编者多年来教学改革经验的基础上，编写了这本《SolidWorks 2014 实用教程》，该教材适应的学时数为 40～60 学时。

本教材主要有以下几个特点。

（1）在教材内容的结构体系上，根据学生学习三维绘图技术的思维特点，更好地调整、安排了内容顺序，使学生边学习理论知识，边上机实践，以利于教学和学习。

（2）在内容的安排上，突出了基本内容的学习和操作技能的培养，内容精练，图文并貌，通俗易懂。力求作到少而精，针对性强，简练实用，使该书更具有实用性。

（3）本教材在绘图软件选择方面，选用了目前最流行的 SolidWorks 2014 软件。

本书由王喜仓、于利民任主编，许淑珍、焦培刚、耿相军、刘同音任副主编。参加本书编写的有王喜仓（第 1 章、第 2 章、附录）、于利民（第 6 章、第 7 章）、许淑珍（第 4 章、第 9 章）、耿相军（第 11 章）、焦培刚（第 12 章）、柳同音（第 13 章）、李志丹（第 3 章）、张文波（第 5 章）、任贵美（第 10 章）、陈世想（第 8 章）。本书由山东工程图学会理事长、山东大学教授范波涛主审。本书在编写过程中，得到了所在单位有关领导及工程图学教师的支持与帮助，在此表示衷心的感谢。

由于编者水平所限，书中难免有错误与不当之处，敬请读者给予批评指正。

编　者
2014 年 5 月

目　　录

前言

第 1 章　SolidWorks 基本知识 ……………… 1
  1.1　开启与关闭程序 ………………………… 1
    1.1.1　开启程序 ………………………… 1
    1.1.2　关闭程序 ………………………… 1
  1.2　文档操作 ………………………………… 2
    1.2.1　新建文件 ………………………… 2
    1.2.2　打开文件 ………………………… 3
    1.2.3　保存文件 ………………………… 3
    1.2.4　关闭文件 ………………………… 4
  1.3　工作界面 ………………………………… 4
    1.3.1　任务窗格 ………………………… 4
    1.3.2　设计管理区 ……………………… 6
    1.3.3　图形工作区 ……………………… 9
    1.3.4　命令管理器 ……………………… 9
    1.3.5　前导视图工具栏 ………………… 10
    1.3.6　状态栏 …………………………… 10
  1.4　常用视图操作 …………………………… 11
    1.4.1　选择特征 ………………………… 11
    1.4.2　缩放视图 ………………………… 13
    1.4.3　旋转视图 ………………………… 14
    1.4.4　平移视图 ………………………… 14
  1.5　选项设置 ………………………………… 15
    1.5.1　系统选项 ………………………… 15
    1.5.2　文档属性 ………………………… 16
  1.6　自定义设置 ……………………………… 18
    1.6.1　自定义工具栏 …………………… 18
    1.6.2　自定义命令 ……………………… 18
    1.6.3　自定义菜单 ……………………… 19
    1.6.4　自定义快捷键 …………………… 19
    1.6.5　自定义选项 ……………………… 20
  1.7　实训——实体设计入门 ……………… 21
  习题 1 ………………………………………… 23
第 2 章　草图绘制 …………………………… 24
  2.1　认识草图环境 …………………………… 24

    2.1.1　进入草图绘制界面 ……………… 24
    2.1.2　草图基本介绍 …………………… 24
    2.1.3　应用草图的状态 ………………… 27
    2.1.4　创建/编辑草图常见的步骤 …… 28
    2.1.5　智能推理 ………………………… 29
    2.1.6　草图捕捉 ………………………… 29
  2.2　绘制基础草图 …………………………… 31
    2.2.1　直线和中心线 …………………… 31
    2.2.2　矩形 ……………………………… 32
    2.2.3　圆 ………………………………… 32
    2.2.4　圆弧 ……………………………… 33
    2.2.5　样条曲线 ………………………… 33
    2.2.6　椭圆 ……………………………… 34
    2.2.7　圆角及倒角 ……………………… 34
    2.2.8　多边形 …………………………… 35
    2.2.9　创建点 …………………………… 35
    2.2.10　创建文字 ……………………… 36
    2.2.11　槽口 …………………………… 36
    2.2.12　实训——绘制简单草图 ……… 37
  2.3　绘制参照草图 …………………………… 37
    2.3.1　引用实体创建草图 ……………… 37
    2.3.2　相交创建草图 …………………… 38
    2.3.3　偏距创建草图 …………………… 38
    2.3.4　转换构造线 ……………………… 39
    2.3.5　实训——绘制参照草图 ……… 39
  2.4　编辑草图 ………………………………… 40
    2.4.1　删除草图实体 …………………… 40
    2.4.2　剪裁草图 ………………………… 40
    2.4.3　延伸草图 ………………………… 41
    2.4.4　镜像草图 ………………………… 42
    2.4.5　阵列草图 ………………………… 42
    2.4.6　移动与复制草图 ………………… 43
    2.4.7　旋转草图 ………………………… 44
    2.4.8　缩放草图 ………………………… 45

2.4.9　实训——绘制复杂草图 ·········· 45

2.5　形状约束 ································ 46

2.5.1　水平约束 ························ 46

2.5.2　竖直约束 ························ 47

2.5.3　共线约束 ························ 47

2.5.4　垂直约束 ························ 47

2.5.5　平行约束 ························ 48

2.5.6　相等约束 ························ 48

2.5.7　固定约束 ························ 49

2.5.8　相切约束 ························ 49

2.5.9　重合约束 ························ 49

2.5.10　同心约束 ······················ 50

2.5.11　对称约束 ······················ 50

2.5.12　实训——几何约束 ············ 50

2.6　编辑约束 ································ 51

2.6.1　显示与删除约束 ················ 51

2.6.2　完全定义草图 ·················· 52

2.7　尺寸标注 ································ 52

2.7.1　尺寸标注的一般步骤 ·········· 52

2.7.2　智能尺寸标注 ·················· 53

2.7.3　水平尺寸标注 ·················· 54

2.7.4　垂直尺寸标注 ·················· 54

2.7.5　尺寸链标注 ···················· 54

2.7.6　实训——草图综合练习 ········ 55

习题 2 ·· 56

第 3 章　基准设置 ·························· 57

3.1　基准面 ·································· 57

3.1.1　基准面应用场合 ················ 57

3.1.2　操作流程与对话框操作定义 ···· 57

3.1.3　创建基准面的方法 ·············· 59

3.1.4　实训——创建基准面 ·········· 59

3.2　基准轴 ·································· 60

3.2.1　基准轴的应用场合 ·············· 60

3.2.2　操作流程与对话框操作定义 ···· 60

3.2.3　创建基准轴的方法 ·············· 61

3.2.4　实训——创建基准轴 ·········· 61

3.3　基准点 ·································· 62

3.3.1　基准点的应用场合 ·············· 62

3.3.2　操作流程与对话框操作定义 ······ 62

3.4　坐标系 ·································· 63

3.4.1　坐标系的应用场合 ·············· 63

3.4.2　操作流程与对话框操作定义 ···· 63

3.4.3　创建坐标系的方法 ·············· 63

习题 3 ·· 64

第 4 章　实体特征 ·························· 65

4.1　基础特征 ································ 65

4.1.1　拉伸特征 ························ 65

4.1.2　旋转特征 ························ 70

4.1.3　扫描特征 ························ 71

4.1.4　装饰螺纹线特征 ················ 74

4.1.5　放样特征 ························ 75

4.1.6　实训——基础特征练习 ········ 78

4.2　工程特征 ································ 79

4.2.1　圆角特征 ························ 79

4.2.2　倒角特征 ························ 81

4.2.3　拔模特征 ························ 82

4.2.4　抽壳特征 ························ 86

4.2.5　加强筋特征 ······················ 86

4.2.6　简单直孔特征 ·················· 88

4.2.7　异型孔向导特征 ················ 89

4.2.8　实训——工程特征 ············ 90

4.3　扣合特征 ································ 91

4.3.1　装配凸台 ························ 91

4.3.2　弹簧扣 ·························· 92

4.3.3　弹簧扣凹槽 ······················ 93

4.3.4　通风口 ·························· 94

4.3.5　唇缘/凹槽 ······················ 95

4.3.6　实训——绘制通风口 ·········· 96

4.3.7　综合实训——绘制虎钳的丝杠 ···· 96

习题 4 ·· 98

第 5 章　实体编辑 ·························· 99

5.1　变形编辑 ································ 99

5.1.1　弯曲 ···························· 99

5.1.2　包覆 ···························· 100

5.1.3　圆顶 ···························· 101

5.1.4　变形 ···························· 102

5.1.5　特型 ···························· 105

5.2　组合编辑 ································ 106

5.2.1 组合 ·················· 106
5.2.2 分割 ·················· 108
5.3 阵列 ····················· 109
5.3.1 线性阵列 ·············· 109
5.3.2 圆周阵列 ·············· 110
5.3.3 曲线驱动阵列 ·········· 111
5.3.4 草图驱动阵列 ·········· 111
5.3.5 填充阵列 ·············· 112
5.4 综合实体设计 ············· 113
5.4.1 实训练习一 ············ 113
5.4.2 实训——做阀体实体 ···· 116
习题 5 ·························· 121

第 6 章 3D 草图与 3D 曲线 ······· 122
6.1 3D 草图 ·················· 122
6.1.1 3D 草图和 2D 草图的区别 ·· 122
6.1.2 3D 草图工具 ·········· 122
6.1.3 实训——3D 草图 ······ 123
6.2 3D 曲线 ·················· 128
6.2.1 分割线 ················ 128
6.2.2 投影曲线 ·············· 129
6.2.3 组合曲线 ·············· 130
6.2.4 螺旋线和涡状线 ········ 130
6.2.5 通过 XYZ 点的曲线 ···· 131
6.2.6 通过参考点的曲线 ······ 131
6.2.7 实训——3D 曲线 ······ 132
习题 6 ·························· 135

第 7 章 曲面特征 ················· 136
7.1 拉伸曲面 ················· 136
7.2 旋转曲面 ················· 137
7.3 扫描曲面 ················· 137
7.4 放样曲面 ················· 137
7.5 边界曲面 ················· 138
7.6 直纹曲面 ················· 140
7.7 加厚曲面 ················· 142
7.8 综合实训 ················· 142
7.8.1 实训 1——滤斗的绘制 ···· 142
7.8.2 实训 2——墨汁瓶的绘制 ·· 143
习题 7 ·························· 146

第 8 章 曲面编辑 ················· 147

8.1 延伸曲面 ················· 147
8.2 裁剪曲面 ················· 147
8.3 解除修剪曲面 ············· 148
8.4 圆角曲面 ················· 149
8.5 等距曲面 ················· 150
8.6 平面区域 ················· 150
8.7 填充曲面 ················· 150
8.8 删除面 ··················· 153
8.9 替换面 ··················· 154
8.10 自由形 ·················· 155
8.11 中面 ···················· 157
8.12 分型面 ·················· 157
8.13 缝合曲面 ················ 158
8.14 延展曲面 ················ 158
8.15 移动/复制实体 ·········· 159
8.16 综合实训 ················ 160
8.16.1 实训 1——用曲面制作雨伞 ·· 160
8.16.2 实训 2——风扇扇叶的制作 ····· 164
习题 8 ·························· 166

第 9 章 装配设计 ················· 167
9.1 装配概述 ················· 167
9.2 添加零部件 ··············· 168
9.2.1 直接插入零部件 ········ 168
9.2.2 在装配体中创建新零件 ·· 168
9.2.3 插入子装配体 ·········· 169
9.2.4 随配合复制 ············ 170
9.3 配合零部件 ··············· 170
9.3.1 标准配合 ·············· 170
9.3.2 高级配合 ·············· 173
9.3.3 机械配合 ·············· 174
9.3.4 实训——配合零部件 ···· 176
9.4 编辑零部件 ··············· 183
9.4.1 移动或旋转零部件 ······ 183
9.4.2 零部件阵列与镜向 ······ 184
9.4.3 装配体显示控制 ········ 185
9.4.4 替换零部件 ············ 185
9.4.5 实训——编辑零部件 ···· 186
9.5 装配体特征 ··············· 189
9.5.1 创建孔系列特征 ········ 189

9.5.2 创建异型孔特征 ·············· 191
9.5.3 创建简单直孔特征 ············ 192
9.5.4 创建拉伸切除特征 ············ 193
9.5.5 创建旋转切除特征 ············ 193
9.5.6 实训——装配体特征 ········· 194
9.6 装配检查 ······················ 196
9.6.1 干涉检查 ····················· 196
9.6.2 孔对齐 ······················· 196
9.6.3 测量距离 ····················· 196
9.6.4 计算质量 ····················· 196
9.6.5 AssemblyXpert（装配报表）······· 197
9.7 爆炸视图 ······················ 197
9.7.1 创建爆炸视图 ················ 197
9.7.2 编辑爆炸视图 ················ 198
9.7.3 创建爆炸直线草图 ············ 199
9.7.4 编辑爆炸直线草图 ············ 200
9.7.5 爆炸视图控制 ················ 200
9.8 综合实训 ······················ 201
9.8.1 实训 1——完成千斤顶的装配 ··· 201
9.8.2 实训 2——安全阀的装配 ······ 205
习题 9 ································· 213
第 10 章 工程图 ······················ 214
10.1 工程图概述 ··················· 214
10.1.1 设定工程图选项 ············· 215
10.1.2 创建工程图 ················· 216
10.1.3 图纸格式/大小 ·············· 216
10.1.4 工程图界面 ················· 216
10.1.5 图纸属性 ··················· 217
10.2 创建标准视图 ················· 217
10.2.1 标准三视图 ················· 217
10.2.2 模型视图 ··················· 218
10.2.3 相对视图 ··················· 218
10.2.4 预定义视图 ················· 219
10.2.5 空白视图 ··················· 219
10.3 派生工程视图 ················· 220
10.3.1 投影视图 ··················· 220
10.3.2 辅助视图 ··················· 220
10.3.3 局部视图 ··················· 221
10.3.4 剪裁视图 ··················· 222

10.3.5 断开的剖视图 ··············· 222
10.3.6 断裂视图 ··················· 223
10.3.7 剖面视图 ··················· 224
10.3.8 旋转剖视图 ················· 225
10.3.9 交替位置视图 ··············· 225
10.4 编辑工程视图 ················· 226
10.4.1 工程视图属性 ··············· 226
10.4.2 更新视图 ··················· 227
10.4.3 移动视图 ··················· 227
10.4.4 对齐视图 ··················· 228
10.4.5 旋转视图 ··················· 229
10.5 视图显示控制 ················· 229
10.5.1 隐藏与显示视图 ············· 229
10.5.2 图层显示应用 ··············· 230
10.5.3 视图线型控制 ··············· 230
10.6 综合实训 ····················· 231
10.6.1 实训 1——零件图 ··········· 231
10.6.2 实训 2——装配图 ··········· 235
习题 10 ······························ 238
第 11 章 出详图 ······················ 239
11.1 出详图概述 ··················· 239
11.1.1 设定出详图选项 ············· 239
11.1.2 创建出详图 ················· 240
11.2 标注尺寸 ····················· 240
11.2.1 尺寸概述 ··················· 240
11.2.2 尺寸选项 ··················· 240
11.2.3 尺寸标注方式 ··············· 240
11.3 中心线 ······················· 241
11.3.1 创建中心线 ················· 241
11.3.2 创建中心符号线 ············· 242
11.4 尺寸形式 ····················· 244
11.4.1 智能尺寸 ··················· 244
11.4.2 水平/垂直尺寸 ·············· 244
11.4.3 基准尺寸 ··················· 245
11.4.4 尺寸链 ····················· 245
11.4.5 倒角尺寸 ··················· 246
11.4.6 尺寸公差 ··················· 246
11.5 修改尺寸 ····················· 246
11.5.1 修改尺寸元素 ··············· 246

11.5.2 移动与复制尺寸 ·················· 247
11.5.3 对齐尺寸 ·················· 248
11.5.4 删除尺寸 ·················· 249
11.6 添加注释与符号 ·················· 249
11.6.1 添加注释 ·················· 249
11.6.2 添加基准特征与目标 ·················· 250
11.6.3 添加形位公差符号 ·················· 252
11.6.4 添加表面粗糙度符号 ·················· 253
11.6.5 添加装饰螺纹线 ·················· 255
11.6.6 添加焊接符号 ·················· 255
11.6.7 添加孔标注 ·················· 256
11.6.8 创建零件序号 ·················· 257
11.6.9 自动零件序号 ·················· 259
11.6.10 创建修订符号 ·················· 260
11.6.11 创建剖面区域填充 ·················· 261
11.7 创建块与表格 ·················· 262
11.7.1 创建块 ·················· 262
11.7.2 插入块 ·················· 263
11.7.3 创建总表 ·················· 264
11.7.4 创建孔表 ·················· 265
11.7.5 创建修订表 ·················· 267
11.7.6 创建材料明细表 ·················· 269
11.8 装配体工程图 ·················· 269
11.8.1 零件序号 ·················· 269
11.8.2 材料明细表 ·················· 270
11.9 综合实训 ·················· 271
11.9.1 实训 1——零件图详图 ·················· 271
11.9.2 实训 2——装配图详图 ·················· 276
习题 11 ·················· 279
第 12 章 渲染输出 ·················· 280
12.1 PhotoWorks 基础知识 ·················· 280
12.2 光源 ·················· 281
12.2.1 控制 SolidWorks 光源 ·················· 281
12.2.2 控制 PhotoWorks 光源 ·················· 284
12.3 外观 ·················· 285
12.3.1 设置颜色和图像 ·················· 286
12.3.2 映射 ·················· 286
12.3.3 表面粗糙度 ·················· 287
12.3.4 照明度 ·················· 288

12.4 贴图 ·················· 289
12.5 布景 ·················· 291
12.5.1 管理程序 ·················· 292
12.5.2 房间 ·················· 292
12.5.3 背景/前景 ·················· 293
12.5.4 环境 ·················· 294
12.5.5 光源 ·················· 295
12.6 渲染.输出图像 ·················· 296
12.6.1 全真实感渲染 ·················· 296
12.6.2 预览窗口 ·················· 296
12.6.3 渲染区域 ·················· 296
12.6.4 渲染选择 ·················· 296
12.6.5 渲染到文件 ·················· 296
12.7 渲染选项 ·················· 297
12.7.1 系统选项 ·················· 298
12.7.2 文件属性 ·················· 298
12.7.3 高级属性 ·················· 299
12.7.4 照明度 ·················· 299
12.7.5 文件位置 ·················· 301
12.8 实训——渲染实例 ·················· 301
习题 12 ·················· 303
第 13 章 制作动画 ·················· 304
13.1 运动算例基础介绍 ·················· 304
13.1.1 时间窗口 ·················· 304
13.1.2 运动算例管理器 ·················· 306
13.2 创建动画 ·················· 307
13.3 动画向导 ·················· 308
13.4 动画录制 ·················· 310
13.5 实训——动画实例 ·················· 311
习题 13 ·················· 312
附录 A 千斤顶 ·················· 313
附录 B 轴承座 ·················· 314
附录 C 虎钳 ·················· 315
附录 D 针形阀 ·················· 317
附录 E 旋转开关 ·················· 318
附录 F 球阀 ·················· 320
附录 G 安全阀 ·················· 322
参考文献 ·················· 324

第 1 章　SolidWorks 基本知识

SolidWorks 是由美国 SolidWorks 公司开发的一款基于特征的三维 CAD 软件，具有参数化设计功能。它是一个在 Windows 环境下进行机械设计的软件，以设计功能为主的 CAD/CAE/CAM 软件，其界面操作完全使用 Windows 风格，具有人性化的操作界面，从而具备使用简单、操作方便的特点。其功能强大，易学易用，利用它能快捷、方便地按照自己的设计思想绘制出草图及三维实体模型。SolidWorks 是一个基于特征、参数化的实体造型系统，具有强大的实体建模功能；同时也提供了二次开发的环境和开放的数据结构。

在设计过程中，可以运用特征、尺寸及约束功能准确制作模型，并绘制出详细的工程图。根据各零件间的相互装配关系，可快速实现零部件的装配。插件中提供了运动学分析工具、动力学分析工具及有限元分析工具，可以方便地对所设计的零件进行后续分析，已完成总体设计任务。本章将介绍 SolidWorks 2014 中文版的基础知识。

1.1　开启与关闭程序

1.1.1　开启程序

SolidWorks 软件安装完成之后，在桌面上显示图标，然后双击该图标打开 SolidWorks 程序，也可以右击打开。界面如图 1-1 所示。

图 1-1　起始界面

1.1.2　关闭程序

关闭程序也有两种方式：一种如图 1-2 所示，在"文件"菜单中单击"退出"命令；另一种是直接单击界面右上方的关闭按钮，亦可关闭程序。

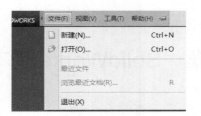

图 1-2　关闭程序

1.2　文档操作

1.2.1　新建文件

单击"标准"工具栏上的"新建"按钮 □，打开"新建 SolidWorks 文件"对话框。该对话框有两个版本，默认情况如图 1-3 所示。在对话框中提供了零件、装配体、工程图 3 个图标按钮，单击对应按钮，然后单击 ┃ 确定 ┃（也可以直接双击对应的图标）按钮，就可以创建一个对应类型的新文件了。该对话框适合初学者，文件使用的模板为系统提供的最基本模板。

单击 ┃ 高级 ┃ 按钮，"新建 SolidWorks 文件"对话框切换成如图 1-4 所示。在该对话框中有两个标签，其中"模板"标签的功能同图 1-3 所示的一样，双击对应图标就可以创建一个新的文件。除了能够根据已有模板创建新文件之外，还可以选择 Tutorial 标签中的模板来访问系统提供的指导教程模板，选择时模板的内容可以预览，如图 1-5 所示。单击 ┃ 新手 ┃ 按钮再次回到如图 1-3 所示的界面。

图 1-3　"新建 SolidWorks 文件"对话框

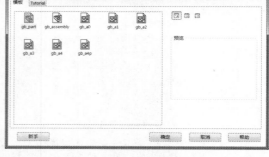

图 1-4　高级"新建 SolidWorks 文件"对话框

图 1-5　Tutorial 标签中的模板

除了利用系统已有的模板外，还可以自己创建新的模板。有关内容将在本章后面介绍。

这里创建一个新的零件文件，文件打开后的界面如图 1-6 所示，至此创建新文件完成。

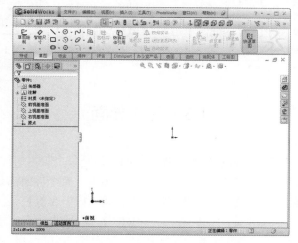

图 1-6　新建零件界面

1.2.2　打开文件

单击"标准"工具栏上的"打开"按钮，打开"打开"对话框，如图 1-7 所示。在对话框中选择所需要的文件，然后单击 打开(0) 按钮，就可以打开需要的文件了。

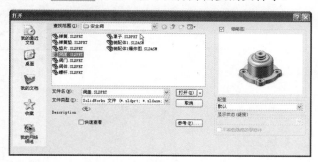

图 1-7　"打开"对话框

1.2.3　保存文件

单击"标准"工具栏上的"保存"按钮，打开"另存为"对话框，如图 1-8 所示。在对话框中选择所需要的文件夹，然后单击 保存(S) 按钮，就可以保存文件了。

图 1-8　"另存为"对话框

1.2.4　关闭文件

单击空白界面右上方的"关闭"按钮 ，就可以关闭文件了，系统会出现如图 1-9 所示的对话框。单击 是(Y) 按钮，则系统会关闭并保存文件；若单击 否(N) 按钮，则系统会关闭并删除文件。

图 1-9　"关闭"对话框

1.3　工作界面

尽管 SolidWorks 软件的易用性已经是世界公认的，但是每个版本的推出，除了带来更强大的设计功能外，操作界面也会有很多的改进，一切以易用为本。整个界面都是由标准的 Windows 资源组成，包括主窗口框架、下拉菜单、任务窗格、设计管理区、工具栏、图形工作区、状态栏等，如图 1-10 所示。

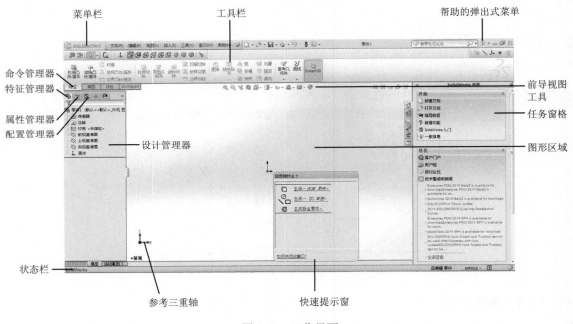

图 1-10　工作界面

1.3.1　任务窗格

任务窗格是从 SolidWorks 2005 开始新增的一种资源，它是一个浮动窗格，提供常用的一些功能，如图 1-10 所示。由于可以展开和缩放，因此该资源的使用，既可以使操作更方便，又可以增大图形工作区的可视面积。任务窗格主要包括以下几部分。

1. SolidWorks 资源

单击任务窗格右上侧的"SolidWorks 资源"面板图标 ，就可以打开 SolidWorks 资源面板。在该面板中，包括以下 4 个标签。

● 开始：提供开始设计时常用的"新建"和"打开"命令及"在线指导教程"链接。

- SolidWorks 工具：有以下选项——属性标签编制程序、SolidWorks Rx、性能基准测试等内容。
- 社区：通过选择对应选项，可以登录网上论坛，与其他人探讨有关 SolidWorks 的知识。
- 在线资源：提供学习 SolidWorks、了解 SolidWorks 和参与 SolidWorks 应用技术的讨论链接。如图 1-11 所示是 4 个标签的内容。

图 1-11　SolidWorks 资源

除此之外，在该面板上还有"日积月累"，提供使用 SolidWorks 的一些技巧，对于初学者来说非常有用。单击对应项目，系统会打开相应服务的文件或网站链接。

2. 设计库

单击任务窗格右上侧的"设计库"面板图标，切换到设计库面板。利用设计库面板，可以更加方便地管理和使用设计资源，如常用特征库、常用零件库、常用注解符号和 Toolbox 零件等，极大地提高了操作效率。可以将常用的设计资源保存到设计库中，并可以随时拖放到需要的地方，如图 1-12 所示。设计库面板的详细操作过程将在后面章节中介绍。

3. 文件探索器

单击"文件探索器"面板图标，切换到文件搜索器面板。通过该面板中的文件搜索器，可以更加方便地查找和定位 SolidWorks 文件，也

图 1-12　设计库

可以通过更加直观的方式查看 SolidWorks 文件是否打开，如图 1-13 所示。其操作方法同 Windows 的资源管理器完全一样，因此这里不再赘述。

除此之外，还有"查看调色板"面板和"外观/布景"面板，在此不做叙述，后面章节中会详细介绍。

除了对任务窗格中的面板进行操作外，还可以对任务窗格进行显示/隐藏、展开/折叠、固定/取消固定、对接/浮动操作等。

要显示或隐藏任务窗格，可以选择菜单"视图"|"任务窗格"命令，或在图形工作区的边界上右击，然后在快捷菜单中选择"任务窗格"命令，如图 1-14 所示。

图 1-13　文件探索器

图 1-14　"任务窗格"命令

要展开或折叠任务窗格，可以单击任务窗格上的项目来展开任务窗格，单击图形工作区来折叠任务窗格。如果任务窗格被固定，将不能折叠。

要固定或取消任务窗格，可以单击任务窗格标题栏右侧的 📌 按钮来固定任务窗格，单击 📍 按钮可以取消固定任务窗格。

要浮动或对接任务窗格，可以双击任务窗格的标题栏，还可以通过拖动标题栏到图形区域。

另外，拖动为对接的任务窗格的边框，还可以改变任务窗格的大小。

1.3.2　设计管理区

在 SolidWorks 图形工作区的左侧还有一个窗口，称之为"设计管理区"，如图 1-15 所示。设计、编辑、管理等操作都需要在该区域实现。默认情况下，设计管理区由 4 个面板组成，分别称为"特征管理器""属性管理器""配置管理器""标注管理器"。除此之外，SolidWorks 插件管理器（如 PhotoWorks 的渲染管理器）也安装在该区域。下面先介绍常用的特征管理器面板和属性管理器面板，其余的在后面的相关章节中介绍。

图 1-15　特征管理器

1. 特征管理器

零件设计采用的是基于特征的造型方法，为了能够记录设计过程中的每一步特征，并能够查询、显示特征间的相互关系或装配体、工程图设计之间的关系，SolidWorks 提供了一种称为"特征管理器设计树"（以后简称特征管理器）的面板，它位于设计管理区中。

特征管理器可以说是利用 SolidWorks 进行产品设计最强有力的工具，使用它可以非常方便地设计和管理产品。特征管理器可以记录产品设计的整个过程，按照特征的设计顺序和相互关系显示组成零件、装配体的每个特征信息的配合关系，或者查看工程图中的不同图纸和视图。通过对设计历程的回溯，可以查看或修改设计过程中的每一步，还可以改变设计顺序，更加准确地表达设计者的设计意图。

默认情况下，特征管理器总是显示在窗口中，如果没有显示，可以单击设计管理区上部的"特征管理器"按钮 🐾，切换到特征管理器。

在零件设计环境中，特征管理器如图 1-15 所示。其中包含一系列项目，所有项目像 Windows 的资源管理器一样构成树状结构，每一个项目都由一个图标和一个名称组成，比如 🐾 阀盖，表示的是文件项目，而 🔲 切除-拉伸1，则表示一个名为"切除-拉伸"的拉伸特征。在这些图标前面还有其他一些标志，比如 ⊞ 标志，它是一个折叠标志，表示该项目下还有子项目，单击使 ⊞ 变成 ⊟ 就可以展开项目。当项目处于不同状态时项目图标前还可以出现其他标志，具体含义在后面章节中详细介绍。

对于一个空文件，特征设计树中默认有以下几项。

（1）🐾 阀盖：可以将顶层项看作是根目录。

（2）🅰 注解：注解项的作用是控制模型中尺寸与注解的显示与隐藏。

（3）⚙ 传感器：监视零件和装配体的所选属性，并在数值超出指定阈值时发出警告。

（4）⁝⁝ 材质 〈未指定〉：用于指定为特征或零件选择的材质。

（5）◇ 前视基准面：系统提供了 3 个默认基准面（前视基准面、上视基准面、右视基准面），构成空间坐标系。

（6）⬥ 原点：坐标系统的原点。在创建特征时，无论选择哪个面，都以该点为坐标原点，除非使用"坐标系"功能改变了坐标系。

利用特征管理器，可以完成很多工作，下面介绍常用的几种，其余功能在后续章节中会详细介绍。

（1）特征管理器中的一些项目与图形管理区中的设计因素是动态关联的，通过选择特征管理器中的项目图标或名称，可以很方便地选择该项目所代表的零件模型或装配体模型中的特征、草图、参考平面等。另外，利用 Ctrl 或 Shift 键，设计者可以选取多个不相连或相连的项目。特征管理器或图形工作区是动态相连的，从特征管理器中选择项目，对应的特征在图形工作区同时动态显示。同样，在图形工作区选择特征时，特征管理器中对应的项目也会同时选中。

（2）改变设计特征的顺序。用鼠标左键拖动项目目标到目的地项目处释放，就可以重新排列生成特征的顺序。

（3）压缩或解压缩特征。在设计零件时，有时为了设计方便等原因，希望某个特征不显示出来，但又不能删除，利用压缩功能就可以做到这一点。用鼠标右击准备压缩（或解压缩）特征的项目图标，在弹出的如图 1-16 所示的菜单中选择"压缩"（或解压缩）命令，会发现该项目图标变成灰色（解压缩是从灰色变成正常颜色），且在图形工作区中对应特征也不见了，这表示该特征被压缩了。

（4）在特征管理器中，双击生成特征（包括实体特征、草图）的图标，就会显示相关尺寸值。

（5）鼠标右击项目 🅰 注解，出现如图 1-17 所示的快捷菜单。通过选择快捷菜单中的命令，就可以显示整个模型的注解、特征尺寸、参考尺寸等。

图 1-16　压缩命令

图 1-17　注解选项

当零件很复杂时，特征管理器中的项目会很多，这样选择项目就很麻烦。为了解决这个问题，系统提供了分割特征管理器的功能，该功能类似于窗口分割，就是将特征管理器一分为二，变成两个。具体操作如下：将鼠标指针指向特征管理器的顶部边框，鼠标指针将变成 ⇕ 形状，如图 1-18（a）所示。向下拖动即可分割特征管理器，如图 1-18（b）所示。再向上拖动，又可以恢复成一个特征管理器。

另外，从 SolidWorks 2006 开始，在特征管理器顶部增加了一个显示窗格。单击 ≫ 按钮，可以展开显示窗格，如图 1-19 所示。显示窗格用于查看零件、装配体和工程图文件的各种设置，上面有不同的图标，不

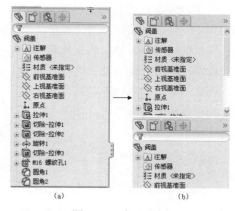

图 1-18　窗口分割

同图标代表模型不同的状态，如隐藏/显示、显示模式、透明度、外观等。为了增大设计区的面积，同任务窗格一样，通过单击如图 1-14 所示的"展开/折叠"按钮，可以将设计管理区隐藏。

2. 属性管理器

属性管理器在 SolidWorks 2001 以前的版本中使用得并不多，原因是其功能比较简单。从 SolidWorks 2001 开始，属性管理器的功能得到了很大的增强，原来设计过程中很多需要对话框实

现的功能现在都转移到了属性管理器中，这样就可以避免设计的模型被对话框覆盖的问题，也减少了使用菜单的麻烦。

单击设计管理区顶部的面板按钮 ，就可以切换到属性管理器。但多数情况下，系统会自动打开属性管理器，比如绘制一条曲线、创建一个实体特征，系统都会自动打开属性管理器。

对于不同的操作，属性管理器中提供的内容不尽相同，但是总的来说，属性管理器中一般提供下面这些项目。

（1）标题栏：用图标和文字标记当前正在完成的功能。

（2）按钮：通常包括"确定"按钮 ✔、"取消"按钮 ✖ 和"细节预览"按钮 6ư。

（3）组框：包括文本框、下拉框、列表框、单选按钮、复选框等人机对话项目。

利用这些组框，可以选择设计条件，输入设计时需要的各项参数，进行人机对话。为了界面清楚，对于不使用的组框，可以单击 ⌃ 将其折叠起来，当然单击 ⌄ 还可以将其展开。如图 1-20 所示的就是一个典型的属性管理器界面。

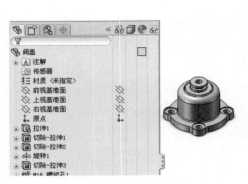

图 1-19　展开显示窗格

图 1-20　属性管理器

许多情况下，在使用属性管理器或者其他管理器的同时往往还需要操作特征管理器，为此，SolidWorks 允许在面板上同时显示两个不同的管理器。这里以属性管理器为例介绍操作方法：首先切换到属性管理器，然后将鼠标指向顶部边框，鼠标指针变成 ⬍ 形状时，向下拖动，上面就是特征管理器，下面就是属性管理器，如图 1-21 所示。

还有一种更简单的办法就是直接单击"特征管理器"面板图标 ⬚，系统会在图形工作区展开特征管理器中的所有项目，如图 1-22 所示。

图 1-21　同时显示两个不同的管理器

图 1-22　特征管理器中的所有项目

1.3.3　图形工作区

在 SolidWorks 中，"图形工作区"是用来显示、设计、编辑模型或工程视图的窗口，大部分工作都要在此完成。图形工作区能够显示的信息、进行的操作很多，这里只介绍其中的一部分，其余操作在后续章节中介绍。

1. 参考三重轴

参考三重轴只在零件设计环境和装配体设计环境显示，如图 1-23 所示，其作用是帮助查看模型的空间视图位置。三个箭头分别代表坐标系的 X、Y、Z 轴正向，随着模型视图的旋转而旋转。

需要注意的是，图 1-23 的三重轴只是用于指示模型空间视图的位置，其所在位置并不代表系统的坐标原点，也不能选择它。但是可以隐藏或者修改每个箭头的颜色。

2. 确认角落

当模型特征、草图等处于编辑状态时，在图形工作区的右上角出现如图 1-24 所示的两个按钮，称为"确认角落"。其作用就是为了方便、快速地确定或放弃编辑内容，类似于对话框中的 确定 或 取消 按钮。

在编辑特征情况下，确认角落的两个按钮如图 1-24（a）所示；在编辑草图情况下，确认角落的两个按钮如图 1-24（b）所示。

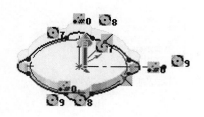

图 1-23　三重轴

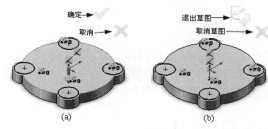

图 1-24　确认角落

3. 快速提示

为了使初学者尽快掌握 SolidWorks，系统提供了多种方法，快速提示就是其中最方便的一种。当系统处于某种模式时，系统会根据当前模式给出可能的相关操作提示或最佳建议，指导如何进行下一步操作。

在没有关闭的情况下，在线提示窗口一直出现在图形工作区，并显示可以进行的操作。如果选择了选项"生成一实体零件"，则命令管理器上的"拉伸凸台/基体"按钮 和"旋转凸台/基体"按钮 就会高亮显示，如图 1-25 所示。这说明要想创建实体零件，必须单击这两个按钮中的一个。

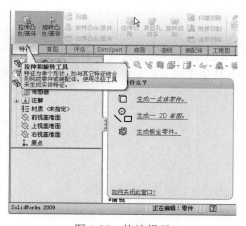

图 1-25　快速提示

1.3.4　命令管理器

SolidWorks 提供了一种称为"命令管理器"（CommandManager）的工具栏组，也可以说它是一种特殊的工具栏，正常情况下，命令管理器像其他工具栏一样位于工作区的顶部。

命令管理器是一个由多个工具栏组成的上下相关的工具栏组，它可以根据当前文档类型、设置的工作流程及当前的设计状态，动态更新上面的工具栏命令按钮。命令管理器由两部分组成：控制区和按钮显示区，如图 1-26 所示。为了节省空间，当前环境下需要的工具栏收起来，以弹出式工具栏形式分组放在控制区；当希望使用某一组按钮时，在控制区单击代表工具栏的弹出式按钮，所有按钮就会显示在上侧的按钮显示区中。

图 1-26　控制区和按钮显示区

如果在命令管理器右击，通过选择快捷菜单中的命令，也可以选择需要的命令组；还可以显示或隐藏命令按钮下面的提示文字，如图 1-27 所示。系统虽然提供了一些默认的命令组，但有些时候还需要其他的命令组，因此可以自己向工具栏上添加命令组，方法较为简单，只需在图 1-27 所示的菜单中选择"自定义 CommandManager"命令，然后在图 1-28 所示面板中选择对应的命令即可。

图 1-27　选择命令组

图 1-28　自定义 CommandManager

1.3.5　前导视图工具栏

为了操作方便，SolidWorks 在图形工作区的顶部提供了前导视图工具栏，每个视口中的透明工具栏提供操纵视图所需的所有普通工具，在此不再赘述，如图 1-29 所示。

可自定义前导视图工具栏来显示常使用的视图工具并压缩觉得无用的工具，自定义前导视图工具栏的方法如下：用右键单击前导视图工具栏中的任何工具，选取视图工具使其显示，读取消除视图工具使其隐藏，远离菜单单击以使其关闭，如图 1-30 所示。

图 1-29　前导视图工具栏

图 1-30　自定义前导视图工具栏

1.3.6　状态栏

SolidWorks 窗口底部的状态栏提供与正执行的功能有关的信息，如图 1-31 所示。

欲显示或隐藏状态栏的方法：选择"视图"｜"状态栏"，如图 1-32 所示。

状态栏中提供的典型信息如下。

图 1-31　显示或隐藏状态栏

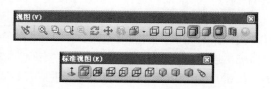

图 1-32　状态栏

（1）在将指针移到一工具上时或单击一菜单项目时的简要说明。

（2）如果对要求重建零件的草图或零件进行更改，则显示重建模型图标🔋。

（3）当操作草图时，显示草图状态及指针坐标 。

（4）显示为所选实体常用的测量，诸如边线长度。

（5）表示正在装配体中编辑零件的信息。

（6）表示已选择暂停自动重建模型的信息。

（7）打开或关闭快速提示的图标（🔲或🔲）。

1.4　常用视图操作

1.4.1　选择特征

1. 显示模型

视图操作通常通过图 1-33 所示的"视图"工具栏和"标准视图"工具栏上的按钮实现。由于"视图"工具栏上提供了"标准视图"的弹出式按扭，因此"标准视图"工具栏一般隐藏不用。

图 1-33　"视图"工具栏和"标准视图"工具栏

SolidWorks 提供了如下 3 种主要的模型显示方式及对应的工具栏命令按钮。

（1）线架图🔲：模型以线架模型方式显示，无论隐藏线还是可见线都以同样的实线显示，可视性差，但是显示速度快。

（2）消除隐藏线🔲：实体模型以线架模式显示，隐藏线不显示。

（3）上色模型🔲：实体模型以渲染模式显示，显示逼真，但显示速度慢。

另外，还提供了下面几种辅助显示方式。

（4）隐藏线可见🔲：实体模型以线架模式显示，隐藏线以灰色线段或虚线显示。

（5）草稿品质 HLR/HLV🔲：将消除隐藏线和隐藏线变暗显示模式更改为更快速的显示模式。

（6）透视图🔲：将模型以透视图模式显示，更加符合人的视觉感受。

（7）剖面视图🔲：将模型用一参考平面做剖切，并将剖切部分显示。

（8）带边线上色🔲：在上色模式下显示模型的轮廓边线。

（9）上色模式中的阴影🔲：在上色模式下显示模型的阴影。

如图 1-34 所示是各种视图模型。系统默认的模型显示方式是着色模型，可以在"选项"对话框中改变。

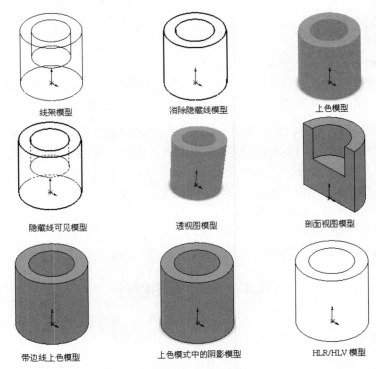

线架模型　　　　　消除隐藏线模型　　　　　上色模型

隐藏线可见模型　　　　透视图模型　　　　剖面视图模型

带边线上色模型　　　上色模式中的阴影模型　　　HLR/HLV 模型

图 1-34　各种视图模型

另外，在图形工作区上方，还有一个"显示样式"按钮 ，单击该按钮，展开一个快捷菜单，如图 1-35 所示。从中选择一个命令，其结果同选择对应命令按钮一样。

2．视角选择

默认情况下，SolidWorks 提供 9 种定义好的标准视角，即"标准视图"工具栏或"视图"工具栏上的"前视"按钮 、"后视"按钮 、"左视"按钮 、"右视"按钮 、"上视"按钮 、"下视"按钮 、"等轴测"按钮 、"上下二等角轴测"按钮 和"左右二等角轴测"按钮 等，对应着工程图上的常用投影方式。使用时，单击这些工具按钮就可以了。

此外，当设计者选定了模型上任意平面后，为观察和设计方便，均可使其正视（即与显示屏平行），方法是单击工具栏上的"正视于"按钮 。

除了利用工具栏上的对应按钮选择视角外，还可以单击"标准视图"工具栏上的"视图定向"按钮 或按键盘上的"空格"键，系统会打开如图 1-36 所示的"方向"对话框。该对话框中列出所有定义好的视角，双击目标项目等同于单击工具栏上的按钮。

图 1-35　"显示样式"按钮　　　　图 1-36　"方向"对话框 1

有时候,经常需要对模型的某一视角上的面进行操作,而该视角并不是系统定义好的标准视角,为了便于操作,系统允许将该视角定义为标准视角。具体操作如下:先通过"旋转"、"移动"等功能将模型处于合适视角,然后单击"方向"对话框上部的"新视图"按钮 ,在弹出的"命名视图"对话框中输入一个名称,确定后系统将当前视图定义为新的标准视角,如图 1-37 所示。以后希望以该视角观察模型时,只需在视图方向对话框中选择就可以了。要删除自定义的视图,可以在列表中选中它,然后按 Delete 键就可以了。

在"方向"对话框中还有两个按钮:"更新标准视图"按钮 和"重设标准视图"按钮 。前者的功能是改变当前文件中标准视图的方向,后者的作用是将所有标准视图方向恢复系统默认状态,举例说明这两个按钮的使用方法。在"方向"对话框中双击"前视"项目,使模型处于"前视"视角,如图 1-38(a)所示;然后单击"左视"项目,再单击 按钮,系统会弹出如图 1-39 所示的对话框,确定后原来的前视角就变成左视角了,同时根据投影关系更新其他所有视角。如果此时再双击"方向"对话框中的"左视"项目,视角不会改变,如图 1-38(b)所示,说明标准视图已经更新。如果希望恢复到系统默认状态,单击"重设标准视图"按钮 即可。

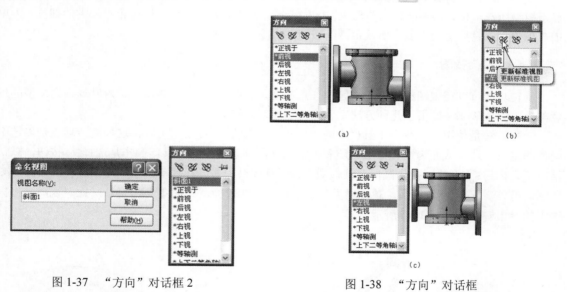

图 1-37　"方向"对话框 2　　　　　　　　图 1-38　"方向"对话框

另外,在图形工作区上方,还有一个"视图定向"按钮 和"显示样式"按钮 ,单击该按钮,展开一个快捷菜单,如图 1-40 所示。菜单中不但提供了"标准视图"工具栏上对应按钮的命令,还提供了"视口"子菜单中的命令,从中选择一个命令,其结果同选择对应命令按钮一样。

图 1-39　SolidWorks 对话框

图 1-40　"视图定向"按钮

1.4.2　缩放视图

SolidWorks 提供了以下几种视图缩放功能。

(1)整屏显示视图。该功能是在当前图形工作区尽可能大地显示整个视图。单击"视图"工具栏上的"整屏显示全图"按钮或单击图形编辑区上方的"整屏显示全图"按钮均能实现此功能。

（2）局部放大。该功能是对所选区域中的视图进行放大。具体操作是单击"视图"工具栏上的"局部放大"按钮或单击图形编辑区上方的"局部放大"按钮，此时鼠标指针将变成形状，在图形工作区希望放大的区域拖动鼠标左键，用动态引导线构成的矩形围住希望放大的部位，然后释放即可，如图1-41所示。如果想放弃放大功能，只需按Esc键即可退出。

图1-41   局部放大

（3）动态放大或缩小。该功能通过鼠标的上下移动，可以动态地缩放视图。具体操作是选择"视图"工具栏上的"放大或缩小"按钮，鼠标指针变成形状，此时只需按住鼠标左键，然后向上或向下移动鼠标，即可将视图放大或缩小。也可以滚动鼠标中键来完成该操作，按Esc键即可取消动态缩放。

（4）放大所选范围。该功能类似于整屏显示全图功能，作用是在当前图形工作区尽可能大地显示模型所选部位，但不能超出图形工作区的范围。使用时，先用鼠标框选希望放大的部位，再单击"视图"工具栏上的"放大所选范围"按钮。

1.4.3   旋转视图

旋转功能可以使视图在图形工作区中任意旋转，这样设计者就能够以任意角度观察到模型的任意部分。SolidWorks提供了几种方法实现旋转功能，操作非常方便。

一种方法是使用"视图"工具栏上的"旋转"按钮进行模型旋转，这种旋转功能是以选中模型的定点、边线或面为旋转中心，随着鼠标指针的移动而旋转。具体操作是选择按钮，默认情况下光标为形状，按住鼠标左键移动光标时视图会随着光标移动绕坐标原点旋转，如图1-42所示；另外，选择按钮后，单击模型某个顶点、边线或面，光标变成形状，此时视图会根据选中的对象旋转，如图1-43所示。

图1-42   以坐标原点为轴旋转

图1-43   根据选中的对象旋转

1.4.4   平移视图

平移视图功能也比较有用，利用这一功能可以将视图平移到屏幕上的任何位置（注意是整个坐标系移动，而不是视图相对于坐标系移动），但基本坐标关系并不改变。选择"视图"工具栏上的"平移"按钮，单击要移动的对象，然后就可以通过移动鼠标将模型移动到任意位置了。如果希望停止移动，只需按Esc键即可退出，此时视图就停在了该位置。另外，利用Ctrl+↑/↓/←/→方向键也可以上、下、左、右移动视图。

1.5　选项设置

1.5.1　系统选项

选择菜单"工具"｜"选项"命令或单击"标准"工具栏上的"选项"按钮，可以打开"系统选项"对话框，如图 1-44 所示。在有文档打开的情况下，"系统选项"对话框中有两个标签："系统选项"和"文档属性"，如果没有任何文档打开，则只有"系统选项"标签。在"系统选项"选项卡中设置的参数或选项，其结果保存在注册表中，这些参数或选项对当前和将来的所有文档有效，如果希望以后永久使用其中的一些参数或选项，就必须在该选项卡中设置。

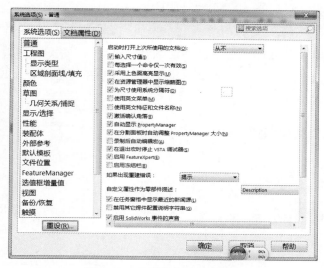

图 1-44　"系统选项"对话框

"系统选项"对话框中参数很多，这里根据作者的习惯和经验，介绍一些经常使用的选项和参数设置。

在左侧列表框中选择"普通"项，切换到"普通"选项界面，在该界面可以设置一些通用参数。建议使"每选择一个命令仅一次有效"、"打开文件时窗口最大化"两个按钮有效，其余选项默认，如图 1-44 所示。

选择列表框中的"颜色"项，切换到"颜色"选项界面，该界面用于设置 SolidWorks 工作环境的配色方案。在当前界面中，"系统颜色"列表框中列出了所有可以定义颜色的选项，选择对应选项，在右侧图片框中显示当前的颜色，单击"编辑"按钮可以为其定义新的颜色，如图 1-45 所示。

"草图"选项用于设置绘制草图时的有关参数，如草图中是否显示圆弧中心点、实体点和虚拟交点等。建议取消选中"使用完全定义草图"选项和"在零件/装配体草图中显示实体点"选项，而按照图 1-46 所示进行设置。

"显示/选择"选项用于设置模型显示时的有关参数及操作时选择设计因素的有关选项。建议按照如图 1-47 所示设置。

"选值框增量值"选项用于设置输入尺寸时的递增倍数。将其中的公制单位改为 1.00mm，如图 1-48 所示（如果使用默认参数的话，在输入尺寸时将以 10 的倍数增加，很不方便）。

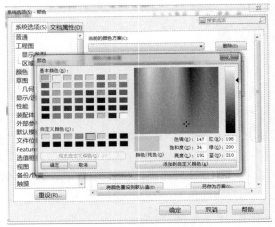

图 1-45   "颜色"选项

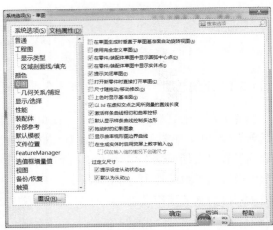

图 1-46   "草图"选项

图 1-47   "显示/选择"选项

图 1-48   "选值框增量值"选项

1.5.2　文档属性

"文档属性"选项卡也提供了一系列的参数，但这些参数仅对当前的文档有效，一旦文档关闭，选项设置也就失效了。下面介绍几种常用的"文档属性"的设置。

切换到"文档属性"选项卡中，打开"绘图标准"选项，其用于设置与工程图有关的一些参数，包括采用的国家标准，以及尺寸标注、注释、字体尺寸等。可以参照有关制图标准进行设置，如图 1-49 所示。

默认情况下，"网格线/捕捉"选项中的"显示网格线"是有效的，但作者认为 SolidWorks既然具有尺寸驱动功能，所以用不用网格并不重要，而且显示网格会使界面看上去很乱，因

图 1-49   "文件属性"选项卡

此作者的习惯是不使用该项功能，所以将该选项按照图 1-50 所示设置。

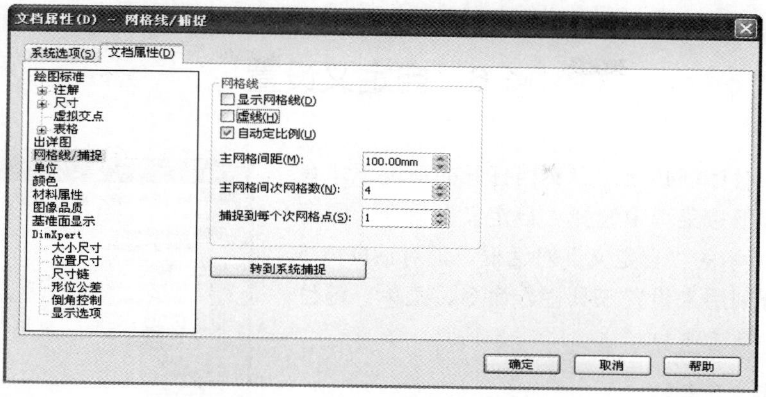

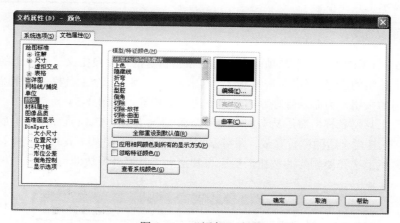

图 1-50　"网格线/捕捉"选项

为了更好地观察模型，还可以在"颜色"选项中为模型和各种特征设置不同的颜色，如图 1-51 所示。需要说明的是，"文档属性"中的颜色设置与"系统选项"中的颜色设置是不同的，前者是用来指定不同特征的颜色，后者是为系统界面、草图实体、动态引导线、标志符号等设定颜色。单击 查看系统颜色(G) 按钮，可以切换到"系统选项"标签的颜色设置中。

图 1-51　"颜色"选项

如果显卡性能较好，可以按照图 1-52 所示设置"图像品质"选项，这样显示的模型品质好，当然显示速度慢一点，确定后关闭"选项"对话框。

图 1-52　"图像品质"选项

1.6　自定义设置

"自定义"对话框必须在有文档打开的情况下才有效。在"工具"下拉菜单中选择"自定义"命令，即可打开如图 1-53 所示的"自定义"对话框。该对话框由 5 个标签组成，分别用来设置工具栏、命令、菜单、键盘及其他有关的环境选项。

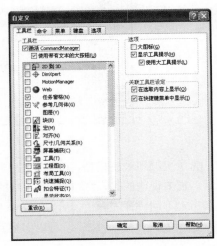

图 1-53　"自定义"对话框

1.6.1　自定义工具栏

在"工具栏"选项卡中，列出了 SolidWorks 中所有工具栏的名称，工具栏名称前面的对应复选框被选中，则对应工具栏显示在界面中，否则隐藏。另外，通过该标签，还可以决定工具栏上图标的大小，以及当鼠标指向图标时是否显示工具提示。

1.6.2　自定义命令

在如图 1-54 所示的"命令"选项卡中，可以根据自身的需要自定义工具栏上的按钮，比如重新安排工具栏上按钮的次序，将命令按钮从一个工具栏转移到另一个工具栏或者删除一些不经常使用甚至不会使用的按钮，为命令管理器添加弹出式工具栏等。以图 1-54 为例，在"类别"列表框中选择"草图"工具栏名称，然后从右侧选择要添加的 ＼ 按钮，按住鼠标左键不放，将其拖动到界面的"草图"工具栏合适的位置释放，即可添加按钮。如果希望从工具栏上删除按钮，只需在窗口中的目标工具栏上选择要删除的按钮，然后将其拖到工具栏外释放即可。

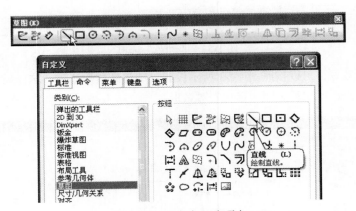

图 1-54　"命令"选项卡

工具栏的摆放有很多种方式，通常情况下，显示出来的工具栏都放置在 SolidWorks 窗口的四周。可以拖动工具栏，将其从一边放置到另一边，也可以将其拖动到图形工作区，使其以浮动面板形式显示，且能够改变工具栏的大小，如图 1-55 所示为"草图"工具栏被从边框处拖到图形工作区的例子。而且，一旦工具栏放置在某个位置，这些位置能够被自动记忆，下次再打开 SolidWorks 时，工具栏还会处于上次关闭软件之前的位置。

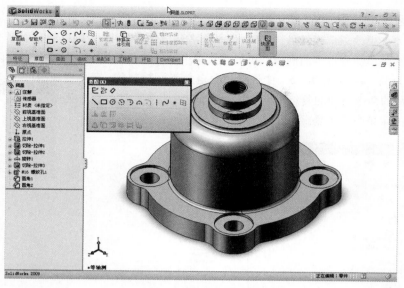

图 1-55　工具栏的摆放

1.6.3　自定义菜单

在"菜单"选项卡中，可以对所有菜单进行编辑、删除、修改名称、改变菜单的位置等操作，如图 1-56 所示。

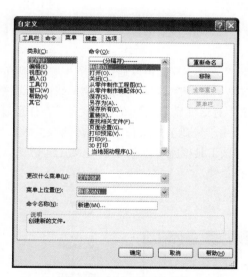

图 1-56　"菜单"选项卡

1.6.4　自定义快捷键

在"键盘"选项卡中，可以为已有菜单命令定义快捷键，也可以删除已有快捷键，还可以为同一命令指定多个快捷键。具体操作是：在如图 1-57 所示界面中，分别从"类别"和"命令"列中选择要编辑的命令项，将光标移动到"快捷键"文本框，然后按键盘上希望加入的快捷键（可以是字母、数字或者和 Ctrl 等键的组合），接着单击 确定 按钮完成，如果所选快捷键已经被定义给别的命令，系统将会给出提示。对于已有快捷键的命令，如果希望删除快捷键，只需单击

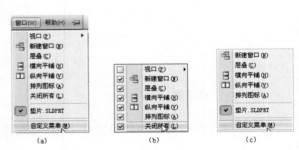

按钮。

虽然系统允许更改菜单或键盘快捷键，但是作者建议慎重使用，否则可能会引起不必要的麻烦。另外，为了解决菜单命令过多的问题，可以将菜单中的一些不常用命令隐藏起来。以图 1-58 中的"窗口"菜单为例，在图 1-58（a）中选择"自定义菜单"命令，菜单变成图 1-58（b）所示的面板，单击要隐藏的命令前面的复选框，使其处于非选中状态，然后在非菜单区单击，恢复到菜单状态，则被选中的菜单命令被隐藏，如图 1-58（c）所示。

图 1-57　"键盘"选项卡

图 1-58　"窗口"菜单

1.6.5　自定义选项

在如图 1-59 所示的"选项"选项卡中，可以通过选择 显示所有 按钮显示所有隐藏的菜单或快捷键，也可以通过单击 重设到默认 按钮使菜单或快捷键恢复到系统默认的初始状态。

另外，除了利用"自定义"对话框显示或隐藏工具栏外，在任意显示的工具栏上右击，都会弹出如图 1-60 所示的快捷菜单（由于快捷菜单太长，将其分两段排版），快捷菜单中同样列出了所有的工具栏，选择工具栏名称，该工具栏就可以在显示/隐藏之间切换。另外，在该快捷菜单中还提供了打开"自定义"对话框的命令。

图 1-59　"选项"选项卡

图 1-60　快捷菜单

1.7　实训——实体设计入门

下面通过制作一个饭盒实体，来了解一下 SolidWorks 的基本知识和操作步骤。

步骤 1：绘制草图。单击"标准"工具栏上的"新建"按钮 □ ，新建一个零件文件。在特征管理器中单击"上视基准面"项（也可以右击），弹出如图 1-61 所示的快捷菜单，选择"插入草图"按钮 □ ，进入草图绘制环境。利用"草图"工具栏中的边角矩形工具 □ 和智能尺寸工具 ◇ 绘制如图 1-62 所示的草图。

步骤 2：拉伸基本体。单击特征工具栏上的"拉伸凸台/基体"按钮 □ ，在弹出的"拉伸"属性管理器中设置各参数，如图 1-63 所示，然后单击 ✓ 按钮，完成旋转特征的创建，生成如图 1-64 所示的基本体。

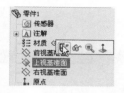

图 1-61　进入草图绘制环境

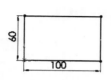

图 1-62　绘制草图

图 1-63　"拉伸"属性管理器

步骤 3：倒圆角。单击特征工具栏上的"圆角"按钮 □ ，弹出"圆角"属性管理器。选择基本体的四条棱边，设置其参数如图 1-65 所示，然后单击 ✓ 按钮，完成基本体的圆角特征。

图 1-64　拉伸特征的创建

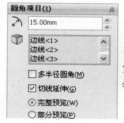

图 1-65　创建圆角特征

步骤 4：底面边的过渡。单击特征工具栏上的"圆角"按钮 □ ，弹出"圆角"属性管理器。选择底面，设置其参数，如图 1-66 所示，然后单击 ✓ 按钮，结果如图 1-67 所示。

图 1-66　"圆角"属性管理器

图 1-67　圆角特征

步骤 5：抽壳。单击特征工具栏上的"抽壳"按钮 □ ，弹出"抽壳"属性管理器。选择实体的上顶面，设置其参数如图 1-68 所示，然后单击 ✓ 按钮，完成抽壳特征，结果如图 1-69 所示。

图 1-68　"抽壳"属性管理器

图 1-69　抽壳特征

步骤 6：二维投影图。

（1）单击标准工具栏中的"从零件/装配体制作工程图"按钮，在弹出的"新建 SolidWorks 文件"对话框中选择"工程图"选项，如图 1-70 所示，单击"确定"按钮。系统会自动弹出"图纸格式/大小"对话框，如图 1-71 所示，选择一种图纸格式，然后单击"确定"按钮。系统自动切换到工程图界面，如图 1-72 所示。

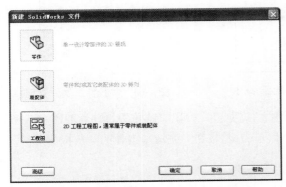

图 1-70　"新建 SolidWorks 文件"对话框

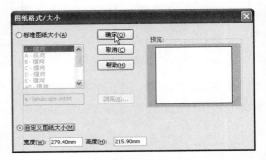

图 1-71　"图纸格式/大小"对话框

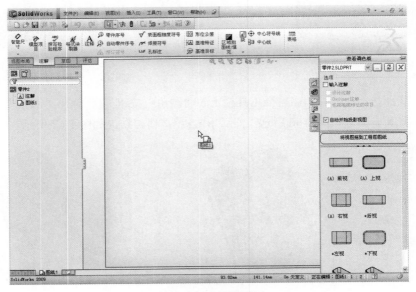

图 1-72　工程图界面

（2）选择其中的主视图、俯视图、左视图和轴测图输出，经调整后（后面章节中会详细介绍），如图 1-73 所示。

（3）在工程图中标注尺寸，如图 1-74 所示。

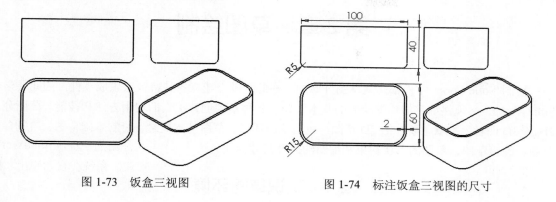

图 1-73　饭盒三视图　　　　　　图 1-74　标注饭盒三视图的尺寸

习题 1

1. 制作附录 C 虎钳中的调整垫。
2. 制作附录 D 针型阀中的垫片。
3. 制作附录 F 球阀中的上填料、中填料、填料垫、调整垫。

第2章　草图绘制

绘制 SolidWorks 零件都是从草图开始的，在此基础上建立各种特征来生成零件，因此要学好 SolidWorks，必须熟练掌握草图绘制的基本知识及各种草图创建工具的使用方法和技能。草图分为 2D 和 3D 两种，本章主要介绍 2D 草图，包括草图环境、草图基本概念、绘制基础草图、绘制参照草图、编辑草图、草图的形状约束和编辑约束及尺寸标注。

2.1　认识草图环境

2.1.1　进入草图绘制界面

进入草图绘制界面的步骤如下。

（1）单击"草图"选项卡，显示草图工具栏，如图 2-1（a）所示；单击选择"草图绘制"按钮组下的"草图绘制"按钮，如图 2-1（b）所示。

（a）单击"草图"选项卡　　　　（b）单击"草图绘制"按钮

图 2-1　单击"草图绘制"按钮

（2）单击选择前视基准面（也可以选择上视或右视）进入草图绘制环境，如图 2-2（a）所示。可以按键盘上的光标对视图角度进行调整，得到如图 2-2（b）所示的调整后的结果。

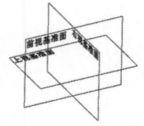

（a）选择基准面　　　　　　（b）用光标调整选择一个基准面

图 2-2　选择基准面

（3）开始绘制草图。

2.1.2　草图基本介绍

下面对草图环境做一些基本介绍，草图绘制界面如图 2-3 所示。

1. 草图工具栏介绍

草图命令管理器如图 2-4 所示，草图命令管理器里的命令功能与菜单栏"工具"下拉菜单里的

"草图绘制实体"（如图 2-5 所示）和"草图工具"（如图 2-6 所示）里的命令功能相同，只是菜单栏下面的命令比较全面。从这两处都可选择命令绘制或编辑草图。

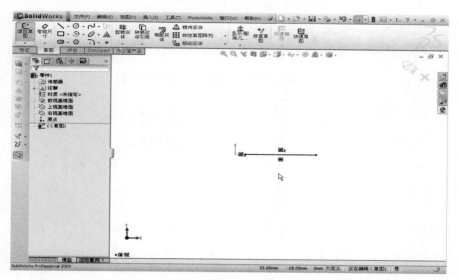

图 2-3　草图界面

图 2-4　草图工具栏

图 2-5　草图绘制实体

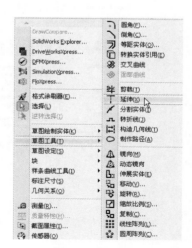

图 2-6　草图工具

2．自定义草图工具

单击"工具"｜"自定义"命令，打开"自定义"对话框，展开"命令"选项卡，选择"草图"，如图 2-7 所示。

可以拖动对话框中的命令到草图命令管理器上（图中"选择"按钮被拖到草图命令管理器上了）。同样也可以将草图命令管理器上不想要的命令拖到绘图区将其去掉。也可以自己设置，其他命令管理器也可以同样设置。另外可以在"工具栏"选项卡下激活所需的工具栏。如果遇到某个命令在草

图工具栏上找不到，可以在菜单栏"插入"下寻找，也可以通过自定义草图工具栏把所需命令拖动
到草图工具栏上。

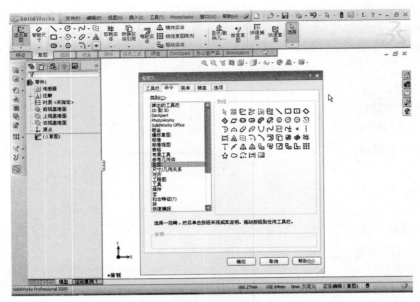

图 2-7　自定义草图工具

3．设置草图系统选项

单击 选项 或"工具"｜"选项"命令，在"系统选项"选项卡下单击"草图"，如图 2-8
所示。

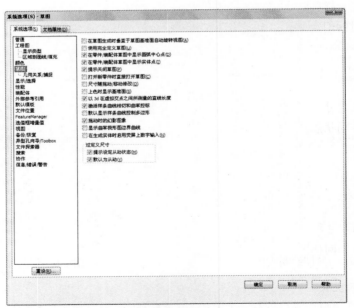

图 2-8　设置草图系统选项

该选项中各项设置的意义如下。

（1）使用完全定义草图：如果选中，在生成特征之前必须对草图完全定义，否则不必对草图
完全定义也可以生成特征。

（2）在零件/装配体草图中显示圆弧中心点：如果选中，在草图中就会显示圆弧圆心点，否则不会显示。

（3）在零件/装配体草图中显示实体点：如果选中，草图中线条的端点为实心圆点（否则不显示实心圆点）。该圆点的颜色反映草图绘制实体的状态。

- 黑色：完全定义。
- 蓝色：欠定义。
- 红色：过定义。
- 绿色：所选的。

（4）提示关闭草图：如果选中，当画了一个开环的草图，然后单击"拉伸凸台/基体"来生成一凸台特征时，会出现相应的提示对话框。

（5）打开新零件时直接打开草图：如果选中，单击新建零件时直接以前视基准面作为草图绘制基准面而进入草图绘制状态。否则自己选择前视、上视或右视。

（6）尺寸随拖动/移动修改：如果选中，在拖动完全定义的草图线条时，拖动完成后，尺寸会更新。否则无法拖动完全定义的草图线条。

（7）上色时显示基准面：如果选中，当在带边线上色或上色模式下编辑草图时显示草图基准面。

（8）显示虚拟交点：若选中，在两个草图绘制实体的虚拟交点处生成一草图点。即使实际交点已不存在（如被绘制的圆角或绘制的倒角所移除的边角），但虚拟交点处的尺寸和几何关系被保留。（如果要为虚拟交点设定显示选项，单击"工具"｜"选项"｜"文档属性"｜"虚拟交点"。）

（9）以 3D 在虚拟交点之间所测量的直线长度：若选中，从虚拟交点测量直线长度，而不是从 3D 草图中的端点。

（10）激活样条曲线相切和曲率控标：若选中，为相切和曲率显示样条曲线控标。

（11）默认显示样条曲线控制多边形：若选中，显示控制多边形以操纵样条曲线的形状。

（12）拖动时的幻影图像：若选中，在拖动草图时显示草图绘制实体原有位置的幻影图像。

（13）显示曲率梳形图边界曲线：若选中，显示或隐藏随曲率检查梳形图 所用的边界曲线。

（14）在生成实体时启用荧屏上数字输入：若选中，在生成草图绘制实体时显示数字输入字段来指定大小。

（15）过定义尺寸。

①提示设定从动状态：当添加一过定义尺寸到草图时，会显示带有"将尺寸设为从动"问题的对话框。

②默认为从动：当添加一过定义尺寸到草图时，默认设定尺寸为从动。

2.1.3　应用草图的状态

SolidWorks 用尺寸和添加几何关系来确定草图线条的形状和位置，根据对草图定义的程度，草图可分为以下几种不同状态，这些状态可在状态栏中观察到。

（1）欠定义：草图中某些元素的尺寸和几何关系没有完全定义，可以随便拖动更改，处于此状态的草图实体为蓝色，在特征管理器设计树中，欠定义的草图显示为 (-) 草图1。

（2）完全定义：草图中所有元素的尺寸和几何关系都做了完整的完全定义。处于此状态的草图实体为黑色，在特征管理器设计树中，完全定义的草图显示为 草图1。

（3）过定义：草图中某些元素的尺寸与尺寸之间、几何关系与几何关系之间或尺寸与几何关系之间相互冲突，出现多余的尺寸和约束（应该删除多余的），处于此状态的草图实体为黄色，在特征管理器设计树中，过定义的草图显示为 ⚠ (+) 草图1。处于过定义的草图应删除某些多余的尺寸或几何关系。

（4）没有找到解：草图无解。显示导致草图不能解出的几何体、几何关系和尺寸，在图形区域中以红色出现。

（5）发现无效的解：草图虽解出但会导致无效的几何体，如零长度线段、零半径圆弧或自相交叉的样条曲线，在图形区域以黄色出现。

在上述几种状态中，欠定义在生成各种特征时可以使用，但在生成零件时一般需完全定义；完全定义是比较严谨的做法；如果草图过定义，应删除多余的尺寸或几何关系；如果出现后两种状态，则需重新绘制草图。

2.1.4　创建/编辑草图常见的步骤

草图绘制主要分为四个步骤。

步骤 1：先选择一个基准面，再单击工具栏上的"草图绘制"按钮（也可以反过来先单击"草图绘制"按钮再选择基准面），进入草图绘制状态，如图 2-9（a）所示。这个基准面可以选择前视基准面（也可以选择上视或右视），可以选择自己创建的基准面，也可以选择某个特征实体的一个平面（不可以是曲面）。

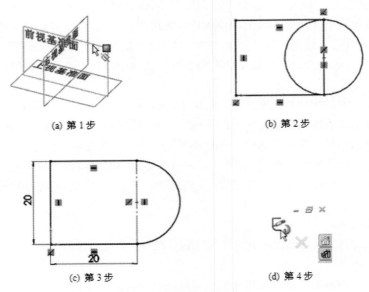

(a) 第 1 步

(b) 第 2 步

(c) 第 3 步

(d) 第 4 步

图 2-9　草图创建的基本步骤

步骤 2：使用草图绘制工具画出草图的基本轮廓，此过程中不必强调尺寸和几何关系，只要大致准确即可，如图 2-9（b）所示。

步骤 3：定义草图。根据个人需要，可以采用完全定义，也可以采用欠定义，如图 2-9（c）所示。这一步主要包括以下几方面内容。

（1）编辑草图，如添加倒角、圆角，修剪等。

（2）添加几何关系，如水平、竖直、重合、相切等。

（3）标注草图定形和定位尺寸。

在实际运用中这三步并不分先后顺序，可以根据实际草图的具体情况灵活运用。

步骤 4：退出草图绘制或选择特征按钮"拉伸"或"切除"（详见本书第 4 章实体特征）。退出草图可以单击绘图区右上角的"退出"图标或单击草图工具栏上的"退出草图"按钮，如图 2-9

（d）所示。也可以直接选择"拉伸"或"切除"按钮，在执行拉伸或切除命令的同时，系统自动退出草图状态。

2.1.5　智能推理

草图智能推理包括推理指针和推理线。推理指针提供了相关指针的当前任务、位置和几何关系的反馈；推理线会将指针与已绘制的草图实体对齐。使用推理指针和推理线可以快速捕捉到草图实体的端点、中点、圆心、交叉点、切点等，绘制草图时，不同的鼠标指针代表不同的意义。

下面通过表 2-1 对推理指针和推理线的用处作一些基本的介绍。

表 2-1　推理指针和推理线的使用

	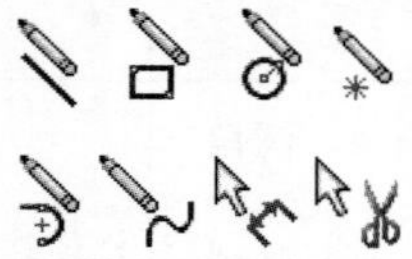	用不同的草图绘制工具时，指针形状与之相对应。左图列举了直线、矩形、圆、点、切线弧、样条曲线、标注尺寸、修剪等对应的指针。其他的这里不一一列举
推理指针	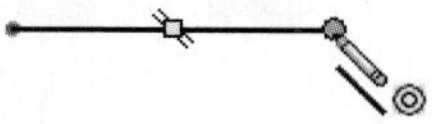	选取直线或曲线的端点开始绘制直线
		选取直线或曲线的中点开始绘制直线
	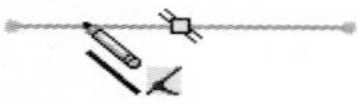	选取直线或曲线上任意点开始绘制直线
	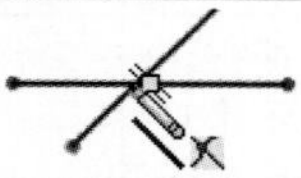	选取交叉点开始绘制直线
推理指针		绘制水平直线、竖直直线
推理线	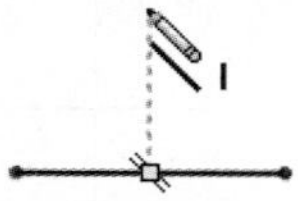	绘制直线时，需要穿过另一条直线中点时，将推理指针在图示位置移动时，会出现如左图所示虚线
	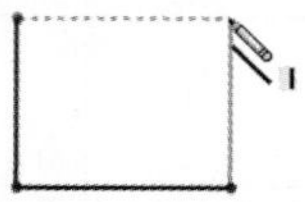	图示推理线可以使两边的直线高度一致
	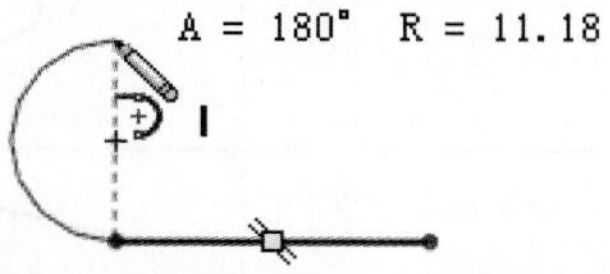 A = 180° R = 11.18	图示推理线可使切线弧的弧度刚好为 180°

2.1.6　草图捕捉

在绘制草图时，常需要找一些特殊的点，如圆心、中点等；在绘制直线时希望它与另一条直线保持平行；在绘制圆弧时希望它与另一个圆弧相切。这里就要用到草图捕捉功能。这一节主要介绍草图捕捉工具的使用。上一节讲了智能推理，其实质上也是一种捕捉。图 2-10 为快速捕捉工具栏，可以用右键随便单击工具栏上空白处选择"快速捕捉"打开它，也可以单击"工具"｜"自定义"命令，在"工具栏"选项卡下单击"快速捕捉"，打开"快速捕捉"工具栏。

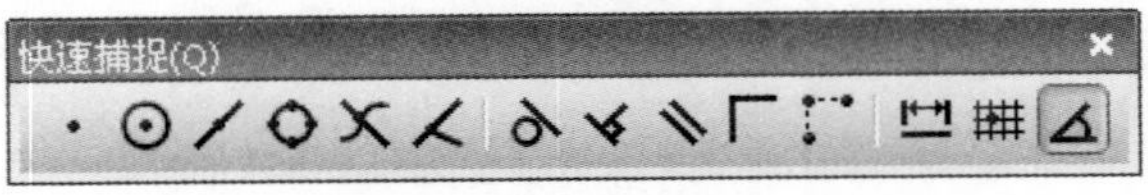

图 2-10　快速捕捉工具栏

工具栏上具体工具介绍如表 2-2 所示。

表 2-2　捕捉工具介绍

工具	草图捕捉	功能介绍	举例
·	端点和草图点	捕捉到以下草图实体的端点：直线、多边形、矩形、平行四边形、圆角、圆弧、抛物线、部分椭圆、样条曲线、点、倒角和中心线。捕捉到圆弧中心	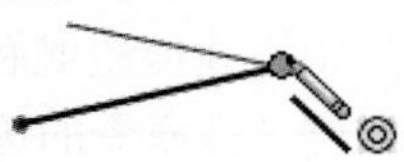
⊙	中心点	捕捉到以下草图实体的中心：圆、圆弧、圆角、抛物线及部分椭圆	
／	中点	捕捉到直线、圆角、圆弧、抛物线、部分椭圆、样条曲线、点、倒角和中心线的中点	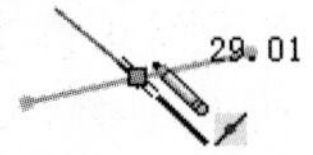
◎	象限点	捕捉到圆、圆弧、圆角、抛物线、椭圆和部分椭圆的象限点	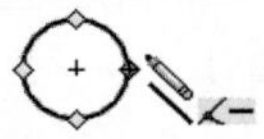
✕	交叉点	捕捉到相交或交叉实体的交叉点	
∠	最近点	支持所有实体。单击最近点，激活所有捕捉。指针不需要紧邻其他草图实体，即可显示推理点或捕捉到该点。选择最近点，仅当指针位于捕捉点附近时才会激活捕捉	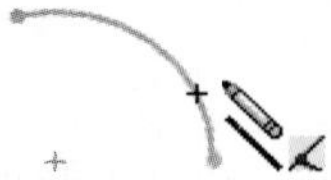
♂	相切	捕捉到圆、圆弧、圆角、抛物线、椭圆、部分椭圆和样条曲线的切点	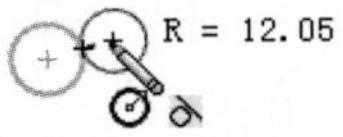
⊬	垂足	捕捉到某一条直线的垂足点	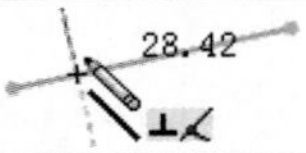
∥	平行	捕捉某条直线的平行线	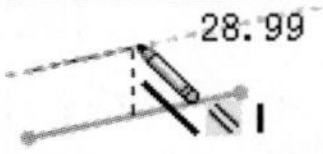
⌐	水平/竖直线	画竖直线时，捕捉到与某点水平共线的点；画水平线时，捕捉到与某点竖直共线的点。只能画竖直和水平线	
⋮⋮	与点水平/竖直	捕捉到与某点水平共线或竖直共线的点。或同时与一点水平共线，与另一点竖直共线	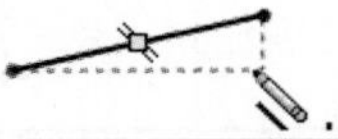
⊢⊣	长度	所画直线的长度只能是网格线设定的增量的倍数，无需显示网格线	
▦	网格	如果打开了网格线显示时捕捉，则捕捉到网格线交点	
△	角度	捕捉到角度。欲设定角度，请单击"工具"｜"选项"｜"系统选项"｜"草图"，选择几何关系/捕捉，然后设定捕捉角度的数值	

2.2　绘制基础草图

绘制基础草图主要包括直线、矩形、圆、圆弧、样条曲线、椭圆、圆角和倒角、多边形、点、文字、槽口工具。这些工具是绘制复杂草图的基础部分，必须熟练掌握。

2.2.1　直线和中心线

直线和中心线 \\ 按钮组主要包括直线 \ 直线 和中心线 ┆ 中心线，这里只讲解直线的绘制方法，中心线的绘制和直线方法相似，不再赘述。操作步骤如下：

步骤 1：命令的选取。单击草图工具栏上的 \\，单击此按钮组下的"直线"。或单击菜单栏上"工具"|"草图绘制实体"，然后选择"直线"命令。

步骤 2：绘制直线。有两种方法绘制直线：一种是选择直线的起点单击，再选择直线的终点单击，这是"单击法"，如图 2-11（a）所示。这种方法可以绘制单一直线，也可以绘制首尾连续的直线。如果要结束直线绘制，可以双击鼠标或者按键盘上的 Esc 键，或单击右键选择 ⊾ 选择，或单击设计树上的 ✔，或直接选择其他绘图工具按钮。

(a) 单击绘制直线　　(b) 拖动绘制直线

图 2-11　绘制直线的两种方法

第二种是"拖动法"：选择直线起点单击，拖动到终点松开后直接结束，这种方法只能绘制单一直线，如图 2-11（b）所示。在选择直线的起点和终点时可以利用前面的"智能推理"和"草图捕捉"的知识。画完后，可以拖动直线的端点改变直线的长度和角度，也可以直接拖动直线改变其位置。

步骤 3：定义直线。内容主要包括添加几何关系、标注尺寸，详见本章 2.5 节和 2.7 节的"形状约束"和"尺寸标注"。也可以先单击选中直线，再定义属性管理器中的一些选项，如图 2-12 所示。属性管理器中的选项如下：

（1）水平：单击它直线将以起点为基准变为水平线。

（2）竖直：单击它直线将以起点为基准变为竖直线。

（3）固定：直线将固定在原位置，无法改变其位置，但可改变长度。

（4）作为构造线：直线将变为构造线，类似中心线，不参与以后的特征操作中。

（5）无限长度：直线将变得无限长。

（6）参数：可以设定直线的长度和角度。

图 2-12　"线条属性"管理器

步骤 4：退出直线绘制。有几种方法：一是按 Esc 键，二是单击设计树上的 ✔，也可以直接选择其他绘图工具按钮。

2.2.2　矩形

矩形  按钮组主要包括边角矩形、中心矩形、3 点边角矩形、3 点中心矩形、平行四边形，如图 2-13 所示。矩形的绘制主要是确定矩形的几个关键点，关键点定了，矩形也就确定了。绘制步骤如下：

步骤 1：命令选取。单击草图工具栏上的 ，或打开此按钮组下的某个选项。也可以单击菜单栏"工具"｜"草图绘制实体"里面的"矩形"。也可以在右侧的对象属性管理器中选择一种方法，如图 2-14 所示。

图 2-13　矩形按钮组　　　　图 2-14　矩形属性管理器

步骤 2：绘制矩形。通过表 2-3 介绍矩形的绘制方法。

表 2-3　矩形按钮组的介绍

图标	说明	举例
	通过绘制矩形的对角点确定矩形的形状	
	通过绘制矩形的中心和一个对角点确定矩形的形状	
	通过绘制矩形的两条相邻边确定矩形的形状	
	通过绘制矩形的中心点、某一边中点和一个角点确定矩形的形状	
	通过绘制平行四边形的两条相邻的边来确定平行四边形的形状	

步骤 3：定义矩形几何关系和标注尺寸。主要包括添加几何关系，标注尺寸，详见本章 2.5 节的"形状约束"和 2.7 节的"尺寸标注"。

步骤 4：退出矩形绘制。有几种方法：一是按 Esc 键，二是单击设计树上的 ✔，也可以直接选择其他绘图工具按钮。

2.2.3　圆

本节主要介绍绘圆命令的使用方法，绘圆命令的选取方法与直线等命令的方法一样。圆  按

钮组包括 ⊘ 圆 和 ⊕ 周边圆，使用方法见表 2-4。

表 2-4　圆的画法

工具图标	说明	举例
⊘ 圆	先选中圆的圆心单击，然后单击另一处，确定圆的半径	R = 6.37
⊕ 周边圆	依次选中三个点，通过三点确定一个圆	R = 9.86

2.2.4　圆弧

圆弧 ⊙ · 按钮组包括三个工具按钮，如图 2-15 所示，它们的使用方法见表 2-5。

图 2-15　圆弧命令

表 2-5　圆弧的三种画法

工具图标	说明	举例
	先选中欲作圆弧的圆心单击，然后依次选中圆弧起点和终点单击	A = 68.49°
	先选中某一直线的端点单击，在该端点处所画圆弧与直线相切，再选中圆弧的终点单击	A = 159.1°　R = 5
	依次选中欲作圆弧的起点、终点和圆弧上的任意一点单击，通过这三点确定圆弧	A = 180°　R = 9

2.2.5　样条曲线

样条曲线 ∿ · 按钮组下包括 ∿ 样条曲线 和
∿ 方程式驱动的曲线，它们的使用方法如下：

1. 样条曲线

激活样条曲线工具后，依次单击欲作曲线的拐点，
双击或按 Esc 键结束，如图 2-16 所示。

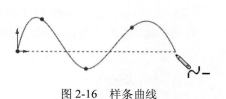

图 2-16　样条曲线

2. 方程式驱动的曲线

激活此工具后，在打开的对象属性管理器中设定曲线的各个参数，单击 ✔ 确定后得到样条曲线，如图 2-17 所示。

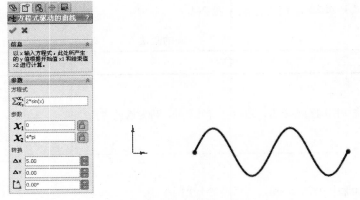

图 2-17   参数设置及方程驱动的样条曲线

（1）方程式：样条曲线的方程式的值等于 y，如 2*sin(x)，表示 y=2*sin(x)。

（2）参数：X_1 和 X_2 指定 x 的数值范围，其中 x_1 为起点，x_2 为终点（例如，$x_1 = 0$，$x_2 = 4*pi$，pi 表示圆周率 π）。

（3）△x 和 △y：表示曲线的起点相对于原点的偏移量。

（4） ：表示曲线的旋转角度。

2.2.6 椭圆

椭圆 按钮组包括三个工具按钮，如图 2-18 所示，下面依次介绍。

1．椭圆

激活椭圆工具后，选择欲作椭圆的中心点单击，然后选择椭圆的两个轴的端点单击，如图 2-19 所示。

2．部分椭圆

激活此工具后，选择欲作椭圆的中心点单击，然后选择椭圆的一个轴的端点单击，再选择欲作椭圆弧的起点单击，最后选择椭圆弧的终点单击，如图 2-20 所示。

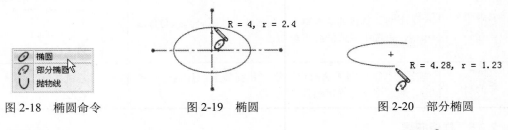

图 2-18   椭圆命令   图 2-19   椭圆   图 2-20   部分椭圆

3．抛物线

激活此工具后，先选择抛物线焦点单击，然后选择抛物线顶点单击，再选择抛物线起点单击，最后选择抛物线终点单击，如图 2-21 所示。

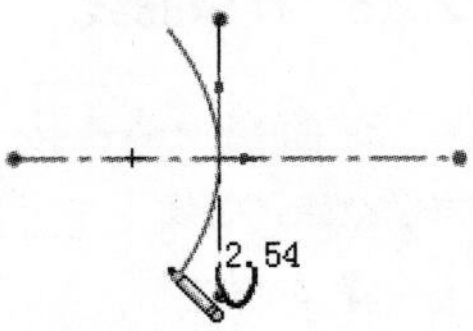

2.2.7 圆角及倒角

图 2-21   抛物线

圆角及倒角 按钮组包括圆角和倒角工具按钮，下面分别介绍圆角和倒角工具按钮的用法。

1．圆角

激活此工具按钮后，先在左侧的对象属性管理器中输入圆角的半径值，如图 2-22 所示，然后选择已绘制的草图中两条共顶点的直线。注意，输入圆角的半径值不能比直线的长度大，如图 2-23 所示。

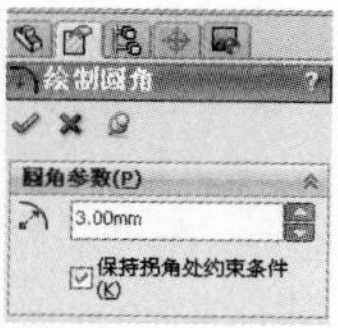

图 2-22　圆角属性管理器

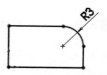

图 2-23　圆角

2. 倒角

激活此工具按钮后，先在左侧的对象属性管理器中输入倒角参数值，如图 2-24 所示。选择时有三种方法：一是"角度距离"，二是"距离-距离"，三是"距离-距离"和"相等距离"，然后选择已绘制的草图中两条共顶点的直线。注意，输入值不能比直线的长度大。如图 2-25 所示，图中三个倒角是用三种不同的方式绘制的。

图 2-24　倒角属性管理器

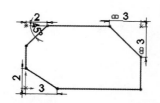

图 2-25　倒角

2.2.8　多边形

单击多边形按钮 ，对应的属性管理器如图 2-26（a）所示。先设置多边形的边数（图中设置的为 6）；系统默认"内切圆"选项，若利用外接圆作多边形就选择"外接圆"选项。参数设置完后，在绘图区选中欲作多边形的中心点单击，确定多边形的中心，然后如同画圆一样画出内切圆（或外接圆），多边形也就随之画出来了，如图 2-26（b）和图 2-26（c）所示。

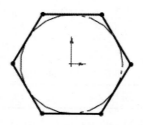

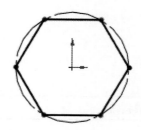

（a）多边形属性管理器　　　（b）内切圆作的多边形　　　（c）外接圆作的多边形

图 2-26　多边形的画法

2.2.9　创建点

激活点按钮 ✳ 后，选择某一处单击，此处就多了一个点，如图 2-27 所示。

点主要起辅助作用，比如，标注某个圆的半圆弧长，直接单独标注时，系统默认标注直径，如果在圆上加两个点，就可以标注圆上某段圆弧的弧长，弧长标注详见 2.7 节"尺寸标注"。

图 2-27　点的绘制

2.2.10　创建文字

激活创建文字按钮 ![A] 后，相应的对象属性管理器如图 2-28 所示。在"曲线"栏中选择一条曲线或直线，如果不选，文字将从原点处开始写入，如图 2-29 所示；如果选择曲线，效果如图 2-30 所示。在文字栏中输入要写的字，中英文均可。下面的按钮可以对文字进行编辑，如加粗、倾斜、对齐方式、在曲线的上方还是下方、顺写还是逆写。"使用文档字体"选项可以改变文字的属性，如字体、字号的大小。

图 2-28　文字属性管理器　　　　图 2-29　不选择曲线生成的文字　　　　图 2-30　选择曲线生成的文字

2.2.11　槽口

槽口 ![槽口按钮] 按钮组下包括四个按钮：直槽口、中心点槽口、三点圆弧槽口和中心点圆弧槽口，如图 2-31 所示，具体使用方法见表 2-6。

图 2-31　槽口的种类

表 2-6　槽口的画法

工具按钮	说明	举例
![直槽口]	先依次选择直槽口的两端圆弧的中心单击，确定直槽口的位置；再移动鼠标单击确定直槽口上的一点，确定直槽口的大小	
![中心点直槽口]	先依次选择直槽口的中心点和一端圆弧的中心单击，确定直槽口的位置；再移动鼠标单击确定直槽口上的一点，确定直槽口的大小	

续表

工具按钮	说明	举例
 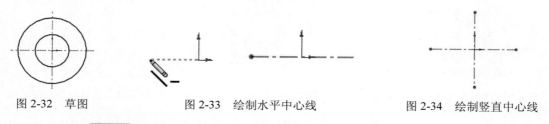	先按"起点"→"终点"→"圆弧上任意一点"顺序画三点圆弧作为槽的中心线，确定槽的位置；再移动鼠标单击确定槽上的一点，确定槽的大小	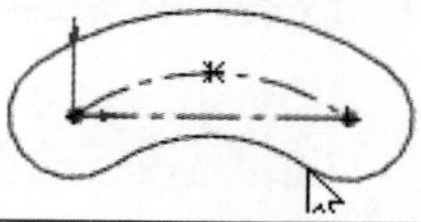
	先按"圆弧圆心"→"起点"→"终点"顺序画三点圆弧作为槽的中心线，确定槽的位置；再移动鼠标单击确定槽上的一点，确定槽的大小	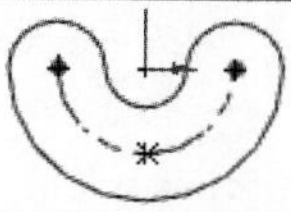

2.2.12　实训——绘制简单草图

绘制如图 2-32 所示的草图，操作步骤如下。

步骤 1：选择前视基准面，进入草图绘制界面。

步骤 2：单击 中心线，用智能推理方法绘制一条水平中心线，如图 2-33 所示；用同样的方法绘制一条竖直中心线，如图 2-34 所示，中心线的长度可以通过拖动它的端点改变，也可以在它的属性管理器中选中"无限长"复选框，如图 2-35 所示。

图 2-32　草图　　　　　　　图 2-33　绘制水平中心线　　　　　　图 2-34　绘制竖直中心线

步骤 3：单击 圆，以原点为圆心分别绘制两个圆，如图 2-36 所示。

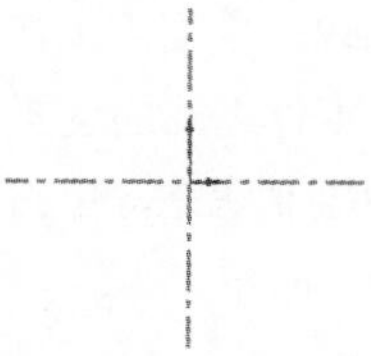

图 2-35　设定中心线"无限长" 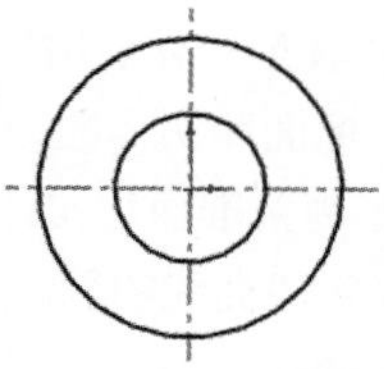　　　　　图 2-36　绘制两个同心圆

2.3　绘制参照草图

2.3.1　引用实体创建草图

先举一个例子，以前视基准面为草图基准面绘制一个圆，圆心为原点，在左侧的属性管理器中设定圆的半径为 30mm，然后单击特征工具栏上"拉伸"按钮，弹出拉伸属性管理器，设置拉伸高度 10mm，如图 2-37 所示。单击"确定"按钮，拉伸出一个半径为 30mm，高 10mm 的圆柱实体。

然后创建一个基准面与前视基准面平行，在前视基准面前 30mm 处（基准面的创建见第 3 章）。选择这个新创建的基准面进入草图绘制状态。单击选中圆柱实体边线，如图 2-38 所示。然后单击草图工具栏上的"转换实体引用"按钮，如图 2-39 所示，刚才选中的边线便投影到草图基准面上了，如图 2-40 所示。这就是引用实体创建草图的一个例子。它的作用是将选中实体的边线投影到草图基准面上。这样，如果实体形状改变，投影线也随之改变。所选的对象也可以是某个基准面上草图中的线条，如图 2-41 所示。

图 2-37　拉伸实体　　　　　　　　　　　图 2-38　选中圆柱实体边线

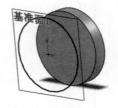

图 2-39　"转换实体引用"按钮　　　　图 2-40　等距实体　　　　图 2-41　通过草图等距实体

2.3.2　相交创建草图

在图 2-39 中"转换实体引用"按钮组下还有一个按钮 交叉曲线，主要用来在基准面和曲面或实体面、两个曲面、曲面和实体面、基准面和整个零件、曲面和整个零件之间的交叉处生成草图。如图 2-42（b）所示，上视基准面与实体相交，选择上视基准面进入草图绘制状态，单击 交叉曲线，选中与上视基准面相交生成曲线的面，单击 完成，效果如图 2-42（b）所示。

（a）　　　　　　　　　　　　　　　　　　　　　（b）

图 2-42　交叉曲线

交叉曲线也可以用来创建 3D 草图，方法是不进入草图绘制状态，单击 交叉曲线，然后选择两个相交的基准面和曲面或实体面、两个曲面、曲面和实体面、基准面和整个零件、曲面和整个零件，单击 直接生成 3D 草图。

2.3.3　偏距创建草图

在 2.3.1 节中曾拉伸一个圆柱实体并创建了一个基准面，如图 2-43 所示。在 2.3.1 节中，选中圆柱实体的边线后单击的是"转换实体引用"按钮，本节单击"等距实体"按钮，如图 2-44 所示。它的对象属性管理器也随之打开，绘图区同时显示图形预览效果，如图 2-45 所示。在属性管理器中可以设置偏移的距离（图中是 5mm）。也可以选中反向偏移或双向偏移。图中偏移的结果如图 2-46 所示。所以等距实体实质上是将选中的实体边线先偏移然后再投影到草图上。偏距创建草图所选的对象也可以是正在绘制的草图中的某个草图实体。

图 2-43　选中圆柱实体边线

图 2-44　"等距实体"按钮

图 2-45　等距实体属性管理器

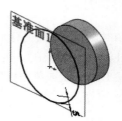

图 2-46　等距实体

2.3.4　转换构造线

转换构造线的作用是将草图实体转换为构造线或将构造线转换为草图实体。用鼠标先选择要转换的草图实体，再单击草图工具 ⇄。转换之后，原来的草图实体类似于中心线，不参与后面的特征实体操作，故可以用来做辅助线。将构造线转换为直线的操作方法同上。另一种转换方法是直接选中要转换的草图实体，在它所对应的属性管理器中选中"作为构造线"选项。

2.3.5　实训——绘制参照草图

绘制一个圆柱实体，中间切除一个圆孔，如图 2-47 所示，操作步骤如下。

步骤 1：先选择前视基准面进入草图绘制状态，绘制一个直径为 20mm 的圆，如图 2-48 所示。

步骤 2：单击"拉伸"按钮 🗔，输入拉伸高度 10mm，单击 ✔ 完成，效果如图 2-49 所示。

图 2-47　实体

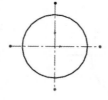

图 2-48　草图 1

图 2-49　拉伸

步骤 3：单击选中圆柱的一个端面，用"等距实体"命令向内等距 5mm 绘制一个圆，如图 2-50 所示。

步骤 4：单击特征工具栏上的"拉伸切除"按钮 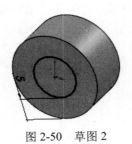 ，输入切除距离 10mm，单击  完成，效果如图 2-51 所示。

图 2-50　草图 2　　　　　　　　　　　　　　图 2-51　完成效果

2.4　编辑草图

2.4.1　删除草图实体

在绘制草图时，有时草图上有一些多余的草图实体，必须删除。可以先单击选中欲删除的草图部分（按住 Ctrl 键可连续选中），再单击标准工具栏上的"删除"按钮 ✖，或单击"编辑"｜"删除"命令，或按 Delete 键或单击鼠标右键，选择"删除"选项，如图 2-52 所示。

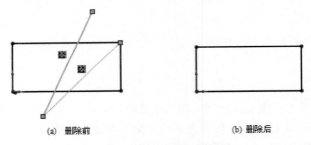

(a)　删除前　　　　　　　　　　　　　　(b)　删除后

图 2-52　删除草图实体

2.4.2　剪裁草图

上一节讲了删除草图实体，它的删除功能是十分有限的。如图 2-53 所示，要把图 2-53（a）所示的草图修改成图 2-53（b）所示的草图，用删除是没办法完成的，因为删除命令只能删除所选的整个草图实体。若要完成如图 2-53 所示的操作，必须用"剪裁实体"命令。

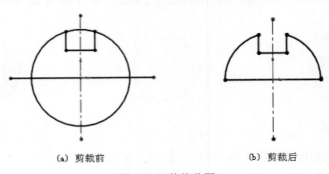

(a)　剪裁前　　　　　　　　　　　　　　(b)　剪裁后

图 2-53　剪裁草图

　　"剪裁实体"包括强劲剪裁、边角、在内剪除、在外剪除、剪裁到最近端，如图 2-54 所示。下面通过对一个草图不同的剪裁方法分别介绍 5 种剪裁方法的使用技巧，如图 2-55 所示。各种情况的效果见表 2-7。

图 2-54　剪裁实体

图 2-55　草图

表 2-7　剪裁实体

剪裁工具	说明	效果
强劲剪裁(P)	激活草图工具栏上的"剪裁实体"命令，选择强劲剪裁。单击鼠标并拖动，鼠标所经过之处，线条都被从最近端剪裁掉	
边角(C)	选择边角后，单击两条相交线要保留的部分，这两条线便共一个顶点，并自动截掉另一端	
在内剪除(I)	选择在内剪除后，先选中两条边界线，然后单击中间的草图实体，中间的草图实体就被剪裁掉了	
在外剪除(O)	选择在外剪除后，先选中两条边界线，然后单击边界外的草图实体，草图外的实体就被剪裁掉了	
剪裁到最近端(T)	选中剪裁到最近端后，单击欲剪裁的草图实体，线条将从最近的端点被剪裁掉	

2.4.3　延伸草图

　　在草图工具栏的"剪裁实体"按钮组下还有一个按钮 ⊤ 延伸实体，它的作用是将已绘制的直线或曲线的端点沿原来的方向延伸到下一个草图实体。下面以直线的延伸为例来说明它的用法。如图 2-56（a）所示，单击 ⊤ 延伸实体，然后单击要延伸的直线，绘图区有预览效果，单击一次就完成一次延伸，如图 2-56（b）所示。曲线（如圆弧）也可以延伸，但必须延伸到某一个草图实体。图 2-56（c）是延伸三次的效果。

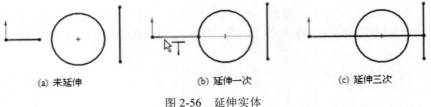

(a) 未延伸   (b) 延伸一次   (c) 延伸三次

图 2-56   延伸实体

2.4.4   镜像草图

草图工具栏上有一个"镜像实体"按钮 ⚠ 镜向实体，在绘制一些对称的草图时，只要画出草图的一边，与其对称的另一边可以用镜像实体直接得出。先绘出图 2-57 所示的草图，然后单击 ⚠ 镜向实体，它的属性管理器也随之打开，如图 2-58 所示。单击"要镜像的实体"下方的列表框，选择中心线上方的草图实体。单击"镜像点"列表框，再选择中心线。绘图区会出现预览效果。单击 ✔ 确定完成，效果如图 2-59 所示。

图 2-57   草图   图 2-58   镜像草图   图 2-59   镜像结果

2.4.5   阵列草图

阵列草图分为 ⚙ 圆周草图阵列 和 ⚙ 线性草图阵列 。

1. 圆周草图阵列

要将如图 2-60 所示的草图中的小圆沿圆周阵列四个，得到图 2-61 所示的草图，可以采用圆周阵列来完成。画好图 2-60 后，单击草图工具栏上的 ⚙ 圆周草图阵列，它的对象属性管理器也随之打开了，如图 2-62 所示。单击参数下面 🔄 后面的框，再选择原点，原点即为阵列的中心。在 ❄ 后将阵列数目设为 4，在 📐 后输入阵列角度 360，选择"等间距"复选框，单击"要阵列的实体"列表框，再选择小圆实体。绘图区出现预览效果，单击 ✔ 完成。效果如图 2-61 所示。

图 2-60   草图   图 2-61   阵列结果

对象属性管理器中其他各参数的意义如下。

（1）：单击此按钮，圆周阵列的方向反向，单击按钮右面的框，选择草图中某一点作为阵列中心。

（2）和：设定圆周阵列中心相对于原点的坐标。也可以在按钮右面的方框中从草图中选择阵列中心。

（3）：设定圆周阵列实体的数目。

（4）：设定圆周阵列角度的度数。

（5）：设定圆周阵列的半径。

（6）：设定从所选实体的中心到阵列的中心点向量与 X 轴正方向的夹角。

（7）□等间距(S)：若选中，阵列实体的数目将在设定阵列中包括的总度数内等间距地分布。

（8）□添加尺寸：若选中此选项，阵列实体的数目将按设定的实体间距度数分布。

2.　线性草图阵列

如图 2-63 所示，草图中只有一个矩形，单击 线性草图阵列 ，在对象属性管理器"要阵列的实体"中选择欲阵列的草图实体，两个方向都输入阵列数目 3，把 X 轴 Y 轴方向都设为 0°，在绘图区可以看到预览效果，单击 完成。

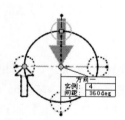

图 2-62　圆周阵列草图实体

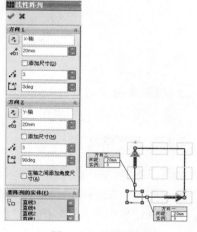

图 2-63　线性阵列

对象属性管理器中其他各参数的意义如下。

（1）：单击此按钮，阵列方向反向，右面的方框中"X-轴"表示沿 X 方向阵列。

（2）：设定阵列实体间的距离。

（3）□添加尺寸(M)：显示阵列实体之间的尺寸。

（4）：设定阵列实体的数量。

（5）：水平或竖直设定线性阵列角度方向。

2.4.6　移动与复制草图

1.　移动草图

如图 2-64 所示，欲将草图中圆的圆心位置移到原点上，如图 2-65 所示。单击草图工具栏上的
移动实体，它的对象属性管理器也随之打开，如图 2-66 所示。

在对象属性管理器中，单击"要移动的实体"列表框，再选择要移动的草图实体（选择圆）。

单击"起点"下的文本框，再选择以哪个点为基准移动（选择圆心）。然后选择欲移动到的位置（原点）单击，完成移动，如图 2-65 所示。

图 2-64　草图　　　　　　　　　　　　　　　　图 2-65　移动草图实体结果

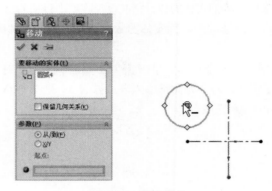

图 2-66　移动实体

2. 复制草图

复制草图与移动草图操作一样，可以把它当作移动并保留了原来的草图实体，即复制。

2.4.7　旋转草图

如图 2-67 所示，欲把图 2-67（a）中矩形实体旋转 60°，得到图 2-67（c）。画好草图后，单击 ▒ 旋转实体，它的对象属性管理器也随之打开了，如图 2-67（b）所示。单击"要旋转的实体"框，再选择矩形的四条边，单击"旋转中心"下的方框，再选择原点。并在旋转角度 ▟ 框输入 60（表示旋转 60°），单击 ✔ 完成，效果如图 2-67（c）所示。遇到复杂的草图可以用这种方法进行旋转。

(a) 旋转前　　　　　　　　(b) 旋转属性管理器　　　　　　　(c) 旋转后

图 2-67　旋转草图

2.4.8　缩放草图

如图 2-68 所示，欲把图 2-68（a）的图形在尺寸上缩放为原来的两倍，得到图 2-68（c），可以用 ![:] 缩放实体比例来完成。画完矩形后，单击 ![:] 缩放实体比例，它的对象属性管理器也随之打开了，如图 2-68（b）所示，单击"要缩放比例的实体"下方的框，再选择矩形的四个边，单击"比例缩放点"下方的框，再单击原点，在 ⌀ 后面的方框中输入缩放倍数 2，如果选中"复制"复选框，缩放后原来的草图实体会保留在原处。

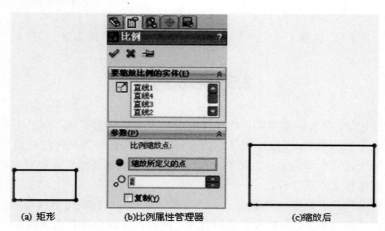

图 2-68　缩放草图

2.4.9　实训——绘制复杂草图

绘制如图 2-69 所示的草图，操作步骤如下。

步骤 1：选择草图前视基准面，进入草图绘制状态，绘制图 2-70 所示的同心圆。

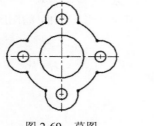

图 2-69　草图

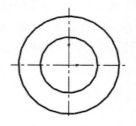

图 2-70　步骤 1

步骤 2：绘制如图 2-71 所示的圆。

步骤 3：用"剪裁实体"命令将草图剪裁成图 2-72 所示的草图。

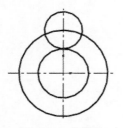

图 2-71　步骤 2

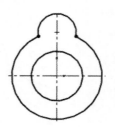

图 2-72　步骤 3

步骤 4：用 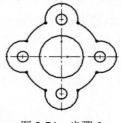 圆周草图阵列 将剪裁后的圆弧阵列 4 个，剪裁后如图 2-73 所示。

步骤 5：再绘制一个小圆并用阵列命令阵列 4 个，如图 2-74 所示。

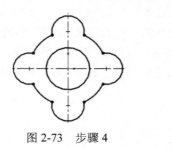

图 2-73　步骤 4

图 2-74　步骤 5

2.5　形状约束

在草图绘制过程中，常常需要限制草图实体的形状或限制草图实体之间的相对位置。各草图实体之间的位置关系是由约束来限定的。对各草图实体施加的约束分为几何约束和尺寸约束。几何约束是定义一个、两个或多个草图实体之间的几何关系，如直线保持水平或竖直、两条直线相垂直、两个圆弧同心、直线和某点重合等。

要使某个草图实体具有确定的位置和大小，尺寸约束和几何约束可分别添加，也可同时添加。一旦利用草图建立了实体特征，只要改变草图实体之间的尺寸约束或者几何约束，就可以改变其对应的实体特征的形状。

2.5.1　水平约束

如图 2-75（a）所示，使斜线变为水平线。前面讲过可以单击直线，打开直线的对象属性管理器，然后选中"水平"复选框，直线便变为水平了。现在用添加几何关系来定义。

单击草图工具栏上的"显示删除几何关系"按钮组下的 添加几何关系，单击选中直线，出现图 2-75（b）所示的对象属性管理器，在添加几何关系下单击"水平"按钮，绘图区出现如图 2-75（c）所示的预览效果，单击 完成。

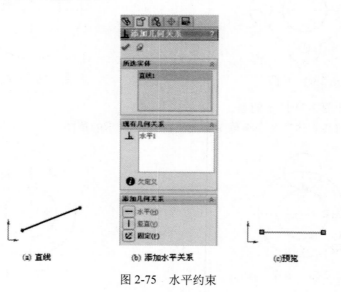

图 2-75　水平约束

2.5.2　竖直约束

添加几何关系，使图 2-76（a）中的斜线变为竖直线。

单击草图工具栏上的"显示删除几何关系"按钮组下的 ⊥ 添加几何关系，单击选中直线，出现如图 2-76（b）所示的对象属性管理器，在添加几何关系下单击"竖直"，绘图区出现如图 2-76（c）所示的预览效果，单击 ✓ 完成。

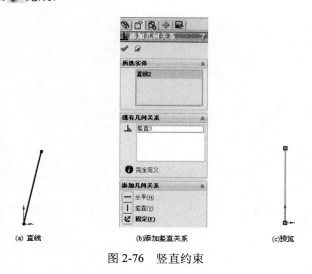

图 2-76　竖直约束

2.5.3　共线约束

如果想要使两条不共线的线条共线，可通过添加几何关系中的共线约束完成。

如图 2-77 所示，矩形的下边与中心线不共线，单击 ⊥ 添加几何关系，选中图 2-78 所示的两条直线，在添加几何关系属性管理器中单击"共线"，绘图区便出现预览效果，单击 ✓ 完成。

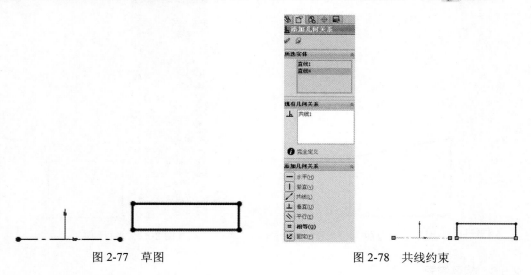

图 2-77　草图　　　　　　　　　　　　　　　图 2-78　共线约束

2.5.4　垂直约束

如果想使两条直线垂直，可通过添加几何关系中的垂直约束完成。

如图 2-79 所示，添加几何关系使六边形的一条边和竖直中心线垂直，单击 ⏚ 添加几何关系 ，选择竖直中心线和六边形的一边，在添加几何关系属性管理器中单击"垂直"选项，绘图区出现预览效果，如图 2-80 所示，单击 ✅ 完成。

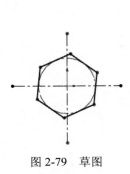

图 2-79　草图

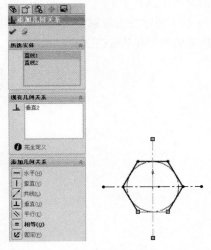

图 2-80　垂直约束

2.5.5　平行约束

如果想使两条直线平行，可通过添加几何关系中的平行约束完成。

如图 2-81 所示，欲使图中的四边形上下两边平行，单击 ⏚ 添加几何关系 ，选中四边形的上下边，单击添加几何关系属性管理器中的"平行"选项。绘图区出现预览效果，如图 2-82 所示，单击 ✅ 完成。

图 2-81　草图

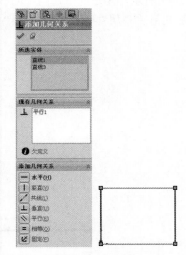

图 2-82　平行约束

2.5.6　相等约束

相等约束主要用来使两条直线在长度上保持相等。

如图 2-83 所示，欲使三边不等的三角形变为等腰三角形。单击 ⏚ 添加几何关系 ，选中欲等腰的两边，在添加几何关系属性管理器中单击"相等"约束，绘图区出现预览效果，如图 2-84 所示，单击 ✅ 完成。

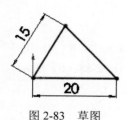

图 2-83 草图

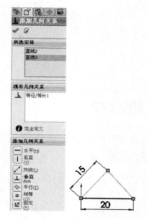

图 2-84 相等约束

2.5.7 固定约束

固定约束用来使草图实体位置固定（尺寸不固定）。

常用的添加固定约束的操作方法有三种：一种是单击选中欲固定的草图实体，再单击其对应的对象属性管理器中的 🗷 固定 按钮。第二种是单击选中欲固定的草图实体，然后单击鼠标右键，选择"固定"选项。第三种是单击 ⊥ 添加几何关系，再选择欲固定的草图实体，然后在添加几何关系特征管理器中单击 🗷 固定，然后单击 ✅ 完成。

2.5.8 相切约束

相切约束的作用是使直线与曲线或曲线与曲线保持相切。

如图 2-85 所示，欲使圆弧与直线相切。单击 ⊥ 添加几何关系，选中直线和圆弧，在添加几何关系属性管理器中单击"相切"按钮，绘图区出现预览效果，如图 2-86 所示，单击 ✅ 完成。

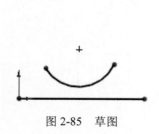

图 2-85 草图

图 2-86 相切约束

2.5.9 重合约束

重合约束可以使一点与另一点或一点与一条直线重合。

如图 2-87（a）所示，欲使草图中的直线经过原点。单击 ⊥ 添加几何关系，选择直线和原点，在添加几何关系属性管理器中单击 ✗ 重合(D) 按钮，直线便经过原点，单击 ✅ 完成，结果如图 2-87

（b）所示。也可以选择一点与另一点重合，其方法相似。

(a) 直线　　　　　　　　　　(b) 与原点重合

图 2-87　重合约束

2.5.10　同心约束

同心约束用来使多个圆或圆弧保持同心。

如图 2-88（a）所示，欲使图中的两个圆同心。单击 ┻ 添加几何关系，选中两个圆，在添加几何关系属性管理器中单击 ◎ 同心(N) 按钮，单击 ✔ 完成，结果如图 2-88（b）所示。

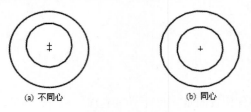

(a) 不同心　　　　　　　　　　(b) 同心

图 2-88　同心约束

2.5.11　对称约束

对称约束的作用是使两点或两条直线关于某直线对称。

如图 2-89（a）所示，打开添加几何关系属性管理器后，选中三条竖直直线，如图 2-89（b）所示，然后在添加几何关系属性管理器中单击"对称"按钮，则矩形的左右两边对称于竖直中心线。单击 ✔ 完成，结果如图 2-89（c）所示。

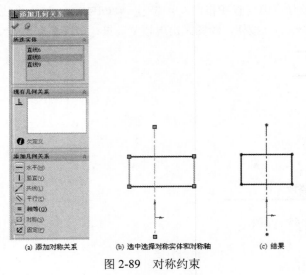

(a) 添加对称关系　　(b) 选中选择对称实体和对称轴　　(c) 结果

图 2-89　对称约束

2.5.12　实训——几何约束

绘制如图 2-90 所示的草图，操作步骤如下。

步骤 1：选择前视基准面，进入草图绘制状态，用"中心矩形"命令绘制一个矩形，并加四个 10mm 的圆角，如图 2-91（a）和图 2-91（b）所示。

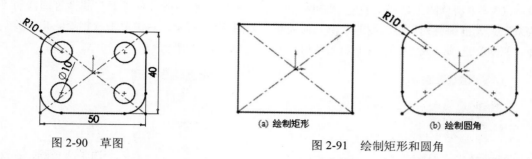

图 2-90　草图

（a）绘制矩形　　　　　（b）绘制圆角

图 2-91　绘制矩形和圆角

步骤 2：绘制一个圆，如图 2-92（a）所示，单击 ⌐ 添加几何关系，选择刚才绘制的圆和圆角圆弧，添加"同心"几何关系，结果如图 2-92（b）所示。

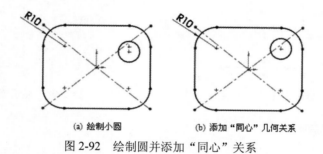

（a）绘制小圆　　　　　（b）添加"同心"几何关系

图 2-92　绘制圆并添加"同心"关系

步骤 3：用草图线性阵列命令将圆阵列四个，参数设置如图 2-93 所示。结果如图 2-94 所示。

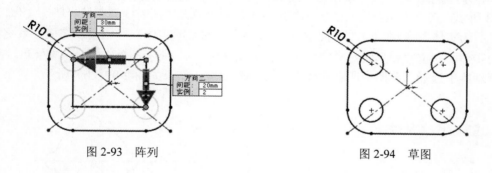

图 2-93　阵列

图 2-94　草图

2.6　编辑约束

2.6.1　显示与删除约束

显示与删除约束有以下几种方法。

（1）单击菜单栏"视图"选项下的 ⌙ 草图几何关系(E)，绘图区显示草图几何关系标记，如图 2-95 所示。单击绘图区中欲删除的几何关系标记，按 Delete 键删除。

（2）单击要被删除几何关系的对象（对象可以是单个草图实体，也可按住 Ctrl 键选择多个草图实体），此时相应的对象属性管

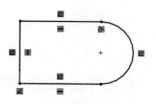

图 2-95　几何关系标记

理器也随之打开，如图 2-96 所示，在"现有几何关系"列表框中可以看到所选对象现有的几何关系，右击欲删除的几何关系，选择"删除"选项；或者选中欲删除的几何关系，按 Delete 键删除。

（3）单击草图工具栏上的 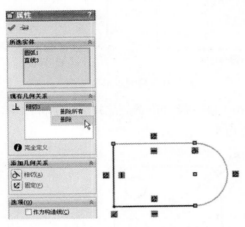 显示/删除几何关系，在"显示/删除几何关系"属性管理器的"几何关系"列表框中将列举出草图的全部几何关系，如图 2-97 所示，右键单击欲删除的几何关系，选择"删除"选项；或者选中欲删除的几何关系，按 Delete 键删除。

图 2-96　显示/删除几何关系

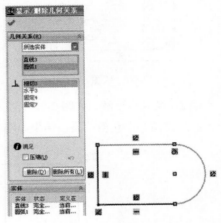

图 2-97　显示/删除几何关系

2.6.2　完全定义草图

如果绘制完草图后，有一些几何关系没有定义（比如没有标注尺寸），可以单击草图工具栏上的"显示/删除几何关系"按钮组下的 完全定义草图 ，它的对象属性管理器也随之打开，如图 2-98 所示，在"要完全定义的实体"选项下选择"草图中所有实体"或"所选实体"。如果选中"所选实体"，则在下方的列表框中选择要定义的草图实体），单击 ✓ 完成。系统将会根据草图实体所在位置和形状对它完全定义。如图 2-99（a）所示，单击 完全定义草图 ，在对象属性管理器中选择"草图中所有实体"，单击 ✓ 完成，结果如图 2-99（b）所示。

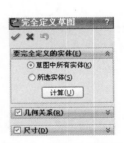

图 2-98　完全定义草图

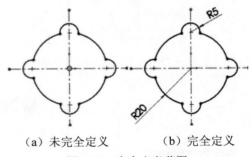

（a）未完全定义　　　　（b）完全定义

图 2-99　完全定义草图

2.7　尺寸标注

2.7.1　尺寸标注的一般步骤

单击草图命令管理器上的"智能尺寸"按钮，如图 2-100 所示，该按钮组包括智能尺寸、水平尺寸、竖直尺寸、尺寸链、水平尺寸链和竖直尺寸链。

尺寸标注的一般步骤如下。

步骤 1：单击某个尺寸标注按钮，如  智能尺寸。

步骤 2：单击选中要标注的对象，如两点的距离或直线的长度。

步骤 3：通过移动鼠标把尺寸线移到合适的位置后单击。

步骤 4：在接下来出现的图 2-101 所示的"修改"对话框中输入尺寸数值，单击 ✓ 或按 Enter 键完成，再去标注其他尺寸。所有尺寸标注完成后，单击左侧的尺寸属性管理器上的 ✓ 完成。

图 2-100　智能尺寸　　　　　　　　　　图 2-101　尺寸"修改"对话框

步骤 5：如果想修改某个尺寸线的位置，单击该尺寸，按住鼠标左键拖动即可。如果想修改某个尺寸的数值，双击该尺寸，在打开的"修改"对话框中输入新的尺寸值即可；也可以单击该尺寸，在左侧的对象属性管理器中输入新的尺寸值。

2.7.2　智能尺寸标注

智能尺寸可以标注直线、圆、圆弧、角度等尺寸。

先单击 ◇ 智能尺寸，然后单击选中要标注的对象，接着拖动选择尺寸线的放置位置后单击，在随后出现的尺寸"修改"对话框中输入尺寸，单击 ✓ 或按 Enter 键完成，再去标注其他尺寸。

1.　标注直线尺寸

表 2-8 是常见的直线尺寸标注方法。

表 2-8　常见的直线尺寸标注

直线标注种类	标注方法说明	实例
标注直线的长度	单击直线或先后单击直线的两个端点，拖动尺寸线到图示位置，单击放下	50
标注直线端点的水平距离	单击直线或先后单击直线的两个端点，拖动尺寸线到图示位置，单击放下	40
标注直线端点的竖直距离	单击直线或先后单击直线的两个端点，拖动尺寸线到图示位置，单击放下	30
标注两条直线间的距离	先后单击两条要标注的平行线，拖动尺寸线到合适位置，单击放下	57
标注点与直线的距离	单击要标注直线和点，拖动尺寸线到合适的位置，单击放下	57

2. 标注圆和圆弧尺寸

表 2-9 是常见的圆和圆弧标注。

表2-9　圆和圆弧的标注方法

圆弧标注种类	标注方法说明	实例
标注圆的直径	单击圆后拖动尺寸线到合适的位置，单击放下	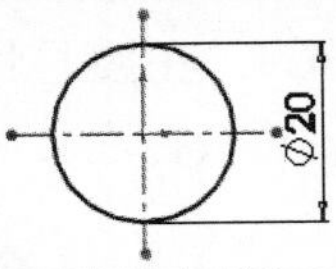
标注圆弧的半径	单击选中圆弧后拖动到合适的位置，单击放下	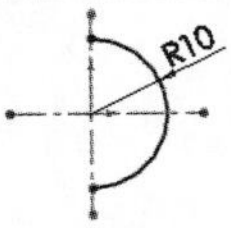
标注圆弧的弧长	单击选中圆弧，再先后单击圆弧的两个端点，移动尺寸线到合适的位置，单击放下	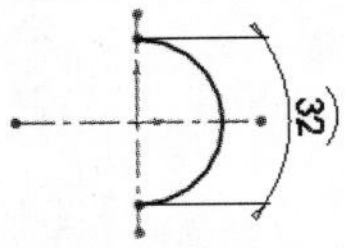

3. 标注角度尺寸

如图 2-102 所示，标注两条直线的夹角。单击 智能尺寸 后，先后单击要标注的两条不平行直线，尺寸线会自动变成角度标注，移动尺寸线到合适的位置，单击放下。

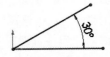

图 2-102　角度标注

2.7.3　水平尺寸标注

如图 2-103 所示，图中用的是 水平尺寸，它可以标注所有水平方向的尺寸，标注方法与智能标注方法一样。

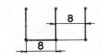

图 2-103　水平尺寸标注

2.7.4　垂直尺寸标注

如图 2-104 所示，图中用的是 竖直尺寸，可以标注所有竖直方向的尺寸，标注方法与智能标注方法一样。

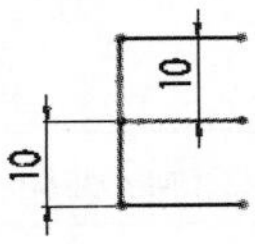

图 2-104　竖直尺寸标注

2.7.5　尺寸链标注

1. 尺寸链标注

尺寸链标注 尺寸链 是以一点或一条直线作为基准，连续在水平或竖直方向上标注尺寸，如图 2-105 所示。

单击 尺寸链，选择尺寸链的起始标注位置单击，然后在左侧的对象属性管理器中输入尺寸值，接着单击下一个标注位置。标注完后单击对象属性管理器上的 完成。

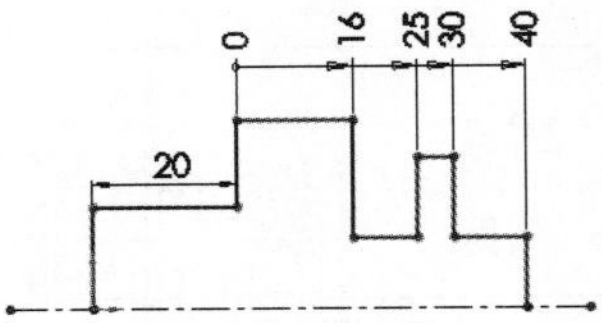

图 2-105　尺寸链标注

2. 水平尺寸链

水平尺寸链 水平尺寸链 只能标注水平方向的尺寸，其标注方法与 尺寸链 标注一样。

3. 竖直尺寸链

竖直尺寸链 竖直尺寸链 只能标注竖直方向的尺寸，其标注方法与 尺寸链 标注相似，只是方向不同。

2.7.6　实训——草图综合练习

图 2-106 是一个手柄，它是由图 2-107 所示的草图旋转得到的，下面介绍它的具体绘制过程。

图 2-106　手柄

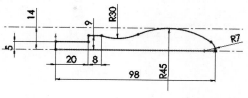

图 2-107　草图

步骤 1：选择前视基准面，进入草图绘制状态，绘制两条中心线，再绘制一部分轮廓，如图 2-108 所示。

步骤 2：用智能尺寸标注直线尺寸，如图 2-109 所示。

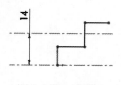

图 2-108　步骤 1

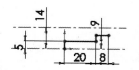

图 2-109　步骤 2

步骤 3：绘制一个圆并用智能尺寸标注圆心距原点的距离，如图 2-110 所示。

步骤 4：用 🔘 **3 点圆弧** 绘制两个圆弧，如图 2-111 所示。

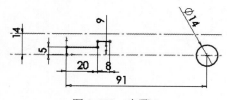

图 2-110　步骤 3

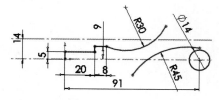

图 2-111　步骤 4

步骤 5：添加几何关系使 R30 的圆弧和 R45 的圆弧相切，R45 的圆弧与 φ14 的圆弧相切，R45 的圆弧与上面的中心线相切，如果草图实体不够长，可以延伸草图实体，如图 2-112 所示。

步骤 6：如图 2-113 所示，剪裁多余的部分，并绘制一条直线使草图轮廓封闭，把 φ14 尺寸删除，重新标注为 R7，这样草图就绘制好了。

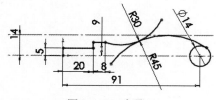

图 2-112　步骤 5

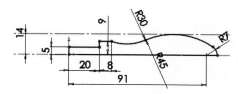

图 2-113　步骤 6

可以看出，在绘制此草图的过程中，添加几何关系、标注尺寸、编辑草图并没有按一定的顺序，而是根据自己的思路灵活运用的。不同的思路绘制的步骤不同，故此草图也可以有其他顺序的画法。画好之后，单击特征工具栏上的 🔩 **旋转凸台/基体**，它的属性管理器也随之打开，如图 2-114 所示，选择旋转中心线，单击 ✅ 确定完成，结果如图 2-115 所示。

图 2-114　旋转特征

图 2-115　手柄

习题 2

1. 完成图 2-116 所示的扳手草图。

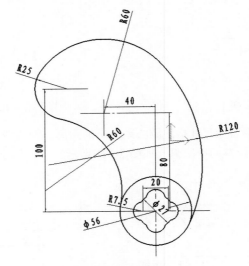

图 2-116　扳手草图

2. 绘制附录 G 安全阀中的垫片。

第3章　基准设置

3.1　基准面

基准面是一个可以无限延伸的平面，利用它可以绘制草图，生成模型的剖面视图，作为拔模特征中的中性面等。

3.1.1　基准面应用场合

在创建草图前，必须先选择一个草图平面。系统默认提供三个基准面，分别是前视基准面、上视基准面和右视基准面，如图 3-1 所示，这三个基准面的位置是固定的。当需要在其他位置创建草图时，则必须创建出所需要的基准面。

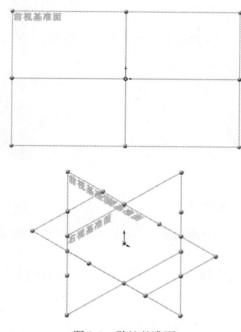

图 3-1　默认基准面

基准面在设计环境中是一个无限大的面，其主要应用场合如下。

1. 绘制草图

建立 3D 实体时常常需要绘制 2D 草图，当设计环境中没有合适的绘图平面可供使用时，可以建立基准面作为 2D 草图的草图平面。

2. 装配参考面

零件在装配时可以利用平面进行装配，因此可以使用基准面作为装配参考面。

3.1.2　操作流程与对话框操作定义

单击图 3-2 参考几何体上的 命令，弹出"基准面"对话框，如图 3-2 所示。

常用的选项有以下几种。

（1）通过直线/点，选择此项后可以通过选择三点（如图 3-3 所示）或直线和点（如图 3-4 所示）来创建通过三点或过点和直线的基准面。

图 3-2 "基准面"对话框

图 3-3 三点面

（2）选择点和平行面，形成一通过点且平行于选择平面的基准面，如图 3-5 所示。

图 3-4 选择直线和点

图 3-5 选择平面和点

（3）选择平面与线，生成的基准面通过一条边线、轴线或草图线，并与一个面或基准面成一个角度，如图 3-6 所示。

（4）选择一个平面，指定等距距离生成平行的基准面，如图 3-7 所示。

图 3-6 角度面

图 3-7 等距面

（5）垂直于曲线，选择曲线和点，生成一个通过一个点且垂直于一边线、轴线或曲线的基准面，如图 3-8 所示。

（6）曲面切平面，选择曲面与点，生成一通过一个点且相切于曲面的基准面，如图 3-9 所示。

图 3-8　垂直于曲线　　　　　　　　　　图 3-9　选择曲面和点

另外还有选择曲面与点等选项。

注意：基准面是无限延伸的，现实的大小并不限制平面的大小。

3.1.3　创建基准面的方法

创建基准面时，要通过选择的对象智能确定。常见情况主要有以上几种。

3.1.4　实训——创建基准面

利用基准面等命令创建如图 3-10 所示的零件。

步骤 1：新建文件。启动 SolidWorks 2014，新建零件文件。

步骤 2：进入草图。选择前视基准面，单击 命令，开始进行草图的绘制。利用边角矩形 命令和智能尺寸标注 命令，绘出如图 3-11 所示的草图。

步骤 3：拉伸。单击特征工具栏上的拉伸凸台/基体 命令，设置拉伸深度为 50，预览结果如图 3-12 所示，然后单击 。

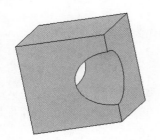

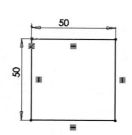

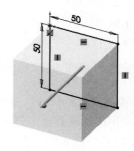

图 3-10　基准面应用实例　　　　图 3-11　草图 1　　　　图 3-12　拉伸预览

步骤 4：创建基准面。单击参考几何体上的基准面 命令，选择点和一边线，如图 3-13 所示，单击 ，完成如图 3-14 所示的基准面。

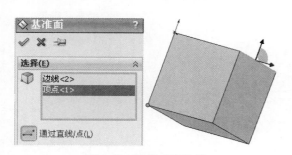

图 3-13　选择点和边线　　　　　　　　　图 3-14　基准面

步骤 5：绘制圆。选择刚才创建的基准面，单击 ，绘制如图 3-15 所示的草图。

步骤 6：创建拉伸切除。单击特征工具栏上的 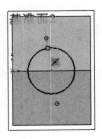 命令，勾选方向 2，均设置为完全贯穿，单击 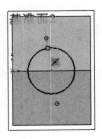，完成结果如图 3-16 所示。

图 3-15　草图 2

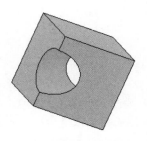

图 3-16　拉伸切除

3.2　基准轴

基准轴是一个可以无限长的轴线，利用它可以创建圆周阵列等。

3.2.1　基准轴的应用场合

基准轴用蓝色中心线表示，它的主要应用场合有两种，详述如下。

（1）作为中心线。可以作为回转体，如圆柱体、圆孔和旋转体等特征的中心线。拉伸一个圆柱体或旋转一个截面成为旋转体时，则自动隐含一个基准轴。

（2）作为阵列轴。当需要进行特征实体的圆周阵列时，需要选择相应的阵列轴，而需要的阵列轴系统未提供时，则需要自己来创建基准轴。

（3）配合参考轴。当绘制弹簧或螺纹等配合时可以建立基准轴作为配合的参考轴。

3.2.2　操作流程与对话框操作定义

单击参考图 3-17 几何体上的 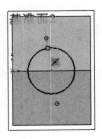 命令，弹出"基准轴"对话框，如图 3-17 所示。

常用的选项有以下几种。

（1）一直线/边线/轴：选择直线或者边线创建基准轴，如图 3-18 所示。

（2）两平面：选择两平面，以其交线为基准轴，如图 3-19 所示。

图 3-17　基准轴对话框

图 3-18　选择边线

图 3-19　两面交线

（3）两点/顶点：选择两个点，连接成为基准轴，如图 3-20 所示。

（4）圆柱/圆锥面：一圆柱或圆锥面的中心作为基准轴，如图 3-21 和图 3-22 所示。

图 3-20　选择两点

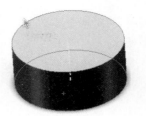

图 3-21　选择圆柱面

（5）点和面/基准面：选择一个点和一个基准面，创建以通过点且垂直于基准面的基准轴，如图 3-23 所示。

图 3-22　选择圆锥面

图 3-23　选择点和基准面

3.2.3　创建基准轴的方法

创建基准轴时，要通过选择的对象智能确定。常见情况主要有以上几种：

3.2.4　实训——创建基准轴

利用基准面等命令创建如图 3-24 所示的零件。

步骤 1：新建文件。启动 SolidWorks 2014，新建零件文件。

步骤 2：进入草图。选择前视基准面，单击 命令，开始进行草图的绘制。利用矩形 命令、直线 命令、剪裁 命令和智能尺寸标注 命令，绘出如图 3-25 所示的草图。

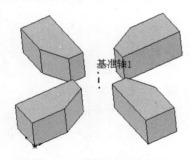

图 3-24　基准面应用实例

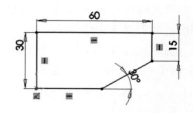

图 3-25　草图 1

步骤 3：拉伸。单击特征工具栏上的拉伸凸台/基体 命令，设置拉伸深度为 30，单击 ，结果如图 3-26 所示。

步骤 4：创建基准轴。单击参考几何体工具栏上的基准轴 命令，选择如图 3-27 所示的两面，单击 ，完成如图 3-28 所示的基准轴。

步骤 5：阵列。单击特征工具栏上的圆周阵列 命令，选择步骤 4 创建的基准轴作为旋转轴，阵列个数为 4，选择要阵列的实体，单击 ，阵列结果如图 3-29 所示。

图 3-26 拉伸

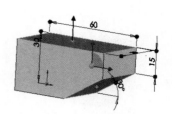

图 3-27 选择两面

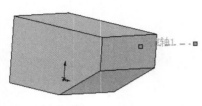

图 3-28 基准轴

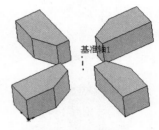

图 3-29 阵列

3.3 基准点

利用基准点命令可生成数种类型的参考点来构造对象，还可以在指定距离分割的曲线上生成多个参考点。单击"视图"｜"点"来切换参考点的显示。

3.3.1 基准点的应用场合

基准点大多用于定位，其主要应用场合有 3 种，详述如下。

（1）作为某些特征定义参数的参考点。

（2）作为有限元分析网格上的施力点。

（3）计算机算公差时，指定附加基准目标的位置。

3.3.2 操作流程与对话框操作定义

单击参考几何体上的 ❋ 命令，弹出"点"对话框，如图 3-30 所示。

常用的选项有以下几种。

（1）圆弧中心：选择圆弧，则生成圆弧中心重合的基准点，如图 3-31 所示。

（2）面中心：选择面，以面的几何轴线作为基准点，如图 3-32 所示。

图 3-30 "点"对话框

图 3-31 圆弧中心

图 3-32 面几何中心

（3）交叉点：选择两条线或线与面，以相应的两条线或线与面的交点作为基准点，如图 3-33 和图 3-34 所示。

图 3-33 面与线的交点

图 3-34 线与线的交点

（4）投影：选择点和面，以点在面上的投影作为基准点，如图 3-35 所示。

（5）距离：选择一点，生成与该点沿某方向上有一定距离的基准点，如图 3-36 所示。

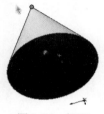

图 3-35 投影

图 3-36 距离

3.4 坐标系

可以定义零件或装配体的坐标系。可以将此坐标系与测量和质量属性工具一同使用，也可以用于将 SolidWorks 文件输出至 IGES、STL、ACIS、STEP、Parasolid、VRML 和 VDA。

3.4.1 坐标系的应用场合

坐标系主要是应用在参数化设计方面，设置基准坐标系进行重量计算来计算重心。

3.4.2 操作流程与对话框操作定义

单击参考几何体上的 ![命令] 命令，弹出"坐标系"对话框，如图 3-37 所示。常用的选项有以下几种。

（1）选择坐标原点。

（2）选择 X 轴方向。

（3）选择 Y 轴方向。

（4）选择 Z 轴方向。

图 3-37 "坐标系"对话框

3.4.3 创建坐标系的方法

创建坐标系时，要通过选择的对象智能确定。通常创建坐标系的步骤如下。

（1）根据需要选择原点。

（2）根据需要选择 X 轴方向。

（3）根据需要选择 Y 轴方向。

（4）根据需要选择 Z 轴方向。

（5）最后生成所需坐标系。

图 3-38 是坐标系的参数设置，图 3-39 为选择的边线，图 3-40 为创建的坐标系。

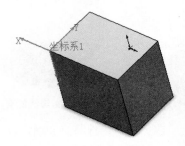

图 3-38　坐标系参数设置　　　　图 3-39　选择边线　　　　图 3-40　创建的坐标系

习题 3

自定义尺寸，完成图 3-41 所示的涡状弹簧。

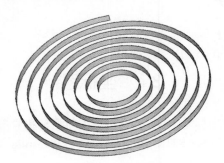

图 3-41　涡状弹簧

第 4 章　实体特征

实体特征是各种单独的加工形状，当将它们组合起来时就形成各种零件。本章主要介绍基础特征、工程特征和扣合特征。

4.1　基础特征

4.1.1　拉伸特征

拉伸特征是利用草图生成实体的最基本手段，包括 ![icon] 、 ![icon] 拉伸凸台/基体 和 ![icon] 拉伸切除 。

1．拉伸凸台/基体

1）给定深度拉伸

先选中一个基准面，这里选择前视，画一个封闭草图，如图 4-1 所示，单击 ![icon] 拉伸凸台/基体 按钮（也可以先退出草图），再单击两次 ![icon] 拉伸凸台/基体 按钮，直接在绘图区左上角的设计树上选择要拉伸的草图，或直接单击草图中的线条），它的对象属性管理器也随之打开，在方向的 ![icon] 框输入拉伸深度数值 1，这里输入 20.00，如图 4-2 所示，绘图区出现图形预览。单击 ![icon] 按钮就生成了一个长方体。单击 ![icon] 按钮取消，单击 ![icon] 按钮可以预览细节。

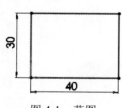

图 4-1　草图

图 4-2　拉伸特征

如果想反向拉伸，可以单击方向 1 下的反向按钮 ![icon] ，改变拉伸的方向，预览效果如图 4-3 所示。如想带拔模拉伸，可以单击 ![icon] ，输入拔模度数，这里输入 20°，软件默认向内拔模，也可以单击"向外拔模"复选框向外拔模。预览效果分别如图 4-4（a）和图 4-4（b）所示。

如果想双向拉伸，可以单击"方向 2"复选框，进行双向拉伸，其参数设置与方向 1 相同，如图 4-5 所示。

如果想两侧对称拉伸，可以通过双向拉伸，也可以在方向 1

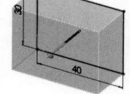

图 4-3　反向拉伸

下选择"两侧对称"，输入两侧对称距离，这里输入 20.00mm，预览效果如图 4-6 所示。

（a）向内拔模　　　　　　　　　　　（b）向外拔模

图 4-4　拔模拉伸

图 4-5　双向拉伸

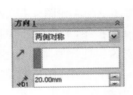 

图 4-6　两侧对称拉伸

　　软件默认的拉伸方向是垂直于草图基准面的，假如想自己设定拉伸方向，必须有一条方向线，这条方向线可以是自己作的只有一条直线的草图，也可以是某个实体的轮廓线。这里举一个例子，通过自己绘制草图进行设置。

　　先选择前视基准面，进入草图绘制状态，绘制一个矩形，大小自设，作为草图 1，绘完后退出草图 1。再接着绘制拉伸方向线，这里选择右视，绘制一条直线，作为草图 2，如图 4-7 所示，退出草图 2。单击 拉伸凸台/基体 按钮，选择草图 1 作为拉伸对象，单击方向 1 中的 按钮后的框，单击草图 2 中的直线，如图 4-8 所示。

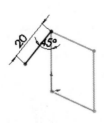 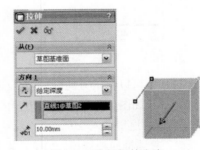

图 4-7　草图　　　　　　　　　　　图 4-8　选择拉伸方向

　　单击 按钮就得到如图 4-9 所示的实体。单击菜单栏"视图"｜"草图"命令，如图 4-10 所示，可以将图 4-9 的实体中的草图暂时隐藏，再次单击又重新显示草图。

　　2）其他几种类型的拉伸

　　除了给定深度和两侧对称拉伸，还有其他几种终止条件的拉伸，如图 4-11 所示。

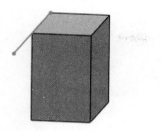

图 4-9 带方向拉伸的实体

图 4-10 隐藏草图

图 4-12 是两个实体和一个草图，通过它来介绍其他几种拉伸方法。

图 4-11 拉伸终止条件

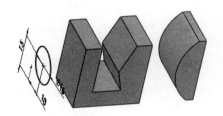

图 4-12 草图和实体

（1）完全贯穿：拉伸将贯穿所有的实体，如图 4-13 所示。

图 4-13 完全贯穿

（2）成形到下一面：拉伸将结束于下一个面，如图 4-14 所示。

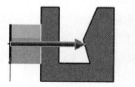

图 4-14 成形到下一面

（3）成形到一顶点：拉伸将结束于该点所在的平行于草图基准面的面，如图 4-15 所示。

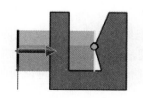

图 4-15 成形到一顶点

（4）成形到一面：拉伸将结束于所选的面 z，此面可以是平面也可以是曲面，如图 4-16 所示。

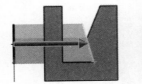

图 4-16　成形到一面

（5）到离指定面指定的距离：拉伸将结束于与指定平面相距一段距离的面。图 4-17 选中的是距离曲面 5.00mm 的面。也可以单击"反向等距"复选框，拉伸将结束于曲面的另一边。

图 4-17　到离指定面指定的距离

（6）成形到实体：拉伸将成形到选中的实体，如图 4-18 所示。

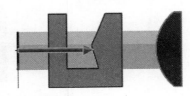

图 4-18　成形到实体

3）拉伸薄壁特征

拉伸薄壁特征是把草图中的线条拉伸成薄壁实体，这里的草图可以是封闭的，也可以是不封闭的，如图 4-19 所示。在前视基准面上画一个圆，这是一个封闭的草图，也可以画一个开放的草图，单击 拉伸凸台/基体 按钮，在特征管理器中选中"薄壁特征"复选框，输入薄壁厚度，这里输入 1.00mm，单击特征管理器上的 按钮完成，结果如图 4-20 所示。可以单击"薄壁特征"栏下的 按钮，使薄壁的厚度朝向另一个方向。也可以选择薄壁的厚度是单向、双向或两侧对称。

4）选择草图轮廓拉伸

画一个草图如图 4-21 所示，单击拉伸按钮，单击特征管理器下的"所选轮廓"选项，选中草图中的一个封闭轮廓，如图 4-22 所示，绘图区出现预览效果，单击 完成。

2．拉伸切除

拉伸切除 的作用是在已绘制的实体上进行切除，与 拉伸凸台/基体 的作用是相反的，这也决定了它与 拉伸凸台/基体 在用法上相似。二者的特征属性管理器十分相似。前面已对拉伸凸台/基体做了详细的介绍，这里只做简单的介绍，也可以仿照拉伸凸台/基体的方法对拉伸切除特征属性管理器中的各种参数进行尝试设置。

先选择前视基准面，画一个长 40.00mm 宽 30.00mm 的矩形，拉伸成一个长方体。然后选择长方体的图示的平面画一个圆，如图 4-23 所示。单击 拉伸切除 按钮，可以选择"给定深度"，也可以选择其他类型，这里选择"完全贯穿"。单击 ✅ 按钮，完成结果如图 4-24 所示。

图 4-19　拉伸薄壁特征

图 4-20　薄壁特征

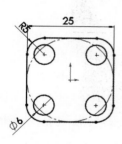

图 4-21　草图

图 4-22　选择轮廓拉伸

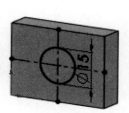

图 4-23　绘制草图

图 4-24　拉伸切除

如果想反侧切除，可以选中"反侧切除"复选框，效果如图 4-25 所示，其他部分被切除了。

图 4-25　反侧切除

3. 编辑特征

如果对某个特征不满意，可以在左侧设计树上单击某个特征，如图 4-26 所示，然后选择 图标就可以编辑此特征。单击旁边的 按钮可以编辑草图。单击 按钮可以将此特征压缩，暂时不可见，再次单击又可以解除压缩。单击 按钮使控制棒退回到此特征前，如图 4-27 所示，也可以拖动控制棒到任意一个特征处等鼠标成 。 是特征的隐藏／显示， 是放大所选范围。 是正视于。 是编辑外观，详见后面第 12 章"渲染输出"。

图 4-26　选择编辑特征　　　　　　　　图 4-27　拖动控制棒

4.1.2　旋转特征

旋转是将草图绕某个轴旋转，生成实体或切除实体。旋转特征包括 旋转凸台/基体 和 旋转切除 。下面通过具体实例来介绍旋转特征的用法。

1. 旋转凸台基体

（1）基本旋转。先画一个封闭草图，如图 4-28 所示，可以不完全定义。单击 旋转凸台/基体 按钮，在旋转特征管理器 后的方框中单击选择草图中的水平中心线作为旋转轴，单击 按钮，得到如图 4-29 所示的实体。

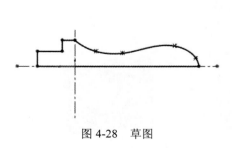

图 4-28　草图　　　　　　　　　　　　图 4-29　旋转特征

 按钮的作用是改变旋转的方向，顺时针还是逆时针。 后面的列表框中有单向、双向和两

侧对称三个选项。默认为单向，旋转度数默认为 360°，可以随意输入旋转度数。如果选择双向，那么可以在两个方向上分别输入旋转度数。如果选择两侧对称旋转，输入的度数表示两侧旋转加起来的总度数。

（2）旋转薄壁特征。先画一个如图 4-30 所示的草图（这里不要求是封闭的草图），单击 旋转凸台/基体 按钮，旋转特征管理器也随之打开，这里输入 90°作为旋转角度。可以自己调整旋转方向，也可以自己设置薄壁厚度及其方向，与拉伸薄壁的厚度设置相同，如图 4-31 所示，单击 ✔ 完成。

图 4-30　草图

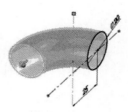

图 4-31　旋转薄壁特征

（3）选择轮廓旋转。当草图中不只一个封闭轮廓时则选择轮廓旋转，选择草图中某个封闭轮廓（选择方法同拉伸轮廓一样）进行旋转，这里不做详述，可以自行尝试。

2. 旋转切除

旋转切除 与 旋转凸台/基体 的作用相反，用法相似。举一个例子，先在右视基准面上以原点为圆心绘制一个直径为 40.00mm 的圆，拉伸 50.00mm，得到一个如图 4-32（a）所示的实体。再在前视基准面上绘制一个如图 4-32（b）所示的矩形，然后单击 旋转切除 按钮，选择旋转轴，单击 ✔ 按钮，得到如图 4-32（c）所示的实体。

(a) 拉伸实体　　　　　　(b) 草图　　　　　　(c) 切除

图 4-32　旋转切除

4.1.3　扫描特征

扫描是将轮廓沿着一条路径移动来生成实体或切除实体。扫描特征包括 扫描 和 扫描切除。扫描的基本要求如下：

（1）对于凸台基体的扫描，轮廓必须是闭环的。

（2）扫描路径可以是开环的也可以是闭环的，可以是一个草图中的一条直线或曲线。路径的起点必须在轮廓的基准面上。

（3）引导线可以是一个草图中的直线或曲线，也可以是多个草图中的直线或曲线。扫描的结果不能出现实体相交叉的情况。

扫描的几种用法如下：

1. 简单扫描

在上视基准面上画一个圆，如图 4-33（a）所示，用螺旋线/涡状线 绘制螺旋线，如图 4-33（b）所示，螺距为 5.00mm，圈数自定，起点在前视基准面，退出草图。再在前视基准面上绘制一个圆，如图 4-33（c）所示，圆心的位置与螺旋线起点重合，可以用添加几何关系选择圆心和螺旋线，使二者关系为穿透。完成后退出草图。

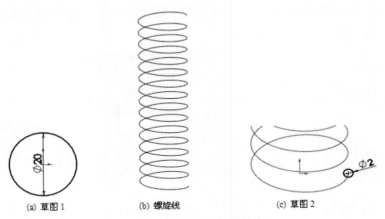

(a) 草图 1　　　　(b) 螺旋线　　　　(c) 草图 2

图 4-33　螺旋线和扫描轮廓

单击 扫描按钮，绘图区出现如图 4-34 所示的图框，中间有五个按钮，分别表示选择闭环轮廓、开环轮廓、组、面域和标准选择，默认为标准选择。

图 4-34　选择种类

在"轮廓和路径"选项下分别选择草图 2 与螺旋线，如图 4-35 所示，绘图区出现预览效果，单击 的结果如图 4-36 所示。

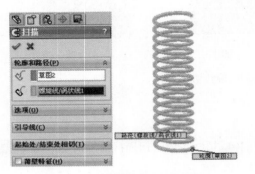

图 4-35　选择扫描轮廓和路径

图 4-36　扫描特征

2. 扫描薄壁特征

为简便起见，直接用上面的草图扫描薄壁特征，可以在左侧设计树中右键单击扫描特征，选择 删除...(L)，将刚才的扫描特征删除，保留前面的草图，如图 4-37 所示。

单击 扫描按钮，选中特征管理器下的薄壁特征，输入薄壁厚度 0.5mm，方向自设，如图 4-38 所示。轮廓和路径仍选择草图 2 和螺旋线。单击 按钮完成。

图 4-37 草图

图 4-38 扫描薄壁特征

3. 使用引线扫描

（1）在前视基准面上绘出如图 4-39（a）所示的草图轮廓作为引线 1，退出草图。

（2）在右视基准面上绘制如图 4-39（b）所示的轮廓作为引线 2，退出草图。

（3）在上视基准面上绘制如图 4-39（c）所示的椭圆作为扫描轮廓，不要标注尺寸，因为这里只要草图的形状。用添加几何关系定义椭圆图示的两个轴的端点与两条引线重合。

（4）在前视基准面上绘制一条竖直直线作为扫描路径。如图 4-39（d）所示，退出草图。

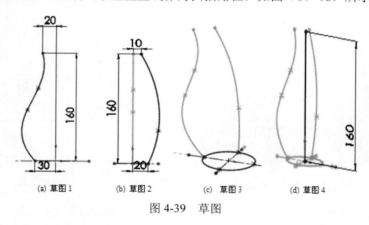

(a) 草图 1   (b) 草图 2   (c) 草图 3   (d) 草图 4

图 4-39 草图

单击设计树上的草图使之选中，再单击就可以改变草图的名称，如图 4-40 所示。

单击 扫描按钮，如图 4-41 所示，在特征属性管理器中依次选择轮廓、路径，展开引导线选项，选择引线 1 和引线 2，绘图区出现预览效果，单击 确定完成，效果如图 4-42 所示。

图 4-40 修改名称

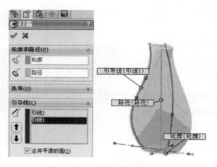

图 4-41 使用引线扫描

图 4-42 实体

4. 扫描切除

扫描切除 扫描切除与扫描的作用相反，用法相似，这里只举一个例子，其他情况可仿照 扫描进行尝试。

（1）在右视基准面上以原点为圆心，绘制一个直径为 30mm 的圆，拉伸 60mm，得到一个圆柱实体，如图 4-43 所示。

（2）在圆柱体的左端面 10mm 处添加一个基准面 1，单击圆柱体端面的圆轮廓，将其转化为草图实体，如图 4-44 所示。

图 4-43　拉伸实体

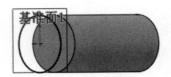

图 4-44　草图

（3）以此圆为基准绘制螺旋线，螺距 2mm，高度设为 80mm，起点设在上视基准面上。预览效果如图 4-45 所示，单击 ✔ 按钮。

（4）在上视基准面绘制一个三角形，如图 4-46 所示，底边中点与螺旋线起点定义为重合或穿透。注意三角形底边宽度的设置不要超过螺距，此处设为 1.9mm，退出草图。

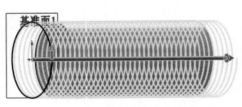

图 4-45　螺旋线

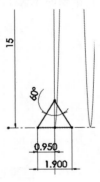

图 4-46　草图

（5）单击 🖮 扫描切除 按钮，选择三角形作为扫描轮廓，螺旋线作为扫描路径，单击 ✔ 按钮，完成效果如图 4-47 所示。

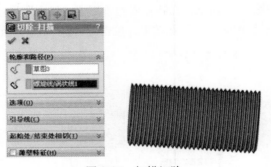

图 4-47　扫描切除

4.1.4　装饰螺纹线特征

装饰螺纹线代表凸台上螺纹线的内部直径，或代表孔上螺纹线的外部直径并可在工程图中包括孔标注。下面通过一个简单的实例来了解装饰螺纹线特征的操作。

首先，创建如图 4-48 所示的模型（底面圆半径为 20mm，高为 100mm）。

然后，选择菜单"插入"｜"注解"｜"装饰螺纹线"命令，打开"装饰螺纹线"属性管理器，如图 4-49 所示。在"螺纹设定"组框中各选项的含义如下。

图 4-48　基本模型　　　　　　　　　　　图 4-49　"装饰螺纹线"属性管理器

（1）圆形边线 ⊘：在图形区域中选择一圆形边线。

（2）终止条件：装饰螺纹线从以上所选边线延伸到终止条件，有以下三种类型：

● 给定深度：指定的深度。

● 贯穿：完全贯穿现有几何体。

● 成形到下一面：至隔断螺纹线的下一个实体。

（3）深度 I_D：当终止条件为给定深度时，输入一数值。

（4）次要直径、主要直径或圆锥等距 ⊘：为与带有装饰螺纹线的实体类型对等的尺寸设定直径。

本例中设置参数如图 4-50 所示，然后单击确定按钮 ✔，得到如图 4-51 所示的特征。

图 4-50　设置装饰螺纹线特征的各参数　　　　　图 4-51　装饰螺纹线特征

如果按照上述步骤操作完成后，装饰螺纹线没有显示。可直接单击"选项"按钮 或选择菜单"工具"｜"选项"命令，在"文档属性"选项卡上，单击"出详图"｜"注解显示"，这时右边会出现"显示过滤器"组框，然后选中"上色的装饰螺纹线"命令即可。

4.1.5　放样特征

1．放样

放样包括 放样凸台/基体 和 放样切割，先通过一个简单的实例来了解放样操作。

（1）在前视基准面上绘制一个圆，如图 4-52 所示，退出草图。

（2）创建一个基准面，距离前视基准面 30mm，如图 4-53 所示，画一个内切圆为 40mm 的六边形，退出草图。

（3）单击 放样凸台/基体 按钮，在随之打开的属性管理器中选择草图 1 和草图 2，单击 ✅ 按钮完成，效果如图 4-54 所示。

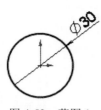

图 4-52　草图 1

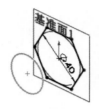

图 4-53　草图 2

图 4-54　简单放样

2. 多轮廓放样

下面通过实例来说明多轮廓放样。

（1）在前视基准面上绘制一个正方形，如图 4-55 所示，记住退出草图。

（2）在前视基准面后方 30mm 处添加基准面 1，在基准面 1 上绘制一个边长为 55mm 的正方形，如图 4-56 所示，退出草图。

（3）在基准面 1 的后方 10mm 处添加基准面 2，在基准面 2 上绘制一个边长为 70mm 的正方形，如图 4-57 所示，退出草图。

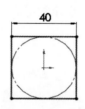

图 4-55　草图 1

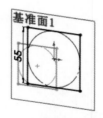

图 4-56　草图 2

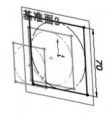

图 4-57　草图 3

（4）单击 放样凸台/基体 按钮，依次选择草图 1、2、3 上正方形的相同位置的点，如图 4-58 所示，单击 ✅ 按钮，得到图 4-59 所示的实体。

图 4-58　多轮廓放样

图 4-59　放样实体

在进行多轮廓放样操作时，当选择草图轮廓时，系统将自动将鼠标在草图上单击的点作为一条引导线。如果这几点位置不当，有可能导致无法放样。这时可以将某些不恰当的点拖动到合适的位置上。

3．中心线放样

多轮廓放样无法控制中间的方向，可以采用中心线放样控制中间的方向。

（1）在前视基准面上画一个椭圆，如图 4-60 所示，退出草图。

（2）在前视基准面后 100mm 处添加一个基准面，画一个图 4-61 所示的椭圆，退出草图。

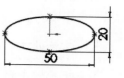

图 4-60　草图 1

（3）在右视基准面上画一样条曲线，作为放样中心线，线条的两端点与椭圆中心重合，如图 4-62 所示，退出草图。

图 4-61　草图 2　　　　　　　　　　　　　图 4-62　草图 3

（4）单击 放样凸台/基体 按钮，选择草图 1 和草图 2 作为放样轮廓，展开中心线选项，选择草图 3 作为放样中心线，草图预览效果如图 4-63 所示，单击 ✔ 按钮完成。

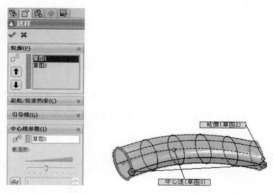

图 4-63　中心线放样

4．使用引线放样

如图 4-64 所示，上方的椭圆为草图 1，下方的长方形为草图 2，中间为四条引线，分别为草图 3、4、5、6，引线的端点分别在椭圆的四个端点和长方形四边的中点。单击 放样凸台/基体 按钮，选择长方形和椭圆作为放样轮廓，展开引导线，选择草图 3、4、5、6 作为引线，单击 ✔ 按钮完成。可得到如图 4-65 所示的实体。

图 4-64　草图

图 4-65　放样实体

放样切割【 放样切割】与放样凸台/基体【 放样凸台/基体】的作用相反，用法相似，完全可以自行尝试，这里不再详述。

4.1.6 实训——基础特征练习

图 4-66 是一个阀杆，下面介绍它的具体绘制过程（具体尺寸见附录 F 的阀杆图）。

图 4-66　阀杆

（1）先选择右视基准面，进入草图绘制状态，绘制一个圆如图 4-67 所示，单击拉伸按钮【 】将它拉伸 35mm，得到如图 4-68 所示的实体。

图 4-67　草图 1

图 4-68　拉伸

（2）选择前视基准面，进入草图绘制状态，绘制图 4-69 所示的草图，单击【 】旋转切除按钮，选择水平中心线为旋转轴，单击【 】按钮完成，结果如图 4-70 所示。

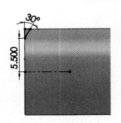

图 4-69　草图 2

图 4-70　旋转切除

（3）选择右视基准面，进入草图绘制状态，绘制如图 4-71 所示的草图，单击【 】按钮，将草图拉伸切除 14mm，得到图 4-72 所示的实体。

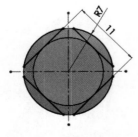

图 4-71　草图 3

图 4-72　拉伸切除

（4）选择实体的右端面进入草图绘制状态，绘制一个图 4-73 所示的圆，单击【 】按钮将草图拉伸 12mm，得到图 4-74 所示的实体。

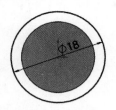

图 4-73　草图 4

图 4-74　拉伸凸台基体

（5）选择前视基准面，进入草图绘制状态，绘制图 4-75 所示的草图，单击 按钮，选择两侧对称拉伸切除，对称距离为 20mm，切除结果如图 4-76 所示。

图 4-75　草图 5

图 4-76　两侧对称拉伸切除

（6）选择前视基准面，进入草图绘制状态，绘制图 4-77 所示的草图，圆弧与实体右端面相切，单击 按钮，选择竖直中心线为旋转轴，切除结果如图 4-78 所示，这样，阀杆就绘制好了。

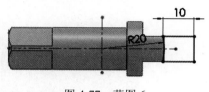

图 4-77　草图 6

图 4-78　旋转切除

4.2　工程特征

4.2.1　圆角特征

圆角特征的作用是在零件上生成内圆角或外圆角。可以通过 圆角 命令在一个面的所有边线、所选的几组面、所选的边线或边线环上生成圆角。

1. 等半径圆角

如图 4-79 所示，先画一个长方体，单击 圆角 按钮，软件默认为等半径圆角，在"圆角项目"下输入 2.00mm 作为圆角半径，选择图示的面和一条边线，预览效果如图 4-79 所示，单击 按钮，完成后的效果如图 4-80 所示。

2. 多半径圆角

如图 4-81 所示，选中圆角项目下的"多半径圆角"复选框，可以选择不同的边线或面，输入不同半径的圆角，预览如图 4-81 所示，单击 按钮，完成后效果如图 4-82 所示。

3. 面圆角

在特征管理器中选中面圆角，输入圆角半径，然后选择两个相交的面，预览效果如图 4-83 所示，单击 按钮，完成结果如图 4-84 所示。

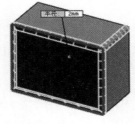

图 4-79 等半径圆角预览　　　　　　　　图 4-80 等半径圆角

图 4-81 多半径圆角预览　　　　　　　　图 4-82 多半径圆角

图 4-83 面圆角预览　　　　　　　　　　图 4-84 面圆角

4. 完整圆角

选中完整圆角，然后选择长方体的顶面作为面 1，侧面作为面 2，底面作为面 3，预览效果如图 4-85 所示，单击 ✅ 按钮，效果如图 4-86 所示。

图 4-85　完整圆角预览　　　　　　　　图 4-86　完整圆角

5. 圆形角圆角

如图 4-87 所示，图 4-87（a）为一般的圆角，图 4-87（b）中选中圆角选项下的"圆形角"复选框，其区别如（a）和（b）所示。

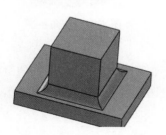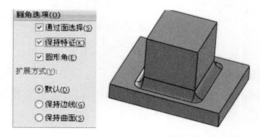

（a）未选中圆形角圆角　　　　　　　（b）选中圆形角圆角

图 4-87　圆形角圆角

4.2.2　倒角特征

倒角特征 🔷 倒角 的功能是在一个零件上产生倒角特征。可以通过单击 🔷 倒角 按钮进入倒角特征。有三种生成倒角的方法。

1. 角度距离

如图 4-88 所示，单击 🔷 倒角 按钮进入倒角特征后，在倒角特征管理器的倒角参数选项下选择"角度距离"单选按钮，输入倒角距离和倒角角度，这里输入 2.00mm 和 45.00deg，然后选择某个面或边线，绘图区自动出现预览效果，单击 ✅ 按钮完成，效果如图 4-89 所示。如果输入的角度不是 45°，可以通过"反转方向"复选框选中与否调整倒角的方向。

2. 距离-距离

如图 4-90 所示，在倒角参数下选择"距离-距离"，在下面输入倒角的两个距离值，这里输入 2.00mm 和 3.00mm，然后选择边线或面，绘图区出现预览效果，单击 ✅ 按钮完成，效果如图 4-91

所示。如果选中"相等距离"复选框，则只要输入一个距离即可。

　　　图 4-88　角度距离倒角　　　　　　　　　　图 4-89　倒角特征

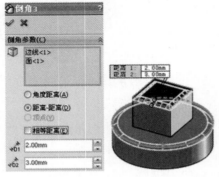

　　　图 4-90　距离-距离倒角　　　　　　　　　　图 4-91　倒角特征

3．顶点

如图 4-92 所示，在倒角参数下选择"顶点"，然后选择一个顶点，输入三个方向的距离，这里输入 5.00mm、10.00mm、15.00mm（如果选中"相等距离"复选框，只要输入一个参数），单击 按钮完成，效果如图 4-93 所示。

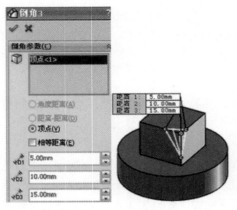

　　　图 4-92　顶点倒角　　　　　　　　　　图 4-93　倒角特征

4.2.3　拔模特征

拔模的作用是使所选实体的某一个面或几个面倾斜一定的角度。在模具铸造零件时，拔模能使零件更容易脱出型腔。可以在前面的拉伸特征里勾选"拔模"复选框,输入拔模角度。也可以通过 ![拔模图标] 拔模工具对实体进行拔模。

1. 中性面拔模

如图 4-94 所示是一个实体,通过对其进行拔模,来介绍 ![拔模图标] 拔模工具的用法。

图 4-94　实体

单击 ![拔模图标] 拔模按钮,进入拔模特征,输入拔模角度,这里输入 10.00deg;选择中性面(面 1),如图 4-95 所示,注意中性面上箭头方向为拔模方向,单击 ![按钮] 按钮可以改变拔模方向,箭头方向指向拔模面为向内拔模,反之为向外拔模,区别如图 4-96 和图 4-97 所示;然后选择拔模面(面 2),注意拔模面不能与箭头方向垂直,可以选择多个面,包括选择中性面另一侧的面。单击 ![确认按钮] 按钮完成。在拔模特征管理器的拔模面选项下有一个"拔模沿面延伸",它下面有几个选项,如图 4-98 所示,通过表 4-1 介绍这几个选项的功能。

图 4-95　拔模参数设置

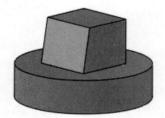

图 4-96　向内拔模

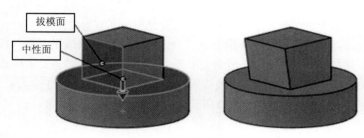

图 4-97　向外拔模

图 4-98　拔模沿面延伸

表 4-1　"拔模沿面延伸"功能介绍

拔模沿面延伸选项	图形区域的选择	拔模结果
无：仅对所选的面拔模	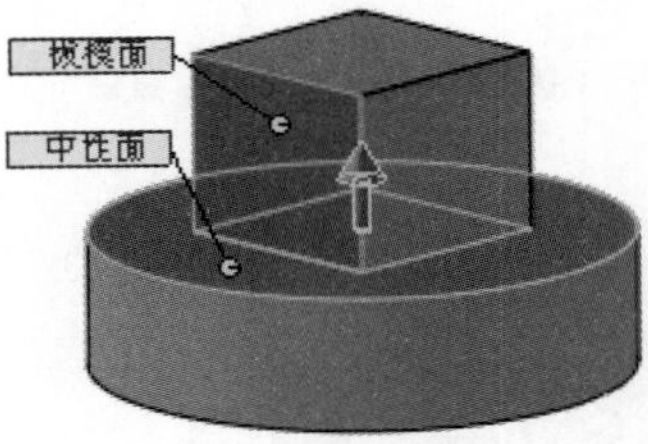	
沿切面：与拔模面相切的面也被拔模	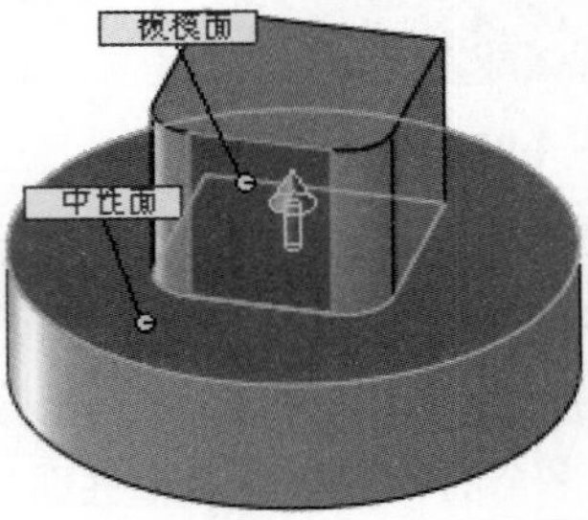	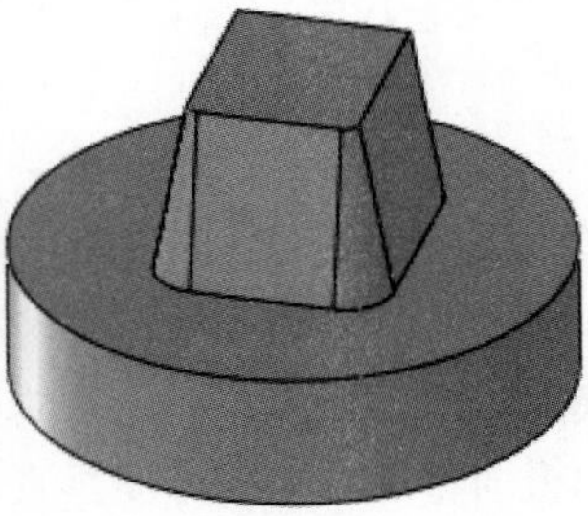
所有面：中性面两侧所有与中性面有共线的面都被拔模	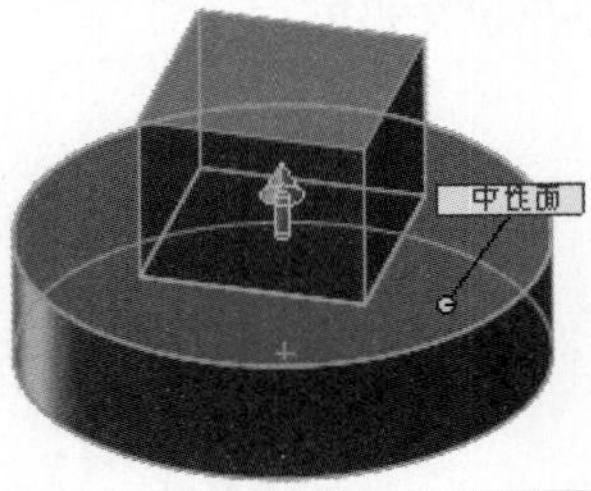	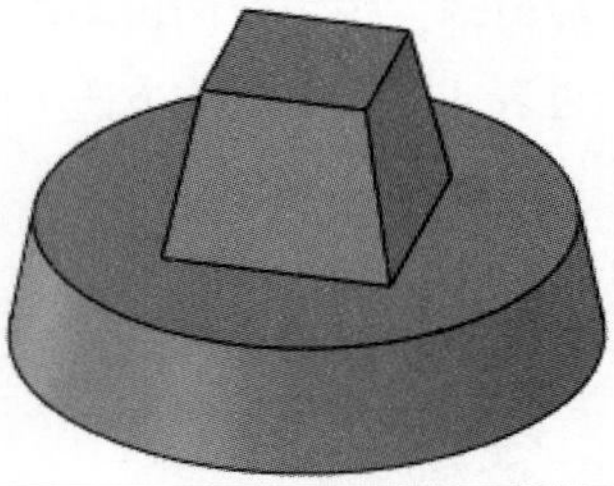
内部的面：中性面内部的面，即从中性面上拉伸的面都被拔模	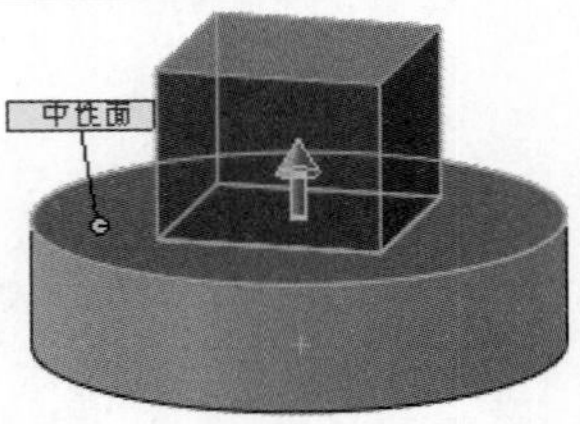	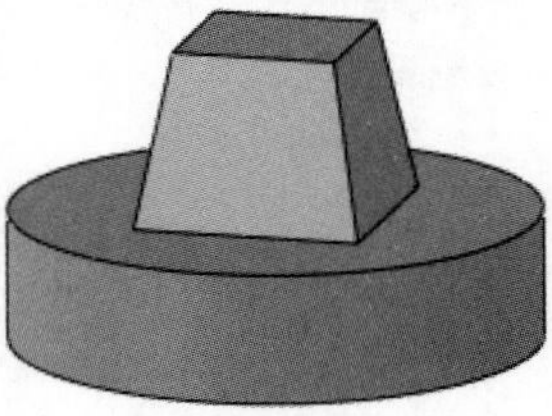
外部的面：中性面外侧的面，即与中性面外侧共线的面都被拔模	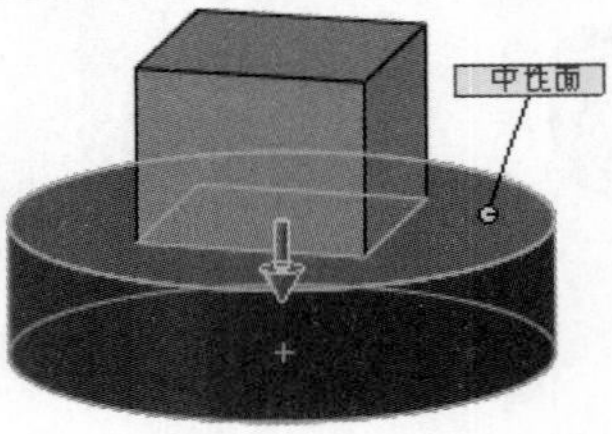	

2．分型线拔模

如图 4-99 所示，进入拔模特征后，在"拔模类型"组框下选中"分型线"单选按钮，输入拔模角度，选择分型线，在拔模方向下选择一条边线或者一个平面，选择平面则拔模方向垂直于所选平面。分型线上会出现一个黄色箭头，此箭头和分型线组成被拔模面。单击分型线选项下的 其它面 按钮，箭头方向会改变。单击 ✓ 按钮完成，效果如图 4-100 所示。分型线也可以是曲线。

3．阶梯拔模

先拉伸一个长方体，在其侧面上绘制出如图 4-101 所示的分割线，然后创建一个基准面，这个基准面平行于长方体顶面并通过分割线上的一点，如图 4-102 所示。

图 4-99　分型线拔模

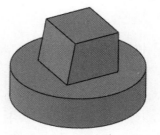

图 4-100　分型线拔模结果

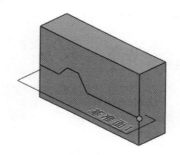

图 4-101　分割线

进入拔模特征后，在拔模类型里选择阶梯拔模，选择垂直阶梯，输入拔模角度，这里输入 10deg，选择基准面 1 作为拔模方向，在"分型线"选项下选择前面创建的分割线，如图 4-102 所示。单击 ✓ 按钮完成，效果如图 4-103 所示。

图 4-102　阶梯拔模设置

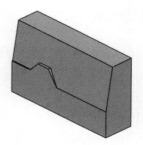

图 4-103　阶梯拔模

4.2.4　抽壳特征

抽壳功能是使实体变为壳体，壳体的厚度自定。在抽壳特征操作中选中的实体的某个面将作为壳体的开口，如果没有选择任何面，实体将生成一个封闭的中空的壳体。

图 4-104 是一个长方体，通过对它进行抽壳操作，介绍  抽壳 的用法。

单击 抽壳 按钮进入抽壳特征操作，如图 4-105 所示，输入壳厚，这里为 2mm，选择长方体的顶面，也可以选择"壳厚朝外"复选框，则壳换到实体边界的另一侧。单击 ✔ 按钮完成，效果如图 4-106 所示。

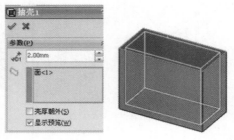

图 4-104　实体　　　　　　　　　　　　　　图 4-105　抽壳

如果要对某些面的壳厚作特殊的设定，可以进行多厚度抽壳。如图 4-107 所示，在多厚度设定下选择壳体的侧面，输入厚度，可得到不同厚度的壳。

图 4-106　抽壳结果　　　　　　　　　　　　图 4-107　多厚度抽壳

4.2.5　加强筋特征

筋是从开环或闭环绘制的草图拉伸的薄壁特征，拉伸的薄壁特征必须与已有实体特征相交，在拉伸的过程中，拉伸会根据草图的形状自动将筋延伸到已有实体上。下面通过一个简单的例子来了解筋。

先在前视基准面的两侧对称拉伸一个如图 4-108 所示的实体，再在前视基准面上绘制一条直线，如图 4-109 所示。

单击 筋 按钮（也可以退出草图，再单击 筋 按钮选择草图），筋的特征管理器也随之打开，如图 4-110 所示，选择薄壁厚度方向，输入薄壁特征的厚度。拉伸方向下有两个选项， 表示拉伸方向与草图基准面平行， 表示拉伸方向与草图基准面相垂直。这里只能选择前者。单击 ✔ 按钮完成，效果如图 4-111 所示。也可以激活 按钮对拉伸进行拔模设置。

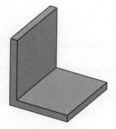

图 4-108　实体

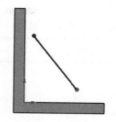

图 4-109　草图

图 4-110　筋

通过上面的例子可以看出，拉伸的薄壁特征根据草图形状自动形成到实体。下面的例子将对筋作进一步介绍。

（1）先在上视基准面上绘制一个边长为 60mm 的正方形，拉伸 15mm，再在顶面抽壳，壳体厚度 2mm，然后在上视基准面上方 10mm 处添加一个基准面 1，结果如图 4-112 所示。

（2）在基准面 1 上绘制一条直线和一个圆弧，如图 4-113 所示。

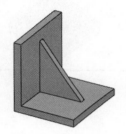

图 4-111　加筋结果

图 4-112　添加基准面

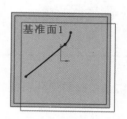

图 4-113　草图

单击 筋 按钮，不同的选择有不同的结果，详见表 4-2。

表 4-2　筋的几种情况

选择方法	说明	加筋结果
	平行于草图基准面拉伸	
	垂直于基准面拉伸，类型为"线性"	
	垂直于基准面拉伸，类型为"自然"	

下面介绍一下通过选择轮廓加筋，详见表 4-3。

表 4-3　选择轮廓加筋

草图	说明	结果
	不通过选择轮廓加筋，一般加筋	
	开筋的特征管理器下的所选轮廓选项，选择草图的两条直线作为拉伸轮廓	
	开筋的特征管理器下的所选轮廓选项，选择草图的一个面域作为拉伸轮廓	

4.2.6　简单直孔特征

　　简单直孔 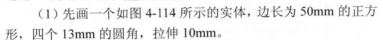 简单直孔 可以在实体的一个平面上直接生成孔特征，类似于拉伸切除。在进行简单直孔特征操作时，先要选择实体的一个平面，软件默认单击实体平面的一点为孔的中心。下面通过一个实例来讲解 简单直孔 的用法。

　　（1）先画一个如图 4-114 所示的实体，边长为 50mm 的正方形，四个 13mm 的圆角，拉伸 10mm。

图 4-114　绘制实体

　　（2）选中实体的顶面，单击 简单直孔 按钮，如图 4-115 所示，孔的特征属性管理器打开，参数设置与拉伸特征相似，这里采用给定深度，深度和直径都为 10mm，不拔模。如果对孔的位置不满意，可以选中孔的中心按住鼠标左键拖动到合适的位置，单击 按钮完成。

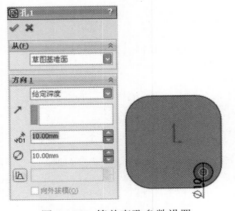

图 4-115　简单直孔参数设置

（3）如果要精确定位孔的位置，可以在特征管理器设计树里对孔的草图进行编辑，标注孔的位置尺寸，或添加几何关系。这里通过添加几何关系使孔与圆角边线同心，效果如图 4-116 所示。

图 4-116　简单直孔

4.2.7　异型孔向导特征

异型孔向导 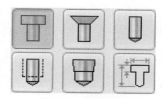 可以用来绘制各种规格的孔，如图 4-117 所示，有柱孔、锥孔、直孔、螺纹孔、管螺纹孔、旧制孔。

下面通过一个实例来介绍创建异型孔的操作步骤。

（1）拉伸一个长 60mm、宽 40mm、高 30mm 的长方体，如图 4-118 所示，单击 异型孔向导按钮，它的特征属性管理器也随之打开，如图 4-119 所示，在孔类型选项中选择柱孔，标准选择 Ansi Metric，类型自定，此处为六角盖螺钉；在孔规格选项中设置孔的

图 4-117　异型孔向导

大小、配合，配合分紧密、正常、松弛三种，也可以选中"显示自定义大小"复选框，在出现的选项中自设孔的大小；在"终止条件"组框中设定终止条件；下面还有一个"选项"选项，可以对孔的特征做更详细的设置，可自行尝试。

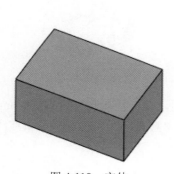

图 4-118　实体

图 4-119　孔的属性管理器

（2）单击特征属性管理器上的 位...按钮对孔的位置进行设置，如图 4-120 所示，利用智能尺寸设定孔的位置。单击 按钮完成剖视，效果如图 4-121 所示。可以尝试生成其他类型的孔，方法相似。

图 4-120　孔位置

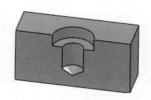

图 4-121　孔的剖视效果

4.2.8　实训——工程特征

图 4-122 是一个轴承座，下面介绍它的具体绘制过程。

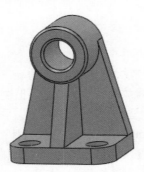

图 4-122　轴承座

（1）选择上视基准面进入草图绘制状态，绘制一个草图并拉伸 14mm，如图 4-123 所示。

（2）如图 4-124 所示，选择所绘实体的一个侧面进入草图绘制状态，绘制如图 4-123 所示的草图并拉伸 12mm。

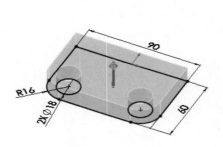

图 4-123　步骤 1

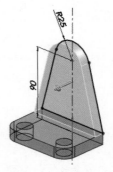

图 4-124　步骤 2

（3）如图 4-125 所示，选择步骤 2 拉伸的特征的一面，绘制一个草图并拉伸 30mm。

（4）在刚才拉伸的圆柱中心加一个直径为 26mm 的简单直孔，终止条件为完全贯穿，如图 4-126 所示。

图 4-125　步骤 3

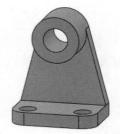

图 4-126　步骤 4

（5）在右视基准面上绘制一个草图，如图 4-127 所示，用加强筋特征平行于草图加一个 12mm 宽的筋，两侧对称，得到图 4-128 所示的实体。

（6）给零件加 2mm 的倒角，如图 4-129 所示，这样零件就绘制好了。

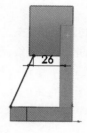

图 4-127　筋草图　　　　　　图 4-128　步骤 5　　　　　　图 4-129　步骤 6

4.3　扣合特征

SolidWorks 扣合特征包括 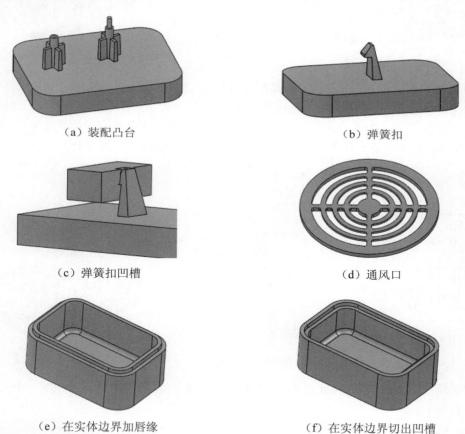 （可以单击"工具"｜"自定义"，在工具栏标签下打开此扣合特征工具栏），分别是装配凸台、弹簧扣、弹簧扣凹槽、通风口、唇缘/凹槽。利用这些工具可以生成以下实体，如图 4-130 所示。

（a）装配凸台　　　　　　　　　　　　　　（b）弹簧扣

（c）弹簧扣凹槽　　　　　　　　　　　　　（d）通风口

（e）在实体边界加唇缘　　　　　　　　　（f）在实体边界切出凹槽

图 4-130　扣合特征实体

4.3.1　装配凸台

装配凸台 的作用是在实体的某个平面上生成装配凸台孔或装配销。下面通过一个实例来介绍它的用法。

（1）先拉伸一个如图 4-131 所示的实体，这里主要利用此实体的顶面。

（2）单击 按钮，装配凸台的特征属性管理器也随之打开，如图 4-132 所示。在定位选项的 后的框中选择实体的顶面作为凸台的底面， 后面的框用来选择面上的圆形边界线，选中之后凸台的底面中心将与所选圆的圆心重合，此面上没有，故不用选。在凸台选项中设置凸台的尺寸，如果选择"选择配合面"单选按钮，不需要输入凸台高度，凸台将直接与所选的面重合。

图 4-131　拉伸实体　　　　　　　　　　　　　　　　　　　图 4-132　定位

（3）在翅片选项 后的方框中可选择翅片的方向，单击 翅片方向，软件默认垂直于所选的平面；输入翅片的尺寸，在 后输入翅片的数目，如图 4-133 所示。在"装配孔/销"组框中选择"孔"或"销"，这里选择孔，接着输入孔或销的尺寸，如图 4-134 所示。如果选中"选择配合边线"单选按钮，则无需输入直径。单击 按钮完成，结果如图 4-135 所示。

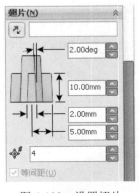

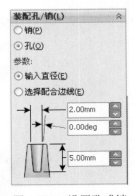

图 4-133　设置翅片　　　　　　　图 4-134　设置孔或销　　　　　　　图 4-135　装配凸台

如果要精确定位，可以在特征设计树中对特征草图进行编辑。也可以试着生成一个装配销，其方法与上述相似。

4.3.2　弹簧扣

弹簧扣 的作用是在实体的某个平面上生成一个弹簧扣。下面通过一个实例来介绍弹簧扣的具体生成方法。

（1）先画一个图 4-136 所示的实体，这里主要利用此实体的顶面。

图 4-136　实体

（2）单击 ☑ 特征，如图 4-137 所示，⬚ 表示选择生成弹簧扣的平面，↱ 选择弹簧扣的竖直反向，选择"面"表示垂直于面，选择"边线"表示平行于边线；在"弹簧扣数据"组框下输入弹簧扣的尺寸。如果上面选中的是"选择配合面"单选按钮，则选择弹簧扣所要扣合的面，下面不需输入弹簧扣的高度。单击 ✔ 按钮完成，结果如图 4-138 所示。

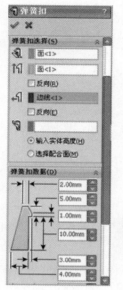

图 4-137　弹簧扣参数设置

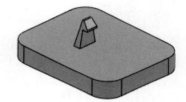

图 4-138　弹簧扣

如果想精确定位弹簧扣，可以通过编辑此特征的草图来添加尺寸。

4.3.3 弹簧扣凹槽

弹簧扣凹槽 ⬚ 的作用是在弹簧扣和与弹簧扣相交的实体上生成一个弹簧扣凹槽。下面通过以下实例来介绍弹簧扣凹槽的用法。

（1）如图 4-139 所示，先画一个长方体，在长方体顶面加一个弹簧扣，然后添加一个基准面，拉伸一个长方体与扣钩相交重合，注意拉伸时，使"合并结果"复选框处于不选中状态，如图 4-140 所示，表示此拉伸是一个独立实体。

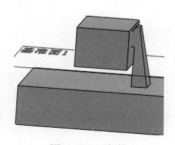

图 4-139　实体

图 4-140　取消合并结果

（2）单击 ⬚ 按钮，它的特征属性管理器也随之打开，⬚ 表示选择一个弹簧扣，⬚ 表示选择一个与弹簧扣扣钩相交重合的实体，输入凹槽的尺寸，如图 4-141 所示，单击 ✔ 按钮完成，剖视效果如图 4-142 所示。

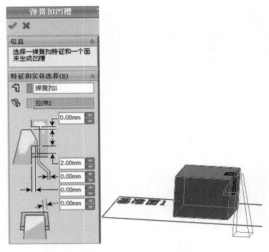

图 4-141　弹簧扣凹槽参数设置

图 4-142　弹簧扣凹槽

4.3.4　通风口

通风口 的作用是在某个实体的一个平面上生成一个通风口，这个口的形状请读者自己通过草图绘制。下面通过具体实例介绍通风口的操作方法。

（1）如图 4-143 所示，先拉伸一个直径为 60mm 的圆，拉伸 2mm；然后在其顶面绘制一个草图，最大圆直径为 40，等距 5mm 向里递减，总共 5 个，画两条相垂直的直线，退出草图。

（2）单击 按钮，它的特征管理器也随之打开，如图 4-144 所示，在边界选项下选择草图最大的圆作为边界；在"几何体属性"组框下选择顶面作为放置通风口的面，在 后输入圆角半径 1mm；在"筋"组框下选择两条相垂直的直线， 输入筋的深度， 输入筋的宽度， 后的框表示筋离通风口所在面的距离， 表示反向；在"翼梁"组框下选择中间的三个圆， 输入翼梁的深度， 输入翼梁的宽度， 后的框表示翼梁离通风口所在面的距离， 表示反向。在"填充边界"组框下选择最下圆，输入深度和离通风口所在面的距离，预览效果如图 4-145 所示。单击 按钮完成，结果如图 4-146 所示。

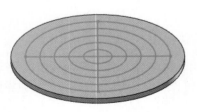

图 4-143　草图

图 4-144　通风口参数设置

图 4-145　预览效果

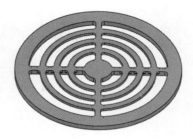

图 4-146　通风口

4.3.5　唇缘/凹槽

下面通过一个实例来了解唇缘的用法。

（1）先画一个如图 4-147 所示的实体，具体画法：画一个
长 60mm、宽 40mm 的长方形，加四个半径 10mm 的圆角，拉
伸 20mm，顶面抽壳，壳厚 4mm，再在此实体内部底面加一个
半径为 2mm 的圆角。

（2）单击 🔲 按钮，它的特征属性管理器也随之打开，
"实体/零件选择"组框中有三个选框，第一个表示选择欲
加凹槽的实体，第二个表示选择欲加唇缘的实体，第三个表

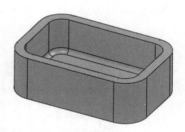

图 4-147　实体

示选择加唇缘或凹槽的方向，方向可以是实体的一条边线，也可以是一个面，是一个面表示方
向与此面相垂直。"唇缘选择"选项下的 🔲，表示生成唇缘所在的面，🔲表示选择生成唇缘
的边线，可以是内边线，也可以是外边线，此处选择内边线。选中"切面延伸"复选框，输入
唇缘尺寸，参数设置如图 4-148 所示。单击 ✔ 按钮完成，结果如图 4-149 所示。

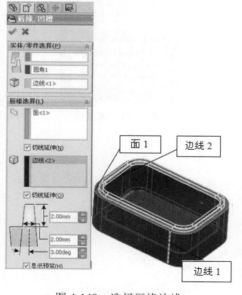

图 4-148　选择唇缘边线

图 4-149　唇缘

与唇缘相反的是凹槽，先绘制好图 4-147 所示的实体，单击 🔲 按钮，它的特征属性管理器也
随之打开，在"实体/零件选择"组框下第一个框中选择欲切凹槽的实体。其他参数设置如图 4-148
所示。单击 ✔ 按钮完成，结果如图 4-150 所示。

图 4-150   凹槽

4.3.6   实训——绘制通风口

如图 4-151 所示是一个通风口，下面介绍它的具体绘制过程。

（1）选择前视基准面进入草图绘制状态，绘制图 4-152 所示的草图并拉伸 1mm。

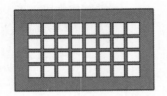

图 4-151   通风口

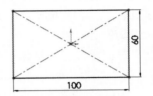

图 4-152   草图 1

（2）在拉伸的特征上面绘制如图 4-153 所示的草图，图中每个小正方形边长为 10mm，可以用线性阵列来完成。

（3）用通风口命令，选择通风口边界，设置筋和翼梁的深度为 1mm，宽度为 2mm，选择水平方向的直线为筋和竖直方向的直线为翼梁，单击 ✅ 按钮完成，效果如图 4-154 所示。

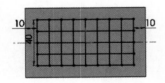

图 4-153   草图 2

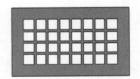

图 4-154   通风口

4.3.7   综合实训——绘制虎钳的丝杠

图 4-155 是一个虎钳的丝杠（具体尺寸见附录 C 的丝杠），下面介绍它的具体绘制过程。

图 4-155   丝杠

（1）先选择前视基准面进入草图绘制状态，绘制图 4-156 所示的草图 1，单击 ⊕ 按钮，旋转得到图 4-157 所示的实体。

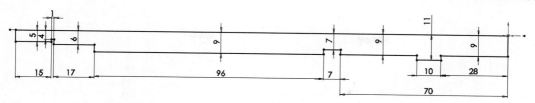

图 4-156　草图 1

图 4-157　拉伸实体

（2）选择大端端面进入草图绘制状态，绘制如图 4-158 所示的草图 2。单击 按钮，设置拉伸深度为 22mm，选择反向切除，得到如图 4-159 所示的实体。

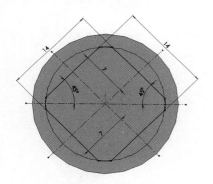

图 4-158　草图 2

图 4-159　拉伸切除实体

（3）选择如图 4-160 所示的面进入草图绘制状态，绘制草图 3。以此圆为基准绘制螺旋线，螺距 4mm，高度设为 96mm，起点设在上视基准面上。预览效果如图 4-161 所示，单击 按钮。

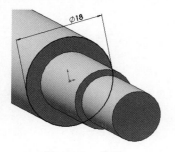

图 4-160　草图 3

图 4-161　绘制螺旋线

（4）创建一个与螺旋线起点垂直的基准面，结果如图 4-162 所示。

（5）选择新创建的基准面绘制草图 4，结果如图 4-163 所示，利用 扫描切除 命令得到梯形螺纹，如图 4-164 所示。

（6）选择上视基准面进入草图绘制状态，绘制如图 4-165 所示的草图 5，然后单击 按钮，结果如图 4-166 所示。

图 4-162　创建基准面

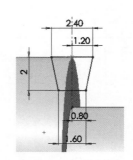

图 4-163　草图 4

图 4-164　选择圆角边线

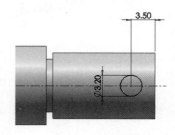

图 4-165　草图 5

（7）将小端螺纹用"装饰螺纹线"命令装饰，如图 4-167 所示，并将两端倒圆角，这样丝杠就绘制完了。

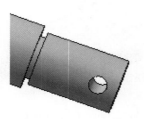

图 4-166　选择圆角边线

图 4-167　圆角

（注：在绘图中，传动螺纹，如梯形螺纹，用扫描切除的方法获得；连接螺纹，如果是三角形螺纹，用装饰螺纹线装饰即可。）

习题 4

1. 绘制附录 A 千斤顶的所有零件，并保存。
2. 绘制附录 B 轴承座的所有零件，并保存。
3. 绘制附录 C 虎钳的所有零件，并保存。

第 5 章 实体编辑

通过前面几章的学习，已经掌握了拉伸、切除等基本的特征工具及圆角、倒角等工程特征模型的使用方法。本章将学习较高级的建模特征，如变形、组合、阵列等特征，以提高造型的设计速度和品质。

5.1 变形编辑

5.1.1 弯曲

所谓弯曲特征就是通过可预测的、直观的工具修改进行复杂应用的模型，这些应用包括概念设计、机械设计、工业设计、冲模及铸模等，弯曲功能可修改单体或多体零件。

利用弯曲工具，可以对已有零件进行如下操作。

（1）折弯：指利用两个剪裁基准面的位置来决定弯曲区域，使实体绕着三重轴的红色 X 轴所代表的折弯线来弯曲，以达到改变实体形状的目的。

（2）扭曲：指以两个剪裁基准面为扭曲边界区域，以三重轴的蓝色 Z 轴为轴心扭动实体，以达到改变实体形状的目的。

（3）锥削：指利用两个剪裁基准面为边界区域，沿着三重轴的蓝色 Z 轴所代表的方向锥削实体，以达到改变实体形状的目的。

（4）伸展：指利用两个剪裁基准面为边界区域，沿着三重轴的蓝色 Z 轴方向伸缩实体，以达到改变实体形状的目的。

下面通过一个简单的例子来具体了解一下。

选择菜单"插入"｜"特征"｜"弯曲"命令（或单击"特征"工具栏上的"弯曲"按钮 ），打开"弯曲"特征属性管理器。不同类型的弯曲，属性管理器的内容不尽相同，如图 5-1 所示为折弯类弯曲的属性管理器。其中在"弯曲输入"组框中，可以选择希望生成弯曲的实体，希望生成弯曲的类型，对于"折弯"类弯曲，还要求输入要弯曲的角度和半径值。"剪裁基准面 1"和"剪裁基准面 2"组框用于选择生成弯曲的边界，系统会利用这个边界框计算弯曲，默认情况下系统会自动以所选实体边界作为剪裁基准面，如图 5-2 所示。可以通过选择新的顶点或设置新的偏移距离改变剪裁基准面。"三重轴"组框用于设置出现在模型上

图 5-1 折弯类弯曲的属性管理器

的三重轴的位置等有关参数，三重轴变化则生成的弯曲形状不同。"弯曲选项"组框用于控制弯曲的精度。

本例中选择弯曲的类型为折弯，并通过改变弯曲角度来改变实体形状，最终模型如图 5-3 所示。

如图 5-4 所示分别为对薄板进行扭曲、锥削、伸展后的结果。

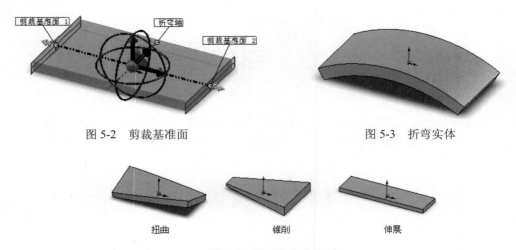

图 5-2　剪裁基准面　　　　　　　　　图 5-3　折弯实体

扭曲　　　　　　　　　锥削　　　　　　　　　伸展

图 5-4　不同的弯曲类型

5.1.2　包覆

所谓包覆特征就是将草图包覆到平面或非平面上，生成填料特征或切除特征。在 SolidWorks 的早期版本中，如果希望在非平面（圆柱面）上生成一些凸台特征或切除特征是很困难的，现在有了"包覆"功能，这些工作变得非常简单。

下面通过一个简单的例子来具体了解一下。

选择菜单"插入"｜"特征"｜"包覆"命令（或单击"特征"工具栏上的"包覆"按钮 ），切换到包覆属性管理器，如图 5-5 所示。在"包覆参数"组框中各选项的含义如下。

图 5-5　包覆属性管理器

（1）类型：选择生成特征的类型。"浮雕"是在所选表面上生成一凸台特征。"蚀雕"是在所选表面上生成一切除特征。"刻划"是在所选表面上生成草图轮廓印记。

（2）包覆草图的面：用于选择要生成特征的表面。

（3）厚度：用于设置特征的厚度值。

（4）反向：改变生成特征的方向。

（5）"拔模方向"组框用于设置拔模方向和角度。

（6）"源草图"组框用于选择生成包覆特征的草图。

这里选择外圆柱面作为被包覆的表面，设置厚度值为 2.0mm。如图 5-6 所示是 3 种类型的包覆特征。

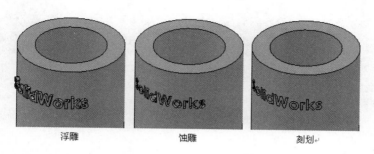

浮雕   蚀雕   刻划

图 5-6   不同类型的包覆特征

5.1.3 圆顶

利用"圆顶"功能，既可以创建规则的球体，也可以创建不规则的球体，可以在同一模型上同时生成一个或多个圆顶特征。

要想使用圆顶功能，先选择一个已有特征的平面，因此必须先创建一个基本体。

首先创建一个新的零件文件，在上视基准面上打开一幅草图，以坐标原点为圆心绘制一个直径为 50mm 的圆。向上视基准面的上方拉伸基体，拉伸深度为 10mm，如图 5-7 所示。

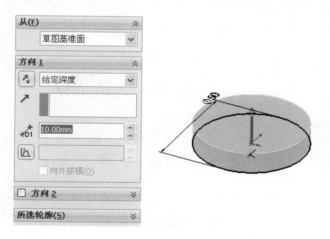

图 5-7   拉伸特征参数设置

选择该模型的上表面，然后选择菜单"插入"｜"特征"｜"圆顶"命令（或单击"特征"工具栏上的"圆顶"按钮 ），出现如图 5-8 所示的圆顶属性管理器。

（1）到圆顶的面：列表框显示生成圆顶的平面。

（2）距离：用于设置所选平面的中心到希望生成圆顶最高点的垂直距离。

（3）约束点或草图：通过选择一草图或点来约束草图的形状，以控制圆顶。

（4）方向：如果希望沿着垂直于所选面以外的方向拉伸圆顶，激活该文本框，然后选择一个线性边线或由两个草图点所生成的向量作为圆顶拉伸方向向量。

（5）椭圆圆顶：如果希望生成的是椭圆圆顶，必须使此复选框有效。

在这里设置距离为 30.00mm，其他参数默认，然后确定，得到如图 5-9 所示的模型。

图 5-8　圆顶属性管理器　　　　　　　　　　　图 5-9　圆顶特征

5.1.4　变形

使用变形特征可以改变复杂曲面或实体模型的局部或整体形状,无须考虑用于生成模型的草图或特征约束。该功能提供一种简单方法虚拟改变模型,这在概念设计或对复杂模型进行几何修改时很有用,因为使用传统的草图、特征或历史记录编辑需要花费很长的时间。

下面通过一个简单的例子来介绍 3 种方法创建变形特征的过程。

1. 点变形

首先,要创建一个基本特征和一幅草图。其中草图中绘制了一个草图点。

选择菜单"插入"|"特征"|"变形"命令(或单击"特征"工具栏上的"变形"按钮），切换到变形属性管理器。属性管理器中选项较多,且不同的类型,参数内容也不同。这里先选择变形类型为"点",其属性管理器中的组框如图 5-10 所示。

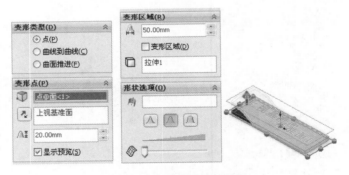

图 5-10　点变形属性管理器

"变形类型"组框用于选择生成变形特征的方法。

（1）点:点变形是改变复杂形状最简单的方法,通过选择模型面、曲面、边线或顶点上的点,或选择空间中的一点,可以控制变形特征的形状。

（2）曲线到曲线:曲线到曲线变形可以精确改变模型的复杂形状,通过将几何体从初始曲线（可以是曲线、边线、剖面曲线及草图曲线组等）映射到目标曲线组,可以使目标模型变形。

（3）曲面推进:该方法是通过使用工具实体曲面替换（推进）目标实体的曲面来改变其形状,改变后的目标实体曲面近似所使用的工具实体曲面,但在变形前后每个目标曲面之间保持一对一的对应关系。

"变形点"组框用于设置点变形时的参数。

（4）变形点:选择一个用于变形的点,可以是草图点、模型顶点等。

（5）变形方向:用于确定变形的方向,通过选择一个平面,垂直于该平面的方向为变形方向。

（6）变形距离：用于设置变形的程度。

"变形区域"组框用于设置变形区域的有关参数。

（7）变形半径：用于设置变形的最大范围值。

（8）变形区域：该复选框有效，需要选择固定曲线和额
外曲面来控制变形区域的大小。

"形状选项"组框用于设置变形的形状及变形精度。

本例中，按照图 5-10 所示设置参数，并在特征管理器中
选择上视基准面确定变形方向，并保证箭头向上，确定后生成
如图 5-11 所示的模型。

图 5-11　点变形实体

2. 曲线变形

先要创建一个基本特征和一幅草图。其中草图中绘制了一条样条曲线。

单击"特征"工具栏上的"变形"按钮 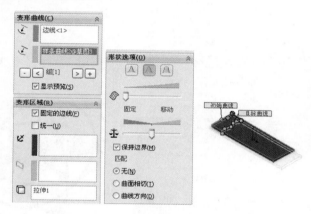，在属性管理器中使"曲线到曲线"单选按钮有效。
如图 5-12 所示为属性管理器中的组框。

图 5-12　曲线变形属性管理器

在"变形曲线"组框中，可以选择模型上的一条或一组曲线作为起始曲线，再选择草图或模型
中的一组曲线作为目标曲线，并可以通过单击 + 、 - 、 < 按钮增加、删除或循环选定的曲线。

在"变形区域"组框中，可设置与变形区域有关的参数。

（1）固定的边线：通过在图形区域中选择要变形的固定边线和额外面来防止所选曲线、边线
或面被移到。

（2）统一：尝试在变形操作过程中保持原始形状的特性，该选项可以帮助还原曲线到曲线的
变形操作。

（3）固定曲线/边线/面：选择一个固定边线，以防止所选曲线、边线或面被变形和移动。

（4）要变形的其他面：可以添加要变形的特定面。如果未选择任何面，则整个实体变形。

（5）要变形的实体：选择要变形的实体，可以是一个
或多个。

"形状选项"组框用于控制变形的形状，其参数含义
请参考帮助文件，限于篇幅，在此不做叙述。

本例中选择如图 5-12 所示的模型边线为起始曲线，选
择草图中的样条曲线为目标曲线，其余参数默认，确定后
模型如图 5-13 所示。

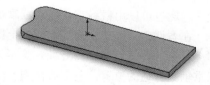

图 5-13　曲线变形实体

3. 曲面推进变形

所谓曲面推进变形就是通过推进工具实体到目标实体的曲面来改变其形状。曲面推进变形接近工具实体的曲面，但保持目标实体曲面的一致性（最终目标实体中的面、边线及顶点数保持不变）。与点变形相比，曲面推进变形可对变形形状提供更有效的控制。同时还是基于工具实体形状生成特定特征的可预测方法。可以选择自定义的预建工具实体，如多边形或球面，也可以使用自己的工具实体。在图形区域中使用三重轴标注可调整工具实体的大小，拖动三重轴或在 PropertyManager 中设定值可以控制工具实体的移动。

使用曲面推进变形设计自由形状的曲面、模具、塑料、软包装、钣金及其他应用，这对合并工具实体的特性到现有设计中很有帮助。

先要创建一个基本特征。单击"特征"工具栏上的"变形"按钮，在属性管理器中使"曲面推进"单选按钮有效。如图 5-14 所示为属性管理器中的组框。

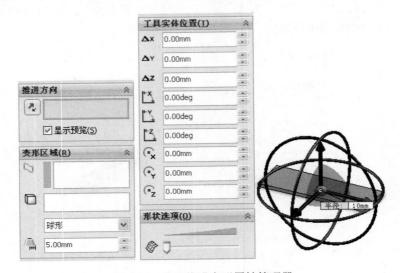

图 5-14　曲面推进变形属性管理器

"推进方向"组框用于设置变形推进的方向，可以通过选择一条草图线段、模型边线、模型表面、基准面、两个点或模型顶点来确定。如有必要，单击左侧的"反向"按钮改变方向。

"变形区域"组框设置变形区域的有关参数。

（1）要变形的其他面：选择一个要变形的特定面。

（2）要变形的实体：选择要变形的目标实体，可以是一个或多个。

（3）工具实体：设定对要变形的实体（目标实体）进行变形的工具实体，可以从下拉列表框中选择预定义的工具实体，包括椭圆、椭面、多边形、矩形和球面，也可以选择其他实体。

（4）变形误差：为工具实体与目标面或实体的相交处指定圆角状半径值。

"工具实体位置"组框用于精确定义工具实体的位置，当然也可以用鼠标直接拖动三重轴来定位。

在本例中，选择上视基准面确定推进方向，确保箭头向上；再选择工具实体为球面，变形误差 3.00mm，拖动三重轴到合适的位置，确定后得到一个球面形变形特征，如图 5-15 所示。

图 5-15　曲面推进变形实体

5.1.5　特型

所谓特型就是通过展开、约束或拉紧所选曲面在模型上生成一个变形曲面。变形曲面灵活可变，很像一层膜。可以使用"特型特征"对话框中"控制"标签上的滑块将之展开、约束或拉紧。

首先，创建一个矩形体和两幅草图。

1．无约束特型

选择菜单"插入"｜"特征"｜"特型"命令（或单击"特征"工具栏上的"特型"按钮 ），弹出如图 5-16 所示的"特型特征"对话框。对话框中有两个选项卡："特型特征"和"控制"。

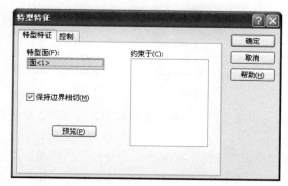

图 5-16　"特型特征"对话框

"特型特征"选项卡用于设置生成特型面的有关参数。

（1）特型面：要求选择一个模型的表面，用于生成特型特征。

（2）保持边界相切：若想使特型特征边线与边界形成相切的几何关系，必须使该复选框有效。

（3）约束于：用于选择生成特型面的约束条件，可以是草图、点、模型的边线。

如图 5-17 所示的"控制"选项卡用于调整变形曲面的特型形状。

（1）增益：用于调整特型的膨胀或收缩程度，增大或减小约束条件的影响力。

（2）特性：用于调整特型曲面的伸展和弯曲程度。

（3）高级控制：通过改变面上变形的点数来调整特型的精度；较高的分辨率可以使平整区域更平滑，使约束实体附近的特型更尖锐；较低的分辨率能够提供较好的性能，但生成的特型表面较粗糙，且某些细节可能被忽略。

本例中，选择模型上表面，其余参数默认，然后在"控制"选项卡中调整滑块，得到合适的特型特征，如图 5-18 所示。

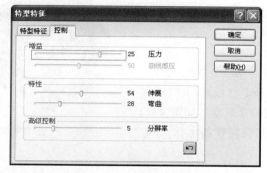

图 5-17　"控制"选项卡

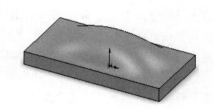

图 5-18　无约束特型特征

2. 点约束特型

取消上面的操作，再次单击"特型"按钮，选择模型的顶面作为要生成的特型面；在特征管理器中选择"草图 2"作为约束条件，如图 5-19 所示；切换到"控制"选项卡，拖动滑块到合适位置，得到合适的特型特征，如图 5-20 所示。

图 5-19　"特型特征"对话框

比较图 5-18 和图 5-20 可以看出，在生成特型过程中，在 3 个点位置受到了约束。

3. 草图约束特型

取消上面的操作，再次单击"特型"按钮，选择模型的顶面作为要生成的特型面；在特征管理器中选择"草图 3"作为约束条件；切换到"控制"选项卡，拖动滑块到合适位置，得到合适的特型特征，如图 5-21 所示。

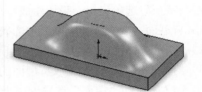

图 5-20　点约束特型特征　　　　　图 5-21　草图约束特型特征

5.2　组合编辑

早期版本的 SolidWorks 不具有分体造型功能，也就是说一个零件文件中只允许有一个实体存在，不能存在多个或两个互不相连的实体。SolidWorks 提供了多实体造型功能，在一个文件中允许多个独立实体存在，为零件的设计提供了极大的灵活性。

5.2.1　组合

首先，创建两个如图 5-22 所示的实体。

选择菜单"插入"|"特征"|"组合"命令（或单击"特征"工具栏上的"组合"按钮），切换到组合属性管理器，如图 5-23 所示。"要组合的实体"组框用于列出要进行组合操作的实体；"操作类型"组框提供以下 3 种组合方式。

图 5-22　组合实例

（1）添加：当选择该方法时，系统将所选的多个实体组合成一个实体。如果在特征管理器中选择实体 1 和实体 2，确定后原来的不同颜色变成同一种颜色，说明成为了一个实体，且特征管理器的"实体"项目中也只有一个实体——组合 1，如图 5-23 所示。

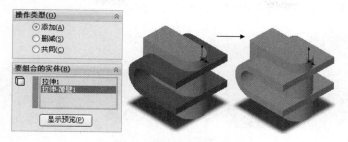

图 5-23　组合属性管理器

（2）删减：当选择该方法时系统将所选的多个实体中相互交叉的部分删除，属性管理器如图 5-24 所示。其中"主要实体"文本框用于列出要保留的实体，"减除的实体"用于列出要删除的实体，两者选择的不同，得到的结果是不同的。选择完成后单击 ✅ 按钮，弹出如图 5-25 所示的对话框，由于互相剪出的结果有可能还有多个实体，所以该对话框要求选择减除后应该保留的实体，可以选择保留所有实体，也可以选择保留部分实体。

图 5-24　"删减"属性管理器

图 5-25　要保留的实体

如图 5-26（a）所示是实体 1 作为主要实体并保留了所有实体后得到的模型；如图 5-26（b）所示是实体 2 作为主要实体并保留了所有实体后得到的模型；如图 5-26（c）所示是保留了部分实体后得到的模型。

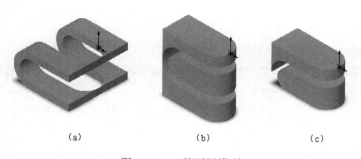

（a）　　　　　　　　　（b）　　　　　　　　　（c）

图 5-26　三种不同模型

（3）共同：当选择该方法时，系统将所选的多个实体中相互交叉的部分保留，属性管理器如图 5-27 所示。在特征管理器中选择实体 1 和实体 2，确定模型。

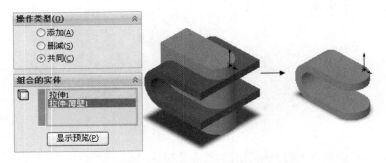

图 5-27　"共同"属性管理器

5.2.2　分割

使用"分割"命令可以从一现有零件生成多个零件，也可以生成单独的零件文件，并从新零件形成装配体。

下面通过一个简单的例子来了解分割特征。

首先，创建一个实体和一个草图。选择菜单"插入"｜"特征"｜"分割"命令，切换到分割属性管理器，如图 5-28 所示。

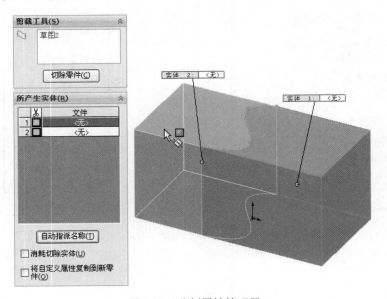

图 5-28　分割属性管理器

（1）剪裁工具：可以是一个草图、基准面或曲面，这里选择前面绘制的草图。

（2）所产生实体：双击一实体名称或在图形区域中选取一实体标注以将实体指派到新零件。这里选择前面创建的实体。

参数设置后如图 5-28 所示，单击"确定"按钮完成分割操作，这样一个实体就被分割成了两个实体。

5.3　阵列

阵列特征就是将所选特征或实体按照一定的规律进行多个实例的复制。SolidWorks 提供了多种阵列功能，包括最基本的线性阵列、圆周阵列，以及功能更强的草图驱动阵列、填充阵列等。

5.3.1　线性阵列

下面通过一个简单的例子来了解线性阵列。

首先，创建一个实体。选择菜单"插入"｜"阵列/镜像"｜"线性阵列"命令（或单击"特征"工具栏上的"线性阵列"下拉列表框选择"线性/阵列"按钮 ），切换到线性阵列属性管理器，如图 5-29 所示。属性管理器中的选项和参数很多，但多数在阵列草图时都已介绍过，因此只介绍一些新的参数。

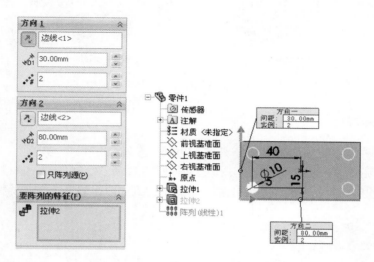

图 5-29　"线性阵列"属性管理器

（1）只阵列源：选择该选项，在第二方向上只阵列源特征，不复制方向 1 的阵列实例在方向 2 中生成线性阵列，如图 5-30 所示。

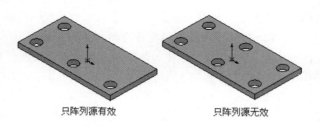

图 5-30　阵列后模型

（2）要阵列的特征：选择要被阵列的特征。

（3）要阵列的面：选择希望阵列特征的表面，而非实体特征本身；此时阵列必须保持在同一面或边界内，不能跨越边界。

（4）几何体阵列：该选项有效，只使用特征的几何体（面和边线）来生成阵列，而不阵列和求解特征的每个实例。

（5）延伸视象属性：该选项有效，将 SolidWorks 的颜色、纹理和装饰螺纹数据延伸给所有阵列实例。

在本例中选择如图 5-29 所示的薄板的两侧边线作为阵列方向，阵列实例数均为 2，在特征管理器中选择前面创建的"拉伸 2"特征作为要阵列的对象，完成后的模型如图 5-31（a）所示。特征管理器中的名称为"阵列（线性）1"。

除了阵列特征外，阵列功能还可以直接阵列整个实体模型。要阵列整个实体，需要展开属性管理器中的"要阵列的实体"组框，然后选择希望阵列的对象，其方法同阵列特征完全一样，如图 5-31（b）所示为阵列实体范例。

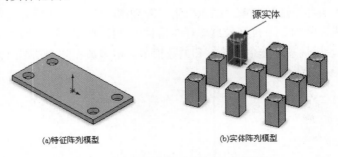

图 5-31   特征阵列模型和实体阵列模型

5.3.2   圆周阵列

下面以附录 G 安全阀中的垫片为例，来讲一下圆周阵列的内容。

选择模型的顶面，在上面打开一幅草图。按照如图 5-32 所示绘制草图，并标注尺寸。单击"拉伸切除"按钮，设置终止条件为"完全贯穿"，确定后得到如图 5-33 所示的切除特征。

图 5-32   绘制草图

图 5-33   切除特征

单击"基准轴"按钮，然后选择模型中任意一个圆柱面，过模型回转轴生成一个基准轴。

单击"圆周阵列"按钮，打开圆周阵列属性管理器，如图 5-34 所示。其中参数前面都已经介绍过，这里不再重述。选择刚创建的基准轴作为阵列轴，然后选择前面创建的"拉伸 2"为阵列对象，其余参数按照图中设置，确定后阵列成 3 个切除孔，如图 5-35 所示。

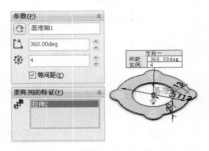

图 5-34   "圆周阵列"属性管理器

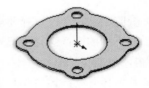

图 5-35   阵列后的模型

5.3.3　曲线驱动阵列

曲线驱动阵列允许沿曲面或 3D 曲线生成阵列，这里的曲线可以是任何草图线段、沿平面的边线（实体或曲面），可以是开环曲线，也可以是闭环曲线。

首先要创建一个模型，其中包括一个矩形体、一个孔特征和一幅草图。

选择菜单"插入"｜"阵列/镜像"｜"曲线驱动的阵列"命令（或单击"特征"工具栏上的"线性阵列"下拉列表框选择"曲线驱动的阵列"按钮），属性管理器如图 5-36 所示。"方向 1"组框用于设置有关阵列的信息，这里只介绍一些前面没有介绍过的参数。

（1）阵列方向：选择一条曲线、模型边线或草图实体作为阵列的路径。如有必要，单击"反向"按钮 来改变阵列的方向。

（2）曲线方法：选择如何用阵列方向所选择的曲线来定义阵列的方向。"转换曲线"是阵列的实例根据所选曲线原点到源特征的距离排列；"等距曲线"是阵列的实例根据所选曲线原点到源特征的垂直距离排列。

（3）对齐方法：设置如何对齐阵列，有两种方法："与曲线相切"是每个实例阵列方向的曲线相切对齐；"对齐到源"是对齐每个实例以与源特征的原有对齐匹配。

本例中选择草图 2 中的样条曲线作为阵列方向，其余参数参照图 5-36 所示设置，确定后沿样条曲线方向生成 5 个实例，如图 5-37 所示。其中有一个实例与源特征重合了。

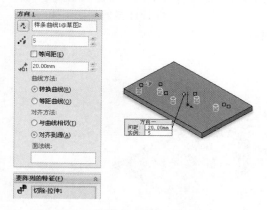

图 5-36　"曲线驱动阵列"属性管理器

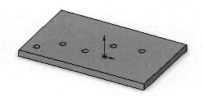

图 5-37　阵列后模型

可以改变曲线方法和对齐方法，看看结果会是什么样子的。

5.3.4　草图驱动阵列

草图驱动阵列就是利用草图中的草图点指定特征阵列，特征在整个阵列扩散到草图中的每个点。

首先创建一个模型，包括一个矩形体、一个孔特征和一幅草图。

选择菜单"插入"｜"阵列/镜像"｜"草图驱动的阵列"命令（或单击"特征"工具栏上的"线性阵列"下拉列表框选择"草图驱动的阵列"按钮），属性管理器如图 5-38 所示。各选项的含义如下。

（1）参考草图：用于列出生成阵列的草图，草图必须包含草图点。

（2）参考点：设置阵列时的基准点。"重心"是系统根据要阵列的特征自动选择其重心作为参考点；"所选点"是通过选择一个点作为参考点。

本例中选择草图 2 作为参考草图，重心作为参考点，孔特征作为阵列特征，系统自动选择草图 2 中的点作为阵列点，确定后生成如图 5-39 所示的阵列特征。

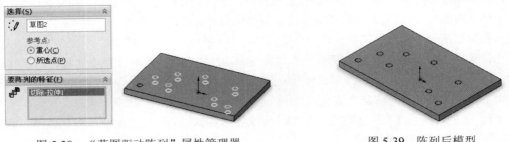

图 5-38　"草图驱动阵列"属性管理器　　　　　　　图 5-39　阵列后模型

5.3.5　填充阵列

填充阵列功能可以利用平面定义的区域或草图，自动生成阵列特征，得到的实例充满所选的平面区域或草图设置的区域。可以生成与所选特征相同的特征实例，也可以生成系统指定形状的特征实例。

首先创建一个模型，包括一个矩形体、一个孔特征和一幅草图。

选择菜单"插入"｜"阵列/镜像"｜"填充阵列"命令（或单击"特征"工具栏上的"线性阵列"下拉列表框选择"填充阵列"按钮），打开填充阵列属性管理器，如图 5-40 所示。其中组框很多，这里只介绍一些前面没有介绍过的组框。

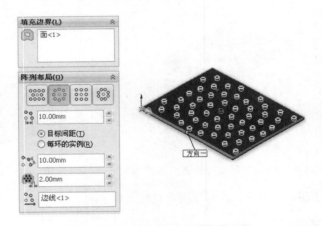

图 5-40　"填充阵列"属性管理器

"填充边界"组框定义用于阵列填充的区域，可以是草图、模型表面上的平面曲线、面或共有平面的面，如果使用草图作为边界，可能需要选择阵列方向。

"阵列布局"组框用于决定填充边界内实例的布局方式，阵列实例以源特征为中心呈同轴心分布，包括以下选项。

（1）阵列方式：选择填充阵列的实例分布形状。"穿孔"是用来生成钣金穿孔式阵列；"圆周"是阵列的特征实例以圆周形状填充整个区域；"方形"是阵列的特征实例以矩形形状填充整个区域；"多边形"是阵列的特征实例以多边形形状填充整个区域；穿孔类型的参数同后面三种不同。

（2）实例间距：穿孔方式时，设定的值为实例中心间的距离；后三种方式时设定的值为实例环间的距离。

（3）交错断续角度：穿孔方式时，设定各实例行之间的交错断续角度，起始点位于阵列方向所用的向量。

（4）边距：设定填充边界与最远端实例之间的边距。可以将边距的值设定为零。

（5）阵列方向：设定作为阵列方向的参考对象，如果未指定，系统将使用最合适的对象，如选定区域最长的线性边线。

（6）目标间距：通过设定每个环内实例间的间距来填充区域，每个环的实际间距可能不同，因此各实例会自动进行均匀调整。

（7）每环的实例：通过设定每个环上实例的个数来填充区域。

（8）实例数：设置每环的实例数。

系统能够根据设定的参数自动计算每一环的半径。如图 5-41 所示为选择了模型顶面为填充边界后，孔特征在 4 种阵列方式下的阵列结果。

如果选择一个封闭的二维草图作为填充边界，将以草图轮廓为边界进行阵列，如图 5-42 所示。

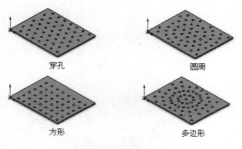

图 5-41　四种阵列方式

图 5-42　以草图轮廓为边界阵列

另外，除了阵列自己创建的特征外，还可以阵列系统提供的几种特征。在"要阵列的特征"组框中选择"生成源切"单选按钮，会出现 4 个按钮，对应着 4 种形状的特征，包括方形、圆形、菱形、多边形，选择一个按钮，设置相应的参数，系统将阵列所选特征，如图 5-43 所示。

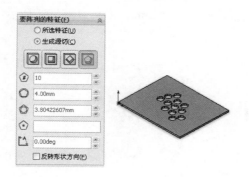

图 5-43　"要阵列的特征"组框

5.4　综合实体设计

5.4.1　实训练习一

下面以附录 G 安全阀中的阀盖为实例巩固一下 SolidWorks 实体特征功能的知识，如图 5-44 所示。

步骤 1：单击"标准"工具栏上的"新建"按钮 ，新建一个零件文件。

步骤2：在特征管理器中单击"上视基准面"项（也可以右击），弹出如图5-45所示的快捷菜单，选择"插入草图"按钮 ⛰，进入草图绘制环境。

步骤3：利用圆形工具、中心线工具和智能尺寸工具绘制如图5-46所示的草图，注意中心线的位置。

图 5-44　阀盖实例

图 5-45　进入草图绘制环境

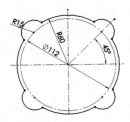

图 5-46　绘制草图

步骤 4：单击特征工具栏上的"拉伸凸台/基体"按钮 🔲，在弹出的"拉伸"属性管理器中设置各参数如图5-47所示，然后单击 ✔ 按钮，完成拉伸特征的创建，生成如图5-48所示的基础实体。

图 5-47　"拉伸"属性管理器

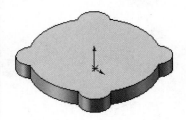

图 5-48　拉伸特征的创建

步骤 5：选择如图 5-49 所示的平面作为草绘基准平面，单击"标准视图"工具栏中的"正视于"按钮 ⬆，使视角正视于所选的平面，绘制如图5-50所示的草图，然后单击"特征"工具栏上的"拉伸切除"按钮 🔲，设置拉伸深度为2mm，方向如图5-51所示，单击 ✔ 按钮，完成拉伸特征的创建。

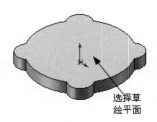

图 5-49　选择草绘平面

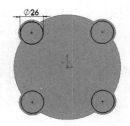

图 5-50　草图绘制

图 5-51　拉伸方向

步骤 6：选择如图 5-52 所示的平面作为草绘基准平面，单击"标准视图"工具栏中的"正视于"按钮 ⬆，使视角正视于所选的平面，绘制如图5-53所示的草图，然后单击"特征"工具栏上的"拉伸切除"按钮 🔲，设置终止条件为"完全贯穿"，方向如图5-54所示，单击 ✔ 按钮，完成拉伸特征的创建。

步骤 7：在特征管理器中单击"前视基准面"项（也可以右击），弹出如图5-55所示的快捷菜单，选择"插入草图"按钮 ⛰，进入草图绘制环境。利用圆角工具、直线工具、中心线工具和智能尺寸工具绘制如图5-56所示的草图，注意中心线的位置。

图 5-52　选择草绘平面

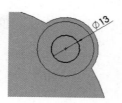

图 5-53　草图绘制

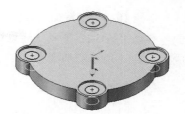

图 5-54　拉伸方向

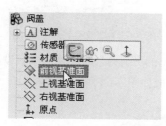

图 5-55　进入草图绘制环境

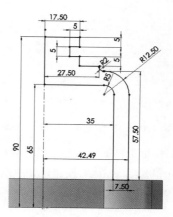

图 5-56　绘制草图

步骤 8：单击特征工具栏上的"旋转凸台/基体"按钮 ，在弹出的"旋转"属性管理器中设置各参数，如图 5-57 所示，然后单击 按钮，完成拉伸特征的创建，生成如图 5-58 所示的基础实体。

图 5-57　"旋转"属性管理器

图 5-58　旋转特征的创建

步骤 9：选择如图 5-59 所示的平面作为草绘基准平面，单击"标准视图"工具栏中的"正视于"按钮 ，使视角正视于所选的平面，绘制如图 5-60 所示的草图，然后单击"特征"工具栏上的"拉伸切除"按钮 ，设置拉伸深度为 50mm，方向如图 5-61 所示，单击 按钮，完成拉伸特征的创建。

图 5-59　选择草绘平面

图 5-60　草图绘制

图 5-61　拉伸方向

步骤 10：单击特征工具栏上的"异型孔向导"按钮，在弹出的"孔规格"属性管理器中设置各参数如图 5-62 所示（注意螺纹孔中心的位置），然后单击 ✔ 按钮，完成拉伸特征的创建，生成如图 5-63 所示的基础实体。

图 5-62　"孔规格"属性管理器

图 5-63　螺纹孔特征的创建

步骤 11：单击特征工具栏上的"圆角"按钮，在弹出的"圆角"属性管理器中设置各参数如图 5-64 所示，然后单击 ✔ 按钮，完成圆角特征的创建，生成如图 5-64 所示的阀盖实体。

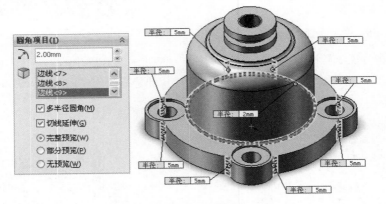

图 5-64　"圆角"属性管理器

5.4.2　实训——做阀体实体

下面再做附录 F 球阀中的阀体实体，如图 5-65 所示。

步骤 1：单击"标准"工具栏上的"新建"按钮，新建一个零件文件。

步骤 2：利用矩形工具和智能尺寸工具绘制如图 5-66 所示的草图。

图 5-65　阀体

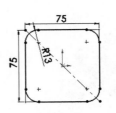

图 5-66　绘制草图

步骤 3：单击特征工具栏上的"拉伸凸台/基体"按钮，在弹出的"拉伸"属性管理器中，设置拉伸深度为 12mm，单击 ✔ 按钮，完成拉伸特征的创建，如图 5-67 所示。

步骤 4：在上视基准面上绘制一个草图，如图 5-68 所示。单击特征工具栏上的"旋转凸台/基体"按钮，在弹出的"旋转"属性管理器中设置各参数，如图 5-69 所示，然后单击 ✔ 按钮，完成旋转特征的创建，如图 5-70 所示。

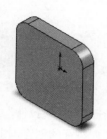

图 5-67　拉伸特征

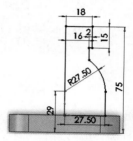

图 5-68　绘制草图

图 5-69　"旋转"属性管理器

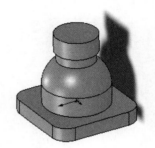

图 5-70　旋转特征

步骤 5：单击特征工具栏上的"圆角"按钮，在弹出的"圆角"属性管理器中设置各参数，如图 5-71 所示，然后单击 ✔ 按钮，完成圆角特征的创建。

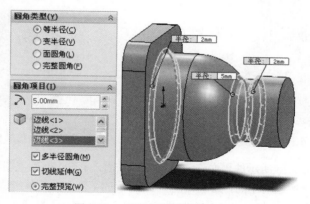

图 5-71　"圆角"属性管理器

步骤 6：单击特征工具栏上的"倒角"按钮，在弹出的"倒角"属性管理器中设置各参数，如图 5-72 所示，然后单击 ✔ 按钮，完成倒角特征的创建。

步骤 7：单击特征工具栏上的"参考几何体"按钮，选择"基准面"命令，在弹出的"基准面"属性管理器中设置各参数，如图 5-73 所示，然后单击 ✔ 按钮，完成基准面 1 特征的创建。

步骤 8：在"基准面 1"绘制如图 5-74 所示的草图。

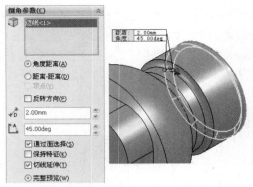
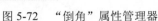

图 5-72 "倒角"属性管理器

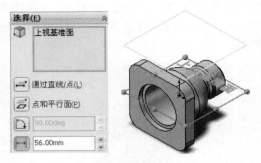

图 5-73 "基准面 1"属性管理器

步骤 9：单击特征工具栏上的"拉伸凸台/基体"按钮，在弹出的"拉伸"属性管理器中设置拉伸终止条件为"成形到下一面"，然后单击 按钮，完成拉伸特征的创建，生成如图 5-75 所示的实体。

图 5-74 绘制草图

图 5-75 拉伸特征的创建

步骤 10：在上视基准面上绘制一个如图 5-76 所示的草图，用旋转切除命令，选择中心线作为旋转轴，旋转切除 360°，得到图 5-77 所示的实体（剖视）。

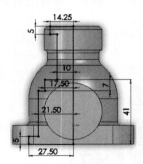

图 5-76 绘制草图

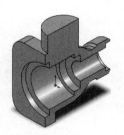

图 5-77 旋转切除特征

步骤 11：选择如图 5-78 所示的平面作为草绘基准平面，单击"标准视图"工具栏中的"正视于"按钮，使视角正视于所选的平面，绘制如图 5-79 所示的草图，然后单击特征工具栏上的"拉伸切除"按钮，设置拉伸深度为 4mm，方向如图 5-80 所示，单击 按钮，完成拉伸特征的创建。

图 5-78 选择草绘平面

图 5-79 草图绘制

图 5-80 拉伸方向

步骤 12：选择如图 5-81 所示的平面作为草绘基准平面，单击"标准视图"工具栏中的"正视于"按钮 ⬆，使视角正视于所选的平面，绘制如图 5-82 所示的草图，然后单击特征工具栏上的"拉伸切除"按钮 ⬛，设置拉伸深度为 2mm，方向如图 5-83 所示，单击 ✔ 按钮，完成拉伸特征的创建。

图 5-81 选择草绘平面

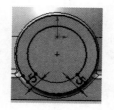

图 5-82 草图绘制

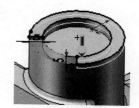

图 5-83 拉伸方向

步骤 13：在上视基准面上绘制一个如图 5-84 所示的草图，用旋转切除命令，选择中心线作为旋转轴，旋转切除 360°，得到图 5-85 所示的实体（剖视）。

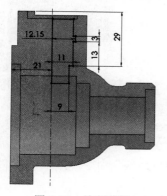

图 5-84 绘制草图

图 5-85 旋转切除特征

步骤 14：单击特征工具栏上的"圆角"按钮 ⬠，在弹出的"圆角"属性管理器中设置各参数如图 5-86 所示，然后单击 ✔ 按钮，完成圆角特征的创建。

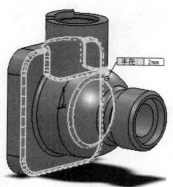

图 5-86 "圆角"属性管理器

步骤 15：选择如图 5-87 所示的平面作为草绘基准平面，单击"标准视图"工具栏中的"正视于"按钮 ⬆，使视角正视于所选的平面，绘制如图 5-88 所示的草图。

步骤 16：单击特征工具栏上的"异型孔向导"按钮 🔳，设置异型孔"类型"参数，如图 5-89

所示，异型孔"位置"如图 5-90 所示。

图 5-87　选择草绘平面

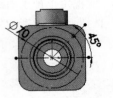

图 5-88　草图绘制

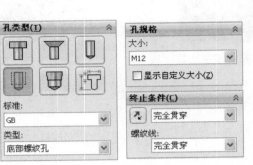

图 5-89　异型孔"类型"

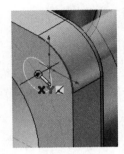

图 5-90　异型孔"位置"

步骤 17：单击特征工具栏上的"参考几何体"按钮，选择"基准轴"命令，在弹出的"基准轴"属性管理器中设置各参数如图 5-91 所示，然后单击 ✔ 按钮，完成基准轴 1 特征的创建。

步骤 18：利用"矩形阵列"命令阵列另外 3 个螺纹孔，即完成 4 个螺纹孔的创建，如图 5-65 所示。

步骤 19：单击菜单中的"插入"｜"注解"｜"装饰螺纹线"命令，打开"装饰螺纹线"属性管理器，设置参数如图 5-92 所示。

步骤 20：利用上述方法创建另一个装饰螺纹线，如图 5-93 所示。

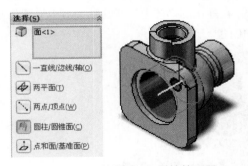

图 5-91　"基准轴 1"属性管理器

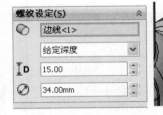

图 5-92　"装饰螺纹线"属性管理器

图 5-93　"装饰螺纹线"属性管理器

习题 5

1. 绘制附录 D 针形阀的所有零件，并保存。
2. 绘制附录 E 旋转开关的所有零件，并保存。
3. 绘制附录 F 球阀的所有零件，并保存。
4. 绘制附录 G 安全阀的所有零件，并保存。

第6章　3D草图与3D曲线

6.1　3D草图

6.1.1　3D草图和2D草图的区别

对于2D草图的绘制，所有几何体都投影到所选的草图平面上，而3D草图可以在空间内创建草图而不局限于一个平面。2D草图绘制中的大部分工具在3D草图中同样可以应用，如直线、圆、圆弧、矩形、圆角及剪裁实体等，但不能使用等距实体和阵列功能。3D草图通常作为扫描路径，用作放样或扫描的引导线、放样的中心线或线路系统中的关键实体之一。3D草图绘制的用途之一是设计线路系统。

6.1.2　3D草图工具

单击 ![3D] 命令，进入3D草图绘制环境。在3D草图绘制中，图形空间控标可帮助在几个基准面上保持方位。在所选基准面上绘制第一点时，空间控标就会出现。使用空间控标就会选择轴线沿该轴线绘制。

在默认情况下，通常是相对于模型中默认的坐标系进行绘制。如要切换到另外两个基准面之一，就要单击草图工具，然后按 Tab 键，即可切换当前使用的平面，如图6-1所示。

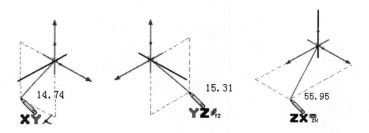

图 6-1　切换基准面

在3D草图中绘制曲线的方法，与2D草图中基本类似。

选择一个点后，将显示一个坐标系，然后按 Tab 键，选择绘制曲线所在的基准面。再指定下一点，则该点自动作为新的原点，并可以再次选择基准面，如图6-2所示。

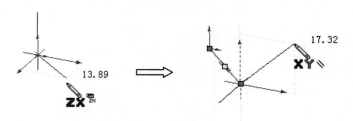

图 6-2　3D草图中的直线绘制

绘制曲线时如果选择一个确定的点将会直接连接，而不受基准面约束，如图 6-3 所示。

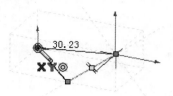

图 6-3　选择确定的点

6.1.3　实训——3D 草图

设计如图 6-4 所示的某零件的 3D 草图。要完成这一草图，需要综合应用 3D 草图中的曲线绘制、曲线编辑、添加几何关系、标注尺寸等功能。

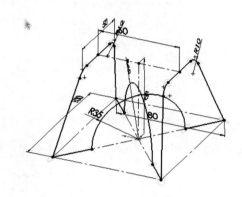

图 6-4　3D 草图应用示例

步骤 1：新建文件。启动 SolidWorks 2014，新建零件文件。

步骤 2：进入草图。单击 命令，开始 3D 草图的绘制。

步骤 3：绘制矩形。单击等轴测按钮 ，单击草图工具栏上的中心矩形 命令，将鼠标指针移动到原点，如图 6-5 所示，单击鼠标左键将中心放置到原点上，如图 6-6 所示。移动鼠标，预览绘制的矩形。预览到大概位置后（如图示坐标）放开鼠标绘制成一个矩形，如图 6-7 所示。

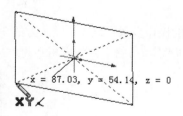
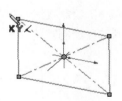

图 6-5　选择原点　　　　　图 6-6　指定矩形角落点　　　　　图 6-7　绘制的矩形

步骤 4：绘制直线。单击草图工具栏上的图标 ，将鼠标指针移到矩形的某一角落点，则在点上将显示一个坐标系，如图 6-8 所示。

按 Tab 键，切换到 ZX 平面，如图 6-9 所示。在某点单击绘制一条直线，如图 6-10 所示。再单击一点绘制沿 X 轴的直线。

图 6-8　选择直线起点

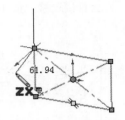

图 6-9　切换作图平面

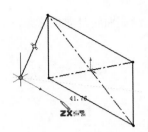

图 6-10　绘制 X 轴的直线

再选择矩形的相邻角落点，绘制直线，如图 6-11 所示。

步骤 5：绘制圆角。单击草图工具栏上的绘制圆角图标 。在绘制圆角的圆角参数中指定半径为 10，如图 6-12 所示。

在图形上选择 ZX 平面内的相邻直线，如图 6-13 所示，倒圆角如图 6-14 所示。

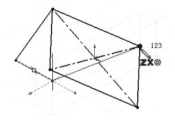

图 6-11　绘制直线

图 6-12　绘制圆角

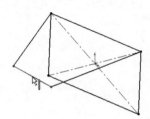

图 6-13　选择之直线

再选择另一侧的两条直线进行倒圆角，单击 按钮完成倒圆角，如图 6-15 所示。

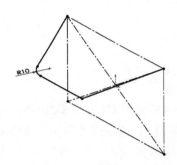

图 6-14　绘制圆角（一）

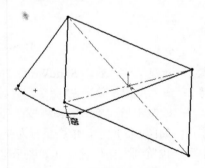

图 6-15　绘制圆角（二）

步骤 6：绘制直线。按照步骤 4 的操作步骤，选择绘制下方的 3 条直线，如图 6-16 所示。

步骤 7：绘制圆角。单击绘制圆角图标 将下方的尖角倒圆角，如图 6-17 所示。

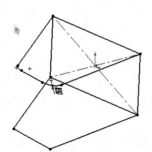

图 6-16　绘制直线

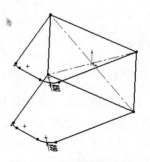

图 6-17　绘制圆角（三）

步骤 8：绘制辅助直线。单击草图工具栏上的直线下拉列表框中的中心线图标 ⋮ 。然后，分别选择上下两条沿 X 轴直线的中点，如图 6-18 所示，绘制中心线如图 6-19 所示。

再绘制一条从中心线的中点到原点的中心线，如图 6-20 所示。

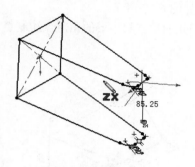
图 6-18　选择中点一

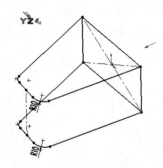
图 6-19　绘制中心线（一）

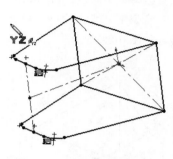
图 6-20　绘制中心线（二）

步骤 9：添加几何关系。单击添加几何关系图标 ⊥ 。选择最后绘制的中心线，在添加几何关系选项中选择沿 Z 选项 ⤵ ，将直线上下和中心线对齐，如图 6-21 所示。

选择前一中心线，在添加几何关系选项中选择沿 Y 选项 ⤴ ，进行约束，如图 6-22 所示。

选择上方和下方的水平线，在添加几何关系选项中选择相等选项 ＝ ，进行约束，如图 6-23 所示。

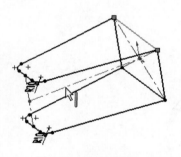
图 6-21　中心线沿 Z

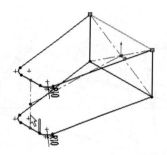
图 6-22　中心线沿 Y

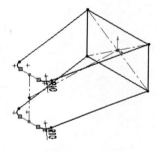
图 6-23　相等

步骤 10：标注尺寸。在草图工具栏上单击智能尺寸图标 ◇ 。移动鼠标光标选择直线，并指定位置标注直线长度为 100，如图 6-24 所示。

选择竖直直线，标注直线长度为 80。选择 Z 轴上的中心线，标注直线长度为 60。选择 Y 轴上的中心线，标注直线长度为 60。选择圆角前直线的交叉点，标注距离为 50。完成标注的图形如图 6-25 所示。

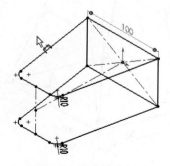
图 6-24　标注长度尺寸

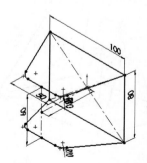
图 6-25　标注尺寸

步骤 11：绘制直线。单击草图工具栏上的直线图标 ，将鼠标指针移动到矩形的某一个角点。在矩形的对角线上选择一点绘制直线，如图 6-26 所示。

步骤 12：绘制圆弧。单击草图工具栏上的圆心/起点/终点绘制圆弧图标 。以原点为圆心，以直线端点为起点，对角线另一侧的点为终点，绘制一个半圆，如图 6-27 所示。

步骤 13：绘制直线。单击草图工具栏的直线图标 。选择圆弧的端点与矩形的角落点绘制直线，如图 6-28 所示。

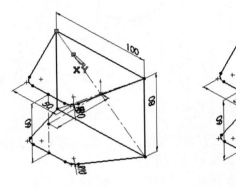
图 6-26　绘制直线（一）

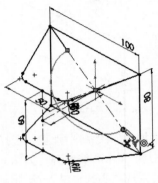
图 6-27　绘制圆弧

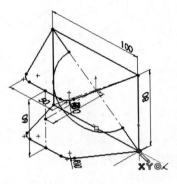
图 6-28　绘制直线（二）

步骤 14：绘制直线与圆弧。参照步骤 11 至步骤 13 绘制另一对角线上的直线与圆弧，如图 6-29 所示。

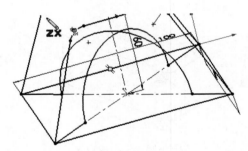
图 6-29　绘制直线与圆弧

步骤 15：标注尺寸。在草图工具栏上单击智能尺寸图标 。移动鼠标光标选择圆弧，指定位置标注圆弧半径为 40，如图 6-30 所示。再标注另一圆弧的半径为 35，如图 6-31 所示。

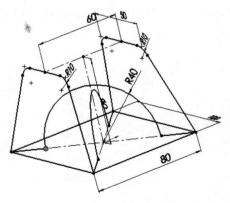
图 6-30　标注圆弧半径

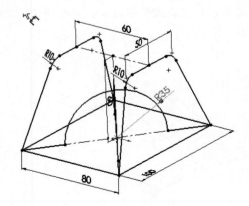
图 6-31　标注尺寸

步骤 16：变为构造几何线。在图形上选择底面矩形的边线，在弹出的关联工具栏上单击构造几何线图标 ，如图 6-32 所示。同样将其余 3 条直线变为构造几何线，如图 6-33 所示。

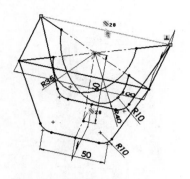

图 6-32　变为构造几何线（一）

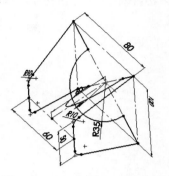

图 6-33　变为构造几何线（二）

步骤 17：退出草图。在绘图区单击退出草图图标 ，退出草图环境。显示的草图如图 6-34 所示。

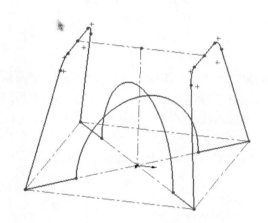

图 6-34　退出草图

步骤 18：进入草图。在草图绘制下拉列表框中单击 3D 草图图标 ，开始 3D 草图绘制。

步骤 19：绘制圆。单击草图工具栏上圆的图标 。选择半圆的一个端点为圆心，如图 6-35 所示，确定绘图面为 XY，指定一点绘制一个圆，如图 6-36 所示。

步骤 20：标注尺寸。在草图工具栏上单击智能尺寸图标 。移动鼠标光标选择圆弧，指定位置标注圆弧直径为 5，如图 6-37 所示。

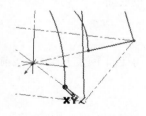

图 6-35　选择圆心

图 6-36　绘制圆

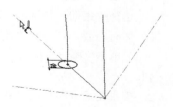

图 6-37　标注尺寸

步骤 21：退出草图。在绘图区单击退出草图图标 ，完成草图绘制。

步骤 22：创建扫描实体。在特征工具栏上单击扫描图标 ⒢，开始创建扫描实体。系统默认选择 "3D 草图 2" 为路径，选择 "3D 草图 1" 上的任一曲线为轮廓，系统将自动预览，如图 6-38 所示。单击 ✓ 按钮创建一个扫描实体，如图 6-39 所示。

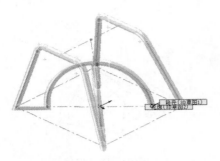

图 6-38　选择路径与轮廓

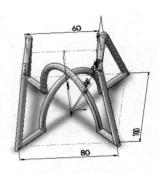

图 6-39　创建扫描实体

6.2　3D 曲线

6.2.1　分割线

曲线工具栏上的分割线按钮 ⊡ 可将草图投影到曲面或平面。它可以将所选的面分割为多个分离的面，从而选取每一个面，也可以将草图投影到曲面实体。可以使用此工具来生成以下分割线。

（1）投影直线：将一条草图直线投影到一表面上。

（2）侧影轮廓线：在一个圆柱形零件上生成一条分割线。

（3）交叉分割线：以交叉实体、曲面、面、基准面或曲面样条曲线分割面。

1. 生成一条投影直线的过程

（1）绘制一条要投影为分割线的线条。

（2）单击曲线工具栏上的 "分割线" 按钮 ⊡，弹出 "分割线" 对话框，如图 6-40 所示。

（3）在 "分割类型" 组框下选择 "投影"。

（4）在 "选择" 组框下，执行如下操作。

① 如有必要，单击要投影的草图框，然后在弹出的特征管理设计树中或图形区域内选择绘制的直线。

图 6-40　"分割线" 对话框

② 单击 "要分割的面" 方框 ⬚，并且选择零件周边所有分割线经过的面。

③ 选择 "单向" 复选框，只有一个方向投影分割线。

④ 如有需要，可选择 "反向" 复选框及方向投影分割线。

（5）单击 "确定" 按钮，草图线投影到所选择的面。图 6-41 所示为曲面上的投影分割线前后的区别。

2. 生成轮廓分割线的过程

（1）单击曲线工具栏上的 "分割线" 按钮 ⊡，弹出 "分割线" 对话框。

（2）在 "分割类型" 组框下，选择 "轮廓"。

（3）在 "选择" 组框下，执行如下操作。

① 在拔模方向 下，在弹出的特征管理设计树中或图形区域内选择一个通过模型轮廓投影的基准面。

② 在要分割的面 下，选择一个或多个要分割的面，不能是平面。

③ 选择"反向"复选框以相反方向反转拔模方向。

④ 设定角度 ，为制造方考虑生成拔模角度。

（4）单击"确定"按钮完成切割线的生成。基准面通过模型投影，从而生成基准面与所选面的外部边线相交叉的轮廓分割线，图 6-42 所示为生成轮廓分割线前后的区别。

图 6-41　曲面上的投影分割线前后的区别

图 6-42　生成轮廓分割线前后的区别

3.　生成交叉分割线的过程

（1）单击曲线工具栏上的"分割线"按钮 ，弹出"分割线"对话框。

（2）在"分割类型"组框下选择"交叉点"。

（3）在"选择"组框下。

① 为分割实体/面/基准面 选择分割工具。

② 单击要分割的面/实体 ，选择要分割的目标面或实体。

（4）选择"曲面分割"选项。

① 分割所有：分割穿越曲面上的所有可能区域。

② 自然：分割遵循曲面的形状。

③ 线性：分割遵循线性方向。

（5）单击"确定"按钮即可完成交叉分割线的生成。

图 6-43 所示就是生成交叉分割线的过程。

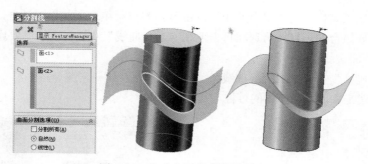

图 6-43　生成交叉分割线的过程

6.2.2　投影曲线

投影曲线按钮 可以将绘制的曲线投影到模型面上来生成一条三维曲线。也可以利用另一种方法生成曲线，首先在两个相交的基准面上分布绘制草图，此时系统会将每一个草图，沿所在平面的垂直方向投影得到一个曲面，最后这两个曲面在空间中相交而生成一条三维曲线。

可以在单击"投影曲线"按钮之前预览项目。如果预览项目，SolidWorks 将视图选择为合适的投影类型。

（1）预选两个草图，"草图上草图"选项被激活，两个草图显示在要投影的草图之下 🖉。

（2）预选一个草图及一个或多个平面，草图到面的选项将被激活，所选项目显示在正确的框中。

（3）预选一个或多个面，"面上草图"选项将被激活。

可以在图形区域中右击，然后在弹出的快捷菜单中选择一投影类型。当选定了足够的实体来生成投影曲线时，就会出现确定指针，右击以生成投影曲线。

生成投影曲线的过程如下：

① 单击曲线工具栏上的"投影曲线"按钮，弹出"投影曲线"对话框，如图 6-44 所示。

② 在"选择"组框下，将投影类型设定为以下之一：

● 面上草图。

● 草图上草图。

③ 单击"确定"按钮生成投影曲线，图 6-45 所示为投影一条曲线并利用此曲线作为扫描线生成的扫描凸台特征。

图 6-44 "投影曲线"对话框

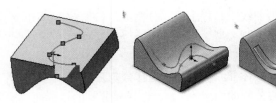

图 6-45 投影曲线

6.2.3 组合曲线

可以通过曲线、草图几何和模型边线组合从一条单一曲线来生成组合曲线。使用该曲线作为生成放样或扫描的引导线。

生成组合曲线的过程如下。

（1）单击曲线工具栏上的"组合曲线"按钮，弹出"组合曲线"对话框，如图 6-46 所示。

（2）单击需要组合的项目。所选项目出现在"组合曲线"对话框中的"要连接的实体"组框之下的要连接的草图边线中。

（3）单击"确定"按钮生成组合曲线。

图 6-47 所示就是生成组合曲线的过程。

图 6-46 "组合曲线"对话框

图 6-47 生成组合曲线

6.2.4 螺旋线和涡状线

使用螺旋线和涡状线功能可以在零件中生成螺旋线和涡状线曲线。此曲线可以被当成一个路径或引导曲线使用在扫描的特征上，或作为放样特征的引导线。

生成螺旋线或涡状线的过程如下。

（1）打开一个草图并绘制一个圆，这个圆的直径控制螺旋线的直径。

（2）单击曲线工具栏上的"螺旋线/涡状线"按钮。

（3）选择或者生成一个圆形草图，弹出"螺旋线/涡状线"对话框，如图 6-48 所示。

（4）在"螺旋线/涡状线"对话框中设定数值，单击"确定"按钮即完成曲线的生成。

如图 6-49 所示即为生成的螺旋线和涡状线。

图 6-48　"螺旋线/涡状线"对话框

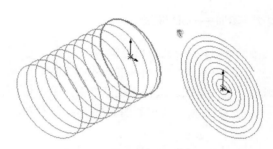

图 6-49　生成的螺旋线和涡状线

6.2.5　通过 XYZ 点的曲线

通过 XYZ 可以确定一条三维曲线，具体过程如下。

（1）单击曲线工具栏上"通过 XYZ 点的曲线"按钮，弹出"曲线文件"对话框，如图 6-50 所示。

（2）双击 X、Y 和 Z 坐标列的单元格并在每个单元格输入一个点坐标，生成数套新的坐标。

（3）单击"确定"按钮显示曲线，如图 6-51 所示。

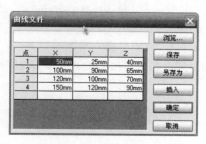

图 6-50　"曲线文件"对话框

图 6-51　生成的通过 XYZ 点的曲线

6.2.6　通过参考点的曲线

生成一条通过位于一个或多个平面上的点的曲线的过程如下。

（1）单击曲线工具栏上的"通过参考点的曲线"按钮，弹出通过参考点的"曲线"对话框，如图 6-52 所示。

（2）按照要生成曲线的次序来选择草图点或顶点，或者选择两者。选择时，所选择的实体会列出在"通过点"组框中。

（3）要将曲线封闭，请选择"闭环曲线"复选框。

（4）单击"确定"按钮即完成曲线的生成。如图 6-53 所示。

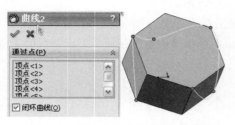

图 6-52　通过参考点的曲线对话框　　　　图 6-53　通过参考点的曲线

6.2.7　实训——3D 曲线

绘制如图 6-54 所示的异形弹簧。

步骤 1：新建文件。启动 SolidWorks 2014，新建零件文件。

步骤 2：进入草图。选择前视基准面，单击 按钮，开始进行草图的绘制。利用圆 按钮和智能尺寸标注 按钮，绘出如图 6-55 所示的草图。

图 6-54　异形弹簧　　　　　　　　　　　图 6-55　草图 1

步骤 3：绘制螺旋线。选择草图 1，单击"螺旋线/涡状线"按钮 ，设置螺旋线参数，如图 6-56 所示，单击 按钮。

步骤 4：绘制草图 2。选择上视基准面，单击 按钮和 按钮，进入草图绘制界面，利用圆命令 绘制如图 6-57 所示的草图，添加圆心与螺旋线的穿透约束。用智能尺寸 按钮标注圆的尺寸，单击 按钮完成草图绘制。

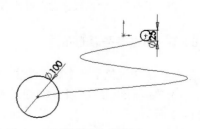

图 6-56　螺旋线/涡状线选项设置　　　　　　　图 6-57　草图 2

步骤 5：建立放样。单击特征工具栏上的"放样"按钮 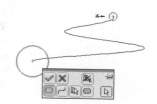，弹出"放样"对话框，单击草图 2，在弹出的选择管理器中选择闭环，如图 6-58 所示，分别选择草图 2 中的两个圆为放样轮廓，选择螺旋线/涡状线 1 为放样中心线，参数设置如图 6-59 所示，单击 按钮。

步骤 6：建立 3D 草图。在特征管理器中右键单击放样 1，选择隐藏命令 。单击标准视图 ，选择等轴测 ，单击 3D 草图绘制 ，选择螺旋线/涡状线 1，然后单击转换实体引用 按钮将螺旋线转换为 3D 草图 1 的图素。单击 按钮退出草图绘制，如图 6-60 所示。

图 6-58　选择闭环

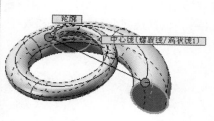

图 6-59　放样设置

步骤 7：建立基准面。单击参考几何体上的基准面 按钮，在基准面类型中选择垂直于曲线，参考实体选择 3D 草图 1 及其上端点，具体选项如图 6-61 所示，单击 按钮。

图 6-60　3D 草图

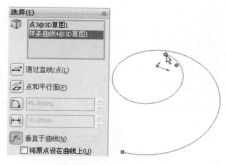

图 6-61　基准面设置

步骤 8：绘制草图 3。选择上一步创建的基准面，单击 按钮和 按钮，进入草图绘制界面，用直线 按钮绘制如图 6-62 所示的草图，注意，添加直线下端点与 3D 草图 1 的穿透约束，用智能尺寸 标注各项尺寸，单击 按钮完成草图绘制。

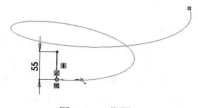

图 6-62　草图 3

步骤 9：建立曲面扫描。单击曲面工具栏上的"曲面扫描"按钮 ，选择草图 3 作为扫描轮廓，选择 3D 草图 1 作为扫描路径，选项如图 6-63 所示，单击 按钮。

图 6-63　曲面扫描

步骤 10：建立 3D 草图 2。在特征管理器中右键单击放样 1，选择显示实体命令 ⊛。单击标准视图 ⬚·，选择等轴测 ⬚ ，单击 3D 草图绘制 ⬚ 按钮，单击"工具"｜"草图绘制工具"｜"交叉曲线"按钮 ⬚ ，依次选择曲面扫描 1 和放样 1 的表面，单击 ⬚ 按钮完成草图绘制，如图 6-64 所示。

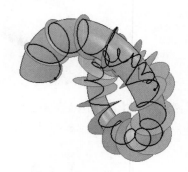

图 6-64　交叉曲线

步骤 11：建立基准面 2。在特征管理器中右键单击实体放样 1，选择隐藏 ⊛，右键单击曲面实体，选择隐藏 ⊛。单击参考几何体工具栏上的基准面 ⬚ 按钮，基准面类型选择垂直于曲线，参考实体选择 3D 草图 2 及其上端点，具体选项如图 6-65 所示，单击 ✔ 按钮。

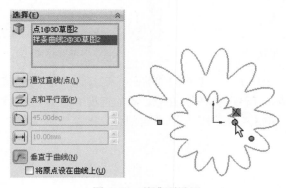

图 6-65　基准面设置

步骤 12：绘制草图 4。选择上一步创建的基准面，单击 ⬚ 按钮和 ⬚ 按钮，进入草图绘制界面，利用圆按钮 ⊙ 绘制如图 6-66 所示的草图，添加圆心与 3D 草图 2 的穿透约束。用智能尺寸 ⬚ 按钮标注圆的尺寸，单击 ⬚ 按钮完成草图绘制。

步骤 13：建立扫描。单击扫描按钮 ⬚ ，分别选择草图 4 作为扫描轮廓，3D 草图 2 作为扫描路径，选项如图 6-67 所示，单击 ✔ 按钮即可完成此异形弹簧的建模。

图 6-66　草图 4

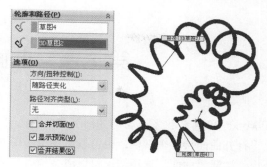

图 6-67　扫描

习题 6

1. 自定义尺寸，完成如图 6-68 所示的变径变距弹簧。
2. 完成如图 6-69 所示的支架。

图 6-68　变径变距弹簧

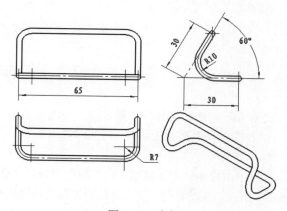

图 6-69　支架

第7章 曲面特征

SolidWorks 2014 提供了丰富的曲面工具。单击菜单"工具"|"自定义"命令，展开"工具栏"标签，打开曲面特征工具栏；也可以右键单击图 7-1 所示的灰色按钮"曲面"，单击"显示选项卡"命令，激活"曲面"选项卡，可以清楚地看到曲面工具。

图 7-1 "显示曲面选项卡"命令

7.1 拉伸曲面

拉伸曲面的功能是将草图轮廓拉伸成曲面，即由线生成面，可以是直线，也可以是曲线。

（1）在前视基准面上绘制一个图 7-2 所示的草图，也可以自行绘制，可以是开环的也可以是闭环的。

（2）单击拉伸曲面工具，它的属性管理器也随之打开，如图 7-3 所示，可以看到，它的特征管理器与拉伸凸台基体在很多方面是一样的，也分两个方向，拉伸方向默认与草图基准面垂直，这里输入拉伸深度为 10mm，单击 按钮完成，效果如图 7-4 所示。

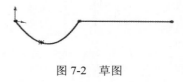

图 7-2 草图

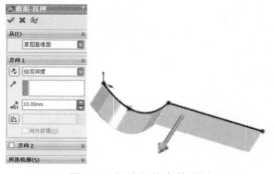

图 7-3 曲面-拉伸参数设置

图 7-4 拉伸曲面

拉伸曲面与拉伸凸台基体的参数设置基本一样，区别就在这里生成的是面，拉伸凸台基体生成的是体。拉伸曲面的其他情况，这里不再多作介绍，相信有前面的基础，通过自己的练习很快就能掌握。

7.2　旋转曲面

旋转曲面 的功能是将草图轮廓以某个轴旋转一定的角度生成曲面。

（1）在前视基准面上绘制草图，如图 7-5 所示，也可以绘制一个封闭草图，尺寸自设。

（2）单击 打开"曲面-旋转"属性管理器，选择旋转轴，设置旋转方向和角度，预览效果如图 7-6 所示，单击 按钮完成，效果如图 7-7 所示。

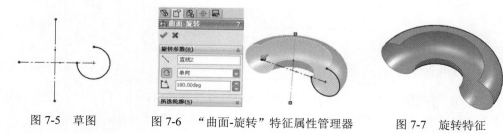

图 7-5　草图　　　图 7-6　"曲面-旋转"特征属性管理器　　　图 7-7　旋转特征

曲面旋转参数设置与前面的旋转凸台基体也很相似，基本是一样的。其他参数设置情况，如双向旋转、选择轮廓旋转，请自行尝试。

7.3　扫描曲面

扫描曲面 是将草图轮廓按某一个路径扫描生成曲面，在进行扫描之前，应先绘制好草图轮廓和扫描路径。

（1）绘制如图 7-8 所示的草图，在上视基准面上以原点为中心绘制一个椭圆作为草图，退出草图。再在前视基准面上绘制两条互相垂直的直线，中间加一个圆角，退出草图。

图 7-8　草图

（2）单击 按钮，打开"曲面-扫描"特征属性管理器，选择"轮廓和路径"组框，如图 7-9 所示，单击 按钮完成，效果如图 7-10 所示。

图 7-9　"曲面-扫描"属性管理器　　　图 7-10　扫描曲面

使用引线扫描曲面的请自行尝试，与使用引线扫描凸台基体的方法一样。

7.4　放样曲面

欲通过放样 生成曲面，可以通过如下步骤。

（1）为放样的每个轮廓建立基准面，这几个基准面可以平行，也可以不平行。如图 7-11 所示，在右视基准面，平行于右视基准面 15mm 和 30mm 处建立基准面 1 和基准面 2。

（2）在基准面上绘制放样的轮廓，如图 7-11 所示。

（3）绘制放样引线或中心线（也可以直接用轮廓放样），如图 7-12 所示，用 3D 草图绘制两条样条曲线作为引线，退出草图。

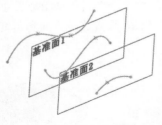

图 7-11　方向 1 草图

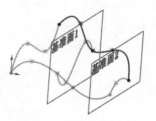

图 7-12　方向 2 草图

（4）单击 按钮，打开它的属性管理器，选择放样轮廓和引导线。图 7-13 中没有用到引线，图 7-15 中选择两个 3D 草图作为引线。效果分别如图 7-14 和图 7-16 所示。

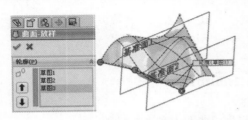

图 7-13　"曲面-放样"属性管理器

图 7-14　不用引线放样

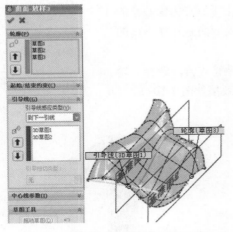

图 7-15　"曲面-放样"属性管理器

图 7-16　使用引线放样

7.5　边界曲面

边界曲面特征 可用于生成在两个方向上（曲面所有边）相切或曲率连续的曲面。下面通过实例来了解边界曲面。

1. 在一个方向上生成边界曲面

（1）如图 7-17 所示，先在上视基准面上绘制一个半圆弧，作为草图 1，然后退出草图。再在前视基准面绘制一个点，作为草图 2，退出草图。也可以分别绘制两条样条曲线作为草图 1 和草图 2，如图 7-18 所示。

图 7-17　草图　　　　　　　　　　　图 7-18　草图

（2）单击 按钮，打开它的属性管理器，在方向 1 下选择草图 1 和草图 2，绘图区自动出现，预览效果分别如图 7-19 和图 7-20 所示。可以拖动曲线上的点来调整另外两个边界的位置，如图 7-20 所示。也可以在"显示"组框下单击某个复选框，显示某些特征，请自行观察。

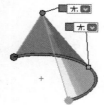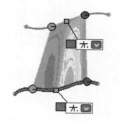

图 7-19　边界-曲面属性管理器 1　　　　　图 7-20　边界-曲面属性管理器 2

（3）单击 按钮完成，效果如图 7-21 和图 7-22 所示。

图 7-21　边界曲面 1　　　　　　　　　图 7-22　边界曲面 2

2. 在两个方向上生成边界曲面

（1）画三个草图，如图 7-23 所示，第一个基准面是右视基准面，这里每个基准面间距 15mm，在每个基准面上绘制一条样条曲线，作为方向 1 的边界曲线。

（2）画三个 3D 草图，如图 7-24 所示，每个 3D 草图是一条样条曲线，作为方向 2 的边界曲线。

（3）单击 按钮，打开它的属性管理器，在方向 1 下选择 2D 草图 1、草图 2、草图 3，在方向 2 下选择 3D 草图 1、3D 草图 2、3D 草图 3，如图 7-25 所示，单击 按钮完成，效果如图 7-26 所示。

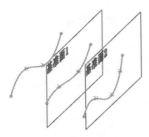

图 7-23　方向 1 的草图

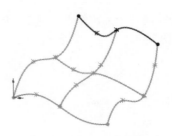

图 7-24　方向 2 的草图

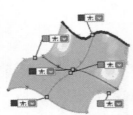

图 7-25　"边界-曲面"属性管理器

图 7-26　在两个方向上生成的边界曲面

7.6　直纹曲面

1. 一般直纹曲面

下面通过一个实例来了解直纹曲面 直纹曲面。

（1）用旋转命令画一个如图 7-27 所示的曲面。

图 7-27　旋转曲面

　　（2）单击 直纹曲面 按钮，打开它的属性管理器，在"类型"组框下选择"相切于曲面"，在"距离/方向"组框下输入所加直纹曲面的距离和方向，选择边线，如图 7-28 所示，绘图区出现预览效果，单击 按钮完成，效果如图 7-29 所示。

　　如果选择的类型为"正交于曲面"，则所加直纹曲面将和边线所在曲面正交，预览效果和结果如图 7-30 和图 7-31 所示。

　　2. 其他几种情况

　　（1）锥削到向量。先利用旋转曲面画一个如图 7-32 所示的曲面，再在曲面正上方添加一个基准面，距离自定。

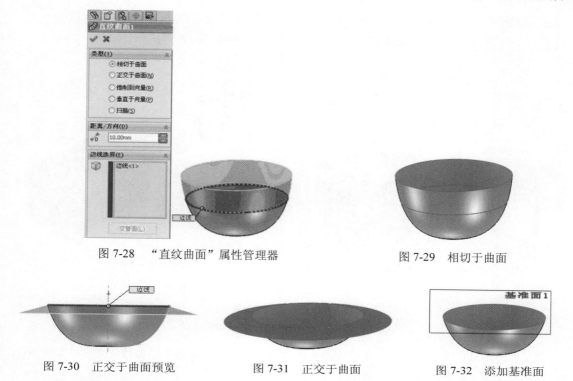

图 7-28 "直纹曲面"属性管理器

图 7-29 相切于曲面

图 7-30 正交于曲面预览

图 7-31 正交于曲面

图 7-32 添加基准面

单击 直纹曲面 按钮，打开它的特征管理器，在"类型"组框下选择"锥削到向量"，在"距离/方向"组框下输入距离，选择基准面 1，可以更改方向。输入锥削角度 30°，如图 7-33 所示。单击"确定"按钮完成，效果如图 7-34 所示。

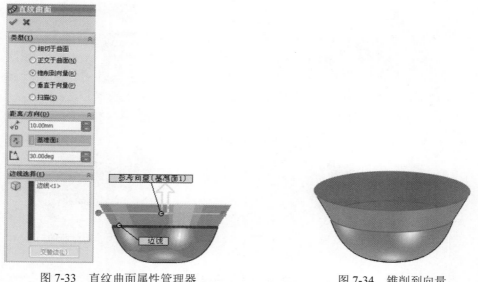

图 7-33 直纹曲面属性管理器

图 7-34 锥削到向量

（2）垂直于向量。如图 7-35 所示，选择右视基准面作为方向向量，曲面边线将垂直于右视基准面的法向量生成直纹曲面。

（3）扫描。如图 7-36 所示，选择基准面 1 作为方向向量，曲面边线将以基准面 1 的法向量为方向，扫描生成直纹曲面。

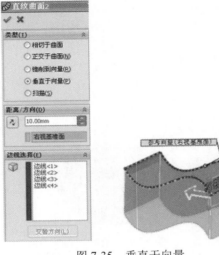

图 7-35　垂直于向量

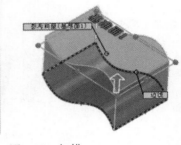

图 7-36　扫描

7.7　加厚曲面

加厚曲面可以使曲面变成有一定厚度的实体，可以选择一个或多个相邻曲面来生成实体特征，相邻的曲面必须先缝合。缝合曲面见第 8 章。

图 7-37 是一个拉伸的曲面，单击 加厚 按钮，在属性管理器中选择曲面作为加厚对象，选择加厚方向，这里选择两侧对称加厚，输入加厚厚度，这里输入 1mm，如图 7-38 所示。单击 按钮完成。预览效果和结果分别如图 7-39 和图 7-40 所示。

图 7-37　拉伸曲面

图 7-38　属性管理器

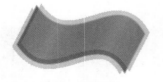

图 7-39　预览效果

图 7-40　加厚曲面

7.8　综合实训

7.8.1　实训 1——滤斗的绘制

图 7-41 是一个滤斗，它主要用到旋转曲面和加厚命令，下面介绍它的绘制方法。

（1）选择前视基准面进入草图绘制状态，绘制如图 7-42 所示的草图。

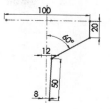

图 7-41　滤斗

图 7-42　草图

（2）单击 ⏣ 按钮，选择竖直中心线作为旋转轴，单击 ✅ 按钮完成，结果如图 7-43 所示。

（3）单击 ⏣ 按钮，选择曲面，输入加厚厚度 1mm，单击 ✅ 按钮完成，效果如图 7-44 所示，这样滤斗就绘制好了。

图 7-43　旋转曲面

图 7-44　滤斗

7.8.2　实训 2——墨汁瓶的绘制

图 7-45 是一个墨汁瓶，主要用到曲面拉伸、曲面放样、特征扫描等命令，下面介绍它的具体绘制过程。

（1）选择上视基准面进入草图绘制状态，绘制如图 7-46（a）所示的草图，然后用拉伸曲面 🗗 将草图拉伸 140mm，结果如图 7-46（b）所示。

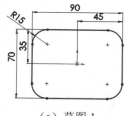

图 7-45　墨汁瓶

（a）草图 1

（b）拉伸曲面

图 7-46　草图及生成的拉伸曲面

（2）在上视基准面正下方 15mm 处创建一个基准面 1，选择基准面 1 进入草图绘制状态，绘制如图 7-47 所示的草图，此草图作为草图 2，退出草图；再选择上视基准面进入草图绘制状态，选择拉伸曲面的边线将它转化为实体，如图 7-48 所示，此草图作为草图 3，退出草图。

（3）单击 🗗 按钮，选择草图 3 作为起始轮廓，草图 2 作为终止轮廓，如图 7-49 所示，展开"起始/结束约束"组框，在"开始约束"下选择"垂直于轮廓"，单击 ✅ 按钮完成。

（4）选择前视基准面进入草图绘制状态，绘制如图 7-50（a）所示的草图，曲线一个端点在底面圆边线上。单击旋转曲面 ⏣ 按钮，选择竖直中心线为旋转轴，旋转出水杯底部，如图 7-50（b）所示，单击 ✅ 按钮完成。

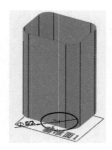

图 7-47　草图 2

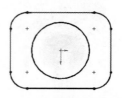

图 7-48　草图 3

图 7-49　放样曲面

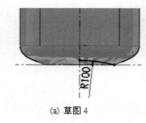

图 7-50　旋转曲面

（5）在上视基准面上方 140mm 处平行于上视基准面创建一个基准面 2，选择基准面 2 进入草图绘制状态，选择拉伸曲面的边界将它转换为草图实体，如图 7-51 所示，此草图作为草图 5；在上视基准面 160mm 处平行于上视基准面创建一个基准面 3，选择基准面 3 进入草图绘制状态，绘制如图 7-52 所示的草图 6。

图 7-51　草图 5

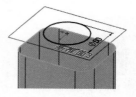

图 7-52　草图 6

（6）单击 按钮选择草图 5 作为起始轮廓，草图 6 作为终止轮廓，如图 7-53 所示，展开"起始/结束约束"组框，在"开始约束"框下选择"垂直于轮廓"，单击 按钮完成。

（7）选择基准面 3 进入草图绘制状态，选择将刚才放样后的圆形边线将它转换为草图实体，如图 7-54 所示；单击拉伸曲面 ，将草图轮廓拉伸 30mm，结果如图 7-55 所示。

（8）单击曲面工具栏上的 缝合曲面按钮，把所有的曲面都选中，如图 7-56 所示，单击 按钮，把所有的曲面都缝合成一块。

（9）单击 按钮，将曲面两侧对称加厚 1mm，结果如图 7-57 所示。

（10）选择前视基准面进入草图绘制状态，绘制如图 7-58 所示的草图，单击旋转凸台基体 ，选择竖直中心线作为旋转轴，旋转出如图 7-59 所示的实体。

（11）添加基准面 4，平行于上视基准面，并位于上视基准面上方 115mm 处；选择基准面 4 进入草图绘制状态，绘制一个直径为 50mm 的圆，如图 7-60 所示。

图 7-53 放样曲面

图 7-54 草图 7

图 7-55 拉伸曲面

图 7-56 缝合曲面

图 7-57 加厚曲面

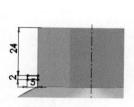

图 7-58 草图 8

图 7-59 旋转凸台基体

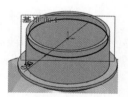

图 7-60 草图 9

（12）以刚才绘制的圆为基准绘制螺旋线，参数设置如图 7-61 所示。

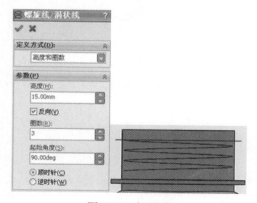

图 7-61 螺旋线

（13）在螺旋线的起点处绘制图 7-62 所示的三角形，退出草图。

（14）单击扫描凸台基体 ![icon]，选择三角形作为扫描轮廓，螺旋线作为扫描路径，扫描出如图 7-63 所示的螺纹，这样墨水瓶就绘制好了。

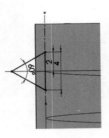

图 7-62　草图 10

图 7-63　螺纹

习题 7

1. 自定义尺寸，用曲面完成图 7-64 所示的茶壶。
2. 自定义尺寸，用曲面完成图 7-65 所示的靴子。

图 7-64　茶壶

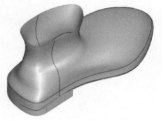

图 7-65　靴子

3. 自定义尺寸，用曲面完成图 7-66 所示的眼镜。

图 7-66　眼镜

第 8 章　曲面编辑

曲面编辑主要是对已绘制的曲面进行编辑使之符合设计者的要求，是设计曲面不可缺少的工具。本章主要介绍常用曲面编辑命令。

8.1　延伸曲面

使用延伸曲面 ![icon] 命令可以通过选择曲面的一条边线、多条边线，或一个面来延伸曲面。图 8-1 是一个拉伸的曲面，由样条曲线和一条与之相切的直线拉伸而成。

图 8-1　曲面

单击曲面工具栏上的延伸曲面 ![icon]，打开它的特征管理器，如图 8-2 所示，选择曲面或边线作为延伸对象；在"终止条件"组框下选择终止条件，这里选择"距离"，延伸 15mm。"延伸类型"组框下有两个选项，"同一曲面"表示沿曲面的几何体延伸曲面，"线性"表示沿边线相切于原有曲面来延伸曲面。单击 ![icon] 按钮完成，效果如图 8-3 所示。

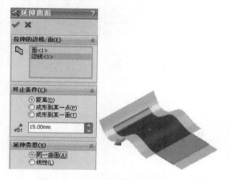

图 8-2　延伸曲面属性管理器

图 8-3　延伸曲面

8.2　裁剪曲面

剪裁曲面是将曲面多余的部分剪裁掉，保留所需部分。可以使用曲面、基准面或草图作为剪裁工具来剪裁相交曲面；也可以将曲面和其他曲面联合使用作为相互的剪裁工具。

图 8-4 是两个相交的拉伸曲面，单击 ![icon] 按钮，打开它的属性管理器，"剪裁类型"组框有两个选项，即"标准"和"相互"，如图 8-5 所示，在"选择"组框下选择"曲面拉伸 1"作为剪裁边界，选择"保留选择"或"移除选择"，选择要保留或移除的面，单击 ![icon] 按钮完成，效果如图 8-6 所示。

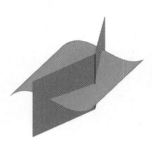

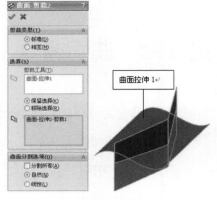

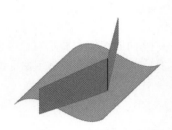

| 图 8-4 曲面 | 图 8-5 标准剪裁 | 图 8-6 剪裁结果 |

如果选择的剪裁类型为"相互",如图 8-7 所示,在"选择"选项下将两个曲面都选上,则这两个曲面将都作为剪裁边界,选择"保留选择"或"移除选择",选择要保留或移除的面,单击 按钮完成,效果如图 8-8 所示。

| 图 8-7 相互剪裁 | 图 8-8 裁剪结果 |

"曲面分割选项"组框的三个选项的意义如下。

(1)自然:强迫边界边线随曲面形状变化。

(2)线性:强迫边界边线随剪裁点的线性方向变化。

(3)分割所有:显示曲面中的所有分割。

可以自己尝试使用基准面或自己绘制草图作为剪裁工具来剪裁曲面。

8.3 解除修剪曲面

解除修剪曲面 可以沿其自然边界延伸现有曲面来修补曲面上的洞及外部边线。还可按所给百分比来延伸曲面的自然边界,或连接端点来填充曲面。如图 8-9 所示为一用草图作为剪裁工具剪裁的草图。

单击曲面工具栏上的 按钮,打开它的特征管理器,如图 8-10 所示,选择曲面的边线,输入延伸的百分比,单击 按钮完成,效果如图 8-11 所示。

图 8-9 曲面

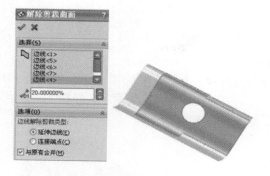

图 8-10 解除剪裁曲面

图 8-11 修剪结果

如果选择的是面，则曲面将沿边界向外延伸，图 8-12 为选择整个面的效果。也可以在"选项"组框下选择"所有边线"或"内部边线"。单击 ✔ 按钮完成，效果如图 8-13 所示。

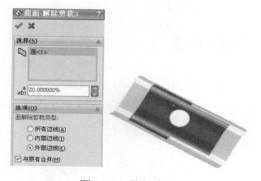

图 8-12 外部边线

图 8-13 结果

8.4 圆角曲面

曲面里的  与特征工具栏上的圆角命令是同一个命令，通过一个实例来了解圆角在曲面里的应用。如图 8-14 所示，是一个拉伸的曲面，单击 ，打开它的特征管理器，选择边线，设置参数，如图 8-15 所示。单击 ✔ 按钮完成，效果如图 8-16 所示。

图 8-14 曲面

图 8-15 曲面圆角

图 8-16 圆角结果

8.5 等距曲面

等距曲面 是将所选曲面等距偏移一定距离得到一个新的曲面。下面利用图 8-16 所示的曲面来讲解等距曲面。单击 按钮，如图 8-17 所示，在"等距参数"组框下选择整个面，输入等距距离，可以调整等距方向。单击 按钮完成，效果如图 8-18 所示。

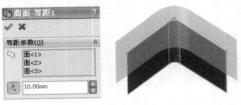 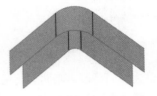

图 8-17　等距曲面　　　　　　　　　　　图 8-18　等距曲面结果

8.6 平面区域

平面区域的作用是将处于一个平面内的线条（可以是草图、实体边线或曲面边线）作为平面的边界生成平面。图 8-19 是一个草图，单击 按钮，选择草图生成如图 8-20 所示的平面。

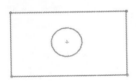 

图 8-19　草图　　　　　　　　　　　　图 8-20　平面区域

如图 8-21 所示，选择实体的边线，单击 按钮完成，效果如图 8-22 所示。

图 8-21　选择边线　　　　　　　　　　图 8-22　平面区域

也可以选择某个曲面的边线生成平面区域，请自行尝试。

8.7 填充曲面

填充曲面 是以现有草图、特征边线或曲面为边界来生成曲面。这些边线可以位于同一平面，也可以位于不同曲面。

1. 以草图为边界填充曲面

如图 8-23 所示是一个平面草图，单击 按钮打开对象属性管理器，选择草图，如图 8-24 所示，绘图区出现预览效果。

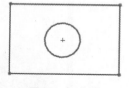

图 8-23　草图

图 8-24　填充曲面

这种情况类似于平面区域。不过平面区域只能生成平面，而填充曲面  还可以生成曲面。如图 8-25 所示，两个草图连接成一个封闭的线框，两个草图基准面一个位于上视，一个位于前视，单击 ✔ 按钮完成，效果如图 8-26 所示。也可以利用 3D 曲线在空间绘制闭合的曲线来填充曲面。

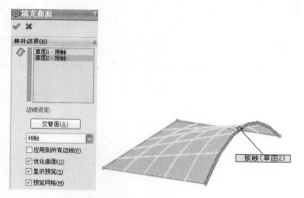

图 8-25　填充曲面　　　　　　　　　　　　图 8-26　填充结果

2. 以实体边线为边界填充曲面

图 8-27 是一个实体，单击  按钮，选择如图 8-28 所示的边线，绘图区出现预览效果，单击 ✔ 按钮完成，效果如图 8-29 所示。

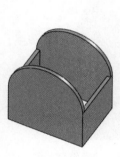

图 8-27

图 8-28　填充曲面

图 8-29　填充结果

3. 以曲面边线填充曲面

图 8-30 是一个带拔模拉伸的曲面，单击  按钮，选择边线如图 8-31 所示。在这里介绍一下曲率控制类型，曲率控制有四种类型：相触、相切、曲率和交替面。

图 8-30　带拔模拉伸的曲面　　　　　　　　　　　　　图 8-31　相触

（1）相触：在所选边界内生成曲面。

（2）相切：在所选边界内生成曲面，但保持修补边线相切。

（3）曲率：在与相邻曲面交界的边界线上生成与所选曲面的曲率相配套的曲面。

（4）交替面：作用是当一条边线为两个面共有时，通过它可以选取所要的面。不同的参数设置，其结果不同。如图 8-32 至图 8-35 所示。

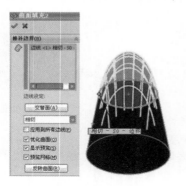

图 8-32　相切　　　　　　　　　　　　　　　　　　　图 8-33　相切结果

图 8-34　曲率　　　　　　　　　　　　　　　　　　　图 8-35　曲率结果

8.8　删除面

删除面可以从实体删除所选面。在曲面操作中不能使用特征中的拉伸切除来切除曲面，前面讲的剪裁曲面是一种方法，也可以通过"删除曲面"命令来删除曲面。在使用删除面 🞫 时可以借助曲面上已有的分割线直接选择某些曲面删除，也可以先用 🔲 分割线 将曲面分割成几部分，然后再用"删除面" 🞫 删除某些面。

图 8-36 是一个拉伸的曲面并通过 🔲 分割线 在其表面上生成了一个圆形分割线，将曲面分割成两部分曲面，单击 🞫 按钮，选择中间的小圆，在"选项"组框下选择"删除"单选按钮，单击 ✔ 按钮完成，效果如图 8-37 所示。

图 8-36　分割线

图 8-37　删除面

如果选择的是"删除并修补"，那么所选面不止被删除，软件还会自动沿边界将删除的面修复，如图 8-38 所示。单击 ✔ 按钮完成，效果如图 8-39 所示。

图 8-38　删除并修补

图 8-39　删除结果

如果选择的是"删除并填补"，则所选曲面被删除，软件自动沿边界进行填充。这个功能主要用于删除多个曲面时，删除后形成一个边界，软件自动沿边界进行填充，如图 8-40（a）和图 8-40（b）所示。

(a) 删除前　　　　　　　　　　　　(b) 删除后

图 8-40　删除并填补

可以选择某些实体特征的面删除，图 8-41 是一个拉伸的特征加一个孔，单击 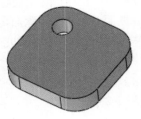 按钮，完成效果如图 8-42 所示。从这里可以看出，SolidWorks 中的实体特征实际上也是由面构成的，所以对曲面的一些操作也可以选择特征实体的面。

图 8-41　实体　　　　　　　　　图 8-42　删除实体的面

8.9　替换面

替换面 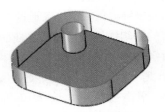 可以用曲面来替换实体中的面或曲面。先通过一个简单的实例来了解替换面。

图 8-43 是一个拉伸的长方体，它的正上方拉伸了一个曲面。单击 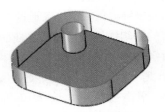 按钮，在上面框中选择长方体的顶面作为替换的目标面，下面的框中选择曲面来替换。单击 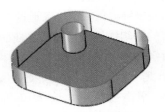 按钮完成，效果如图 8-44 所示。

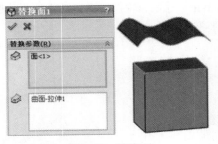

图 8-43　替换面

图 8-44　替换结果

可以看到，当替换面时，实体中相邻的面自动延伸到曲面上，并且在曲面上生成分割线将曲面分割。如果替换面小于目标面，则曲面自动延伸。也可以选择一组面来替换，如图 8-45 所示，选择四个面，结果如图 8-46 所示。

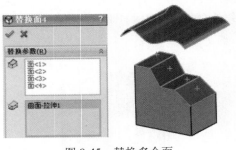

图 8-45　替换多个面

图 8-46　替换结果

如果替换的两个面都是曲面，替换面将直接代替被替换面。从本质上讲就是删除被替换面。这当然可以直接用删除面来进行，所以一般不用曲面替换曲面。

8.10　自由形

图 8-47　拉伸曲面

用于修改曲面或实体的面，如图 8-47 所示。每次只能修改一个面，该面可以有任意条边线。设计人员可以通过生成控制曲线和控制点，然后推拉控制点来修改面，对变形进行直接的交互式控制。可以使用三重轴约束推拉方向。

1. 自由形

单击 按钮，打开它的属性管理器，如图 8-48 所示，在"面设置"组框下选择长方形平面，边线上出现引线引出的列表框，修改某条边线对应的列表框选项为"可移动"，单击选中边线，则边线处出现一个浅黄色的基准面和两个绿色箭头，单击箭头，箭头上出现一个坐标系，可以拖动坐标系原点或者选择一个轴沿此轴方向拖动改变边线的形状。单击 按钮完成，效果如图 8-49 所示。

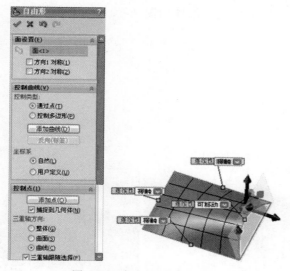

图 8-48　自由形属性管理器

图 8-49　自由形结果

2. 列表框里的选项

列表框里有五个选项，它们的含义如下。

（1）接触：沿原始边界保持接触，不保持相切和曲率。

（2）相切：沿原始边界保持相切。例如，如果面原来与边界相遇时的角度为 10°，则修改之后也会保持该角度。

（3）曲率：保持原始边界的曲率。例如，如果面原来沿边界的曲率普通半径为 10m，则在修改之后会保持相同的半径。

（4）可移动：原始边界可以移动，但不会保持原始相切。可以使用控制点拖动和修改边界，就像修改面一样。选择边界控标或控点并拖动。

（5）可移动/相切：原始边界可以移动，并且会保持其与原始面平行的原始相切。可以使用控制点拖动和修改它，就像修改面一样。选择边界控标或控点以进行拖动。

也可以选中"面设置"组框下的"方向 1 对称"和"方向 2 对称"复选框，那么拖动时曲面会对称地变形，也可以选中"控制多边形"变形，可自行尝试。

3. 变形

下面介绍一下添加控制曲线和控制点来变形。

图 8-50 是一个拉伸的实体，通过添加控制曲线和控制点来变形成如图 8-51 所示的实体。

图 8-50　实体

图 8-51　自由形

单击自由形 ，打开它的对象属性管理器，如图 8-52 所示，在"面设置"组框下选择圆角面，在"控制曲线"组框下单击 添加曲线(D) 按钮，在面上添加一条线，如图 8-53 所示（也可以单击"反向（标签）"按钮在另一个方向上生成线条），单击 添加曲线(D) 按钮结束；再单击"控制点"组框下的 添加点(O) 按钮，在所添加的曲线上添加如图 8-54 所示的控制点，单击 添加点(O) 按钮结束添加点。

图 8-52　自由形属性管理器

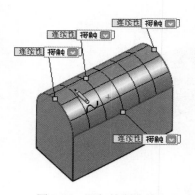

图 8-53　添加控制曲线

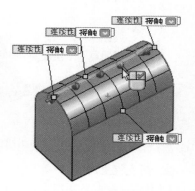

图 8-54　添加控制点

拖动箭头或控制点变形曲面，如图 8-55 所示，单击 按钮完成，效果如图 8-56 所示。

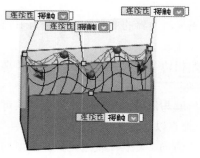

图 8-55　拖动控制点

图 8-56　自由形结果

8.11　中面

中面 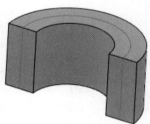 命令可在实体上一对面之间生成中面。这一对面应为等距面，面必须属于同一实体。例如，两个平行的实体表面或两个同心圆柱面就是合适的双对面。中面对在有限元素造型中生成二维元素网格很有用。

中面操作比较简单，举例说明。如图 8-57 所示，选择面 1 和面 2 作为一对面，在"定位"组框下输入中面相对于两个面的位置百分比；也可以选中"选项"组框下的"缝合曲面"复选框。单击 ✓ 按钮完成，效果如图 8-58 所示。也可以同时选择多个双对面，请自行尝试。

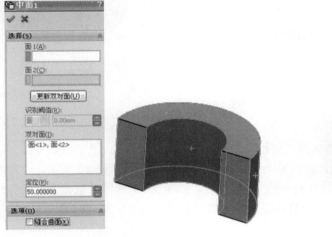

图 8-57　中面　　　　　　　　　　　　图 8-58　中面结果

8.12　分型面

分型面 ⬠ 通过选择分型线并将其拉伸生成面。分型线可以是实体的边界，也可以是自己绘制的。

分型面属性管理器下有几个选项，其意义如下。

（1）与曲面相切：分型面与分型线的曲面相切。

（2）正交于曲面：分型面与分型线的曲面正交。

（3）反转对齐：（当两个相邻分型边线的面几乎平行时可为正交于曲面所使用。）选择以更改分型面所正交于的面。

（4）垂直于拔模：分型面与拔模方向垂直。此为最普通类型。

图 8-59 是一个旋转的曲面，单击 ⬠ 按钮，在"分型线"组框下选择边线，在"模具参数"组框下选择基准轴 1 作为拔模参数（也可以选择一个基准面），选择"正交于曲面"单选按钮，那么生成的曲面将与旋转曲面边线正交，与生成直纹曲面一样，效果如图 8-60 所示。在"分型面"组框下输入面的距离和角度。也可以选择某一条分型线。如果选择的是垂直于轮廓，那么生成的分型面将垂直于基准轴 1。

图 8-59　分型面

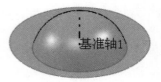

图 8-60　结果

8.13　缝合曲面

缝合曲面 🔧 的作用是将某些曲面边线相邻但不重合的曲面缝合成一个曲面。

如图 8-61 所示，拉伸一个曲面，再用平面区域添加一个顶面，如图 8-62 所示，给顶面边线加圆角行不通，因为两个面是相互独立的。单击 🔧 按钮，如图 8-63 所示，选择要缝合的曲面，单击 ✅ 按钮完成，结果看上去与原来一样，不过现在可以加圆角了，如图 8-64 所示。

图 8-61　拉伸曲面

图 8-62　平面区域

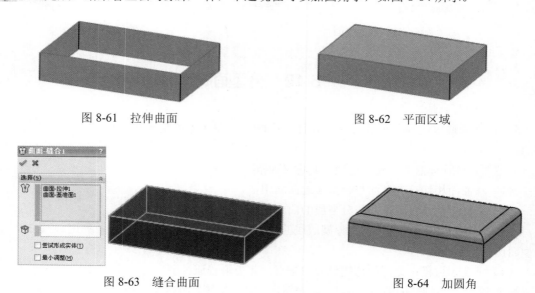

图 8-63　缝合曲面

图 8-64　加圆角

8.14　延展曲面

延展曲面 🌐 工具通过沿所选平面方向延展实体或曲面的边线来生成曲面。图 8-65 是一个拉伸的曲面，单击 🌐 按钮，打开它的属性管理器，如图 8-66 所示，选择圆形边线所在的上视基准面确定延展方向，选择圆形边线作为延展对象，输入延展距离 10mm，单击 ✔ 按钮完成，效果如图 8-67 所示。

图 8-65　拉伸曲面

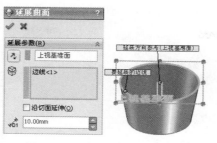

图 8-66　延展曲面属性管理器

图 8-67　延展结果

8.15　移动/复制实体

移动/复制实体 🐾 可以对特征实体和曲面进行移动或复制。下面以移动曲面为例来介绍它的具体用法，实际上对特征实体操作也一样，只是将所选移动/复制对象变换一下而已。

1. 移动实体

（1）通过选择参考点移动。

先画如图 8-68 所示的两个实体，一个长方体，顶面上拉伸一个曲面。

单击"插入"|"曲面"，选择移动/复制实体（或者单击"插入"|"特征"，选择移动/复制实体），打开它的对象属性管理器，

图 8-68　特征和曲面

选择曲面作为移动对象，如图 8-69 所示，在"平移"组框下选择顶点 1 作为移动参考点，顶点 2 作为所要移动到的点，单击 ✔ 按钮完成，效果如图 8-70 所示。

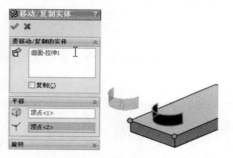

图 8-69　选择参考点移动

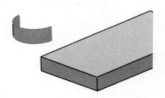

图 8-70　移动结果

（2）通过选择参考直线移动。

如图 8-71 所示，选中曲面作为移动对象，在"平移"组框下选择边线 1 作为移动方向，输入移动距离 30mm，也可输入负值反向移动。单击 ✔ 按钮完成，效果如图 8-72 所示。

（3）选择参考坐标系平移。

如图 8-73 所示，添加一个坐标系，在"平移"组框下选择"坐标系 1"，然后在下面分别输入三个方向的移动距离。单击 ✔ 按钮完成，效果如图 8-74 所示。

2. 复制实体

复制实体很简单，只要在移动的基准上选中"复制"复选框即可。

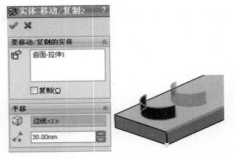

图 8-71　选择参考直线移动

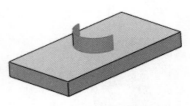

图 8-72　移动结果

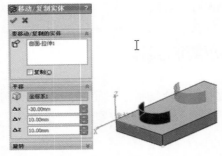

图 8-73　添加坐标系移动复制实体

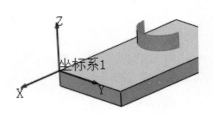

图 8-74　移动结果

3. 旋转实体

展开旋转选项,选择点、实体边线或坐标系为旋转参考对象,输入旋转角度即可,请自行尝试,相信很快就能掌握。

8.16　综合实训

8.16.1　实训 1——用曲面制作雨伞

图 8-75 是用 SolidWorks 软件制作的雨伞,经渲染成图示效果。它主要用到拉伸、扫描、曲面放样等命令。下面将介绍它的具体绘制方法。

图 8-75　雨伞

1. 伞柄的绘制

(1)在上视基准面上绘制一个圆作为扫描轮廓,如图 8-76 所示,退出草图。

（2）在前视基准面上绘制如图 8-77 所示的草图作为扫描路径，路径的起点用添加几何关系使它与草图 1 的圆心重合。

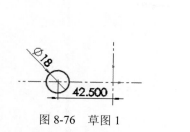

图 8-76　草图 1

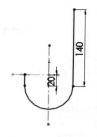

图 8-77　草图 2

（3）单击 扫描按钮，选择草图 1 作为扫描轮廓，草图 2 作为扫描路径。如图 8-78 所示。单击 按钮，结果如图 8-79 所示。

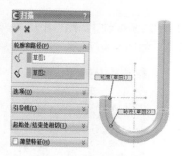

图 8-78　扫描参数设置

图 8-79　扫描结果

（4）选择伞柄端面边线加一个半径为 9mm 的圆角，如图 8-80 所示。单击 按钮，结果如图 8-81 所示。

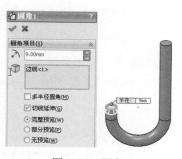

图 8-80　圆角

图 8-81　圆角结果

2. 直柱的绘制

（1）在伞柄另一个端面绘制一个圆，如图 8-82 所示。

图 8-82　草图 3

（2）单击 拉伸凸台/基体按钮，选中"薄壁特征"复选框，参数设置如图 8-83 所示，薄壁厚度向内，结果如图 8-84 所示。

图 8-83　拉伸属性管理器

图 8-84　拉伸结果

3.　伞布的绘制

（1）单击 基准轴 按钮，给直柱添加如图 8-85 所示的基准轴 1。然后单击 基准面，选择前视基准面和基准轴 1，输入角度 45°。添加一个基准面 2，如图 8-86 所示。

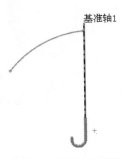

图 8-85　添加基准轴

图 8-86　添加基准面

（2）在前视基准面上绘制如图 8-87 所示的草图，退出草图。在基准面 1 上绘制同样的草图，如图 8-88 所示，退出草图。注意，圆弧的一个端点在直柱的柱面上。这两个草图将作为曲面放样的引线。

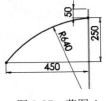

图 8-87　草图 4

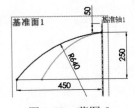

图 8-88　草图 5

（3）绘制一个 3D 草图，如图 8-89 所示，作为伞布的边线，它的两个端点与引线端点重合。注意，在未标注圆弧尺寸前，拖动圆弧圆心，调整圆弧所在的面，如图 8-90 所示。退出草图。

（4）在直柱的上端面下方 50mm 处添加一个基准面 2，在基准面 2 上用"圆心起点终点"三点圆弧连接引线的另两个端点，如图 8-91 所示，此草图作为放样的另一个轮廓，图 8-91（b）为草图 6 正视面。退出草图。

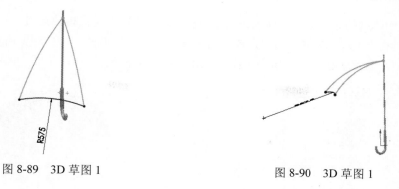

图 8-89　3D 草图 1　　　　　　　　　　图 8-90　3D 草图 1

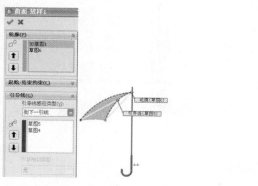

（a）草图 6　　　　　　　　　　　（b）草图 6 正视于

图 8-91　草图 6

（5）单击 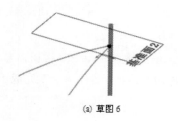 按钮，选择如图 8-92 所示的引线与轮廓，单击 ✅ 按钮完成，效果如图 8-93 所示。

图 8-92　曲面放样　　　　　　　　　　图 8-93　放样结果

（6）单击特征工具栏上的 🔁 圆周阵列按钮，如图 8-94 所示，在"参数"组框下选择"基准轴 1"作为圆周阵列中心轴，输入阵列数目 8；在要阵列的实体下选择刚才放样的曲面，单击 ✅ 按钮完成，效果如图 8-95 所示。

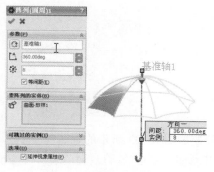

图 8-94　圆周阵列实体　　　　　　　　图 8-95　阵列结果

（7）上面阵列的 8 个面，表面上像是连接在一起，实际上是互相独立的，且连接处不紧密。单击曲面工具栏上的 缝合曲面 按钮，选择刚才阵列出的 8 个曲面，如图 8-96 所示。单击 ✔ 按钮完成，这样把个曲面就缝合在一起了，效果如图 8-97 所示。

图 8-96　曲面缝合

图 8-97　曲面缝合结果

4．给直柱加一个盖

（1）在基准面 2 上绘制如图 8-98 所示的圆。单击 拉伸凸台/基体 按钮，参数设置如图 8-99 所示，注意拔模 2°。单击 ✔ 按钮完成，效果如图 8-100 所示。这样雨伞就完成了，可以对实体进行渲染，得到更真实的效果。渲染见后面章节。

图 8-98　草图 7

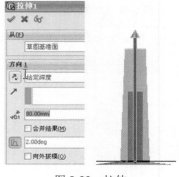

图 8-99　拉伸

图 8-100　完成效果

8.16.2　实训 2——风扇扇叶的制作

图 8-101 是一台风扇的扇叶，它主要用到边界曲面，下面介绍它的具体绘制步骤。

（1）在前视基准面的前面 155mm 处添加一个基准面 1，选择基准面 1 进入草图绘制状态，绘制如图 8-102 所示的草图作为草图 1，退出草图。

图 8-101　扇叶

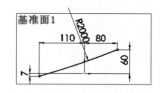

图 8-102　草图 1

（2）选择前视基准面进入草图绘制状态，绘制如图 8-103 所示的草图作为草图 2，草图 2 中的圆弧都是相切的，可以用切线弧绘制，草图 2 和草图 1 左边的端点相互重合，右边的端点在一条竖直直线上，可以选择两个点添加几何关系为"竖直"，退出草图。

（3）创建一个基准面 2，与右视基准面平行，经过草图 1 和草图 2 右边的端点；选择基准面 2进入草图绘制状态，绘制如图 8-104 所示的草图，退出草图。

（4）创建一个基准面 3，与右视基准面平行，经过草图 1 的左侧端点；选择基准面 3 进入草图绘制状态，绘制如图 8-105 所示的草图，退出草图。

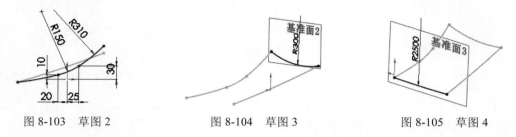

图 8-103　草图 2　　　　　　　　图 8-104　草图 3　　　　　　　　图 8-105　草图 4

（5）单击边界曲面 ◈，如图 8-106 所示，选择两个方向上的边界曲线，单击 ✅ 按钮完成（这一步也可以用放样曲面完成）。

（6）用加厚 ⟋ 命令将上述曲面加厚为 2mm，结果如图 8-107 所示。

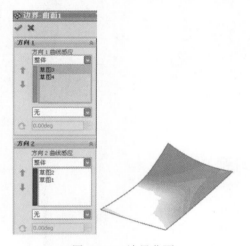

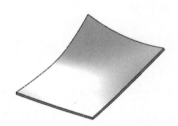

图 8-106　边界曲面　　　　　　　　　　　　　图 8-107　加厚曲面

（7）选择上视基准面进入草图绘制状态，绘制如图 8-108 所示的草图。

（8）用拉伸切除 回 切除出如图 8-109 所示的图形，在方向 1 上两侧对称切除，对称距离为400mm，切除时选中"反侧切除"复选框。

（9）选择上视基准面，进入草图绘制状态，绘制如图 8-110 所示的草图，用拉伸 回 在两个方向上拉伸，向上拉伸 40mm，向下拉伸 20mm，结果如图 8-111 所示。

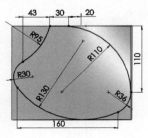

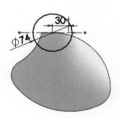

图 8-108　草图 5　　　　　　　　图 8-109　反侧切除　　　　　　　　图 8-110　草图 6

（10）用圆角命令给扇叶中间圆柱实体加一个 10mm 的圆角，如图 8-112 所示；再用圆角命令给扇叶下面加 1.5mm 的圆角，如图 8-113 所示。

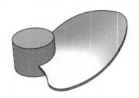
图 8-111　拉伸特征

图 8-112　加 10mm 的圆角

图 8-113　加 1.5mm 的圆角

（11）选择中间圆柱实体的柱面，添加一个基准轴，如图 8-114 所示，用圆周阵列命令在"要阵列的实体"选项下选择所绘制的实体，将所画的实体阵列 3 个，如图 8-114 所示。

（12）选择中间圆柱的底面进入草图绘制状态，绘制一个圆，如图 8-115 所示，用拉伸凸台基体命令，将草图拉伸 90mm，结果如图 8-116 所示，这样扇叶就绘制好了。

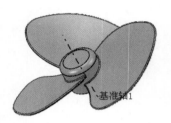
图 8-114　圆周阵列实体

图 8-115　草图 7

图 8-116　拉伸特征

习题 8

1. 自定尺寸，用曲面完成如图 8-117 所示的花。
2. 自定尺寸，用曲面完成如图 8-118 所示的章鱼收音机。
3. 自定尺寸，用曲面完成如图 8-119 所示的 MP4。

图 8-117　花

图 8-118　章鱼收音机

图 8-119　MP4

第9章 装配设计

9.1 装配概述

装配体是在 SolidWorks 文件中两个或多个零件（也称为零部件）的组合。添加零部件到装配体时，会在装配体和零部件之间生成一对一的连接。

当打开装配体时，零部件将自动反映在装配体中。装配体文件应与零部件文件保存在一起，并不要移动位置，否则将无法打开完整的装配体。

1. 进入装配体设计模块

新建 SolidWorks 文件时，选择"装配体"选项 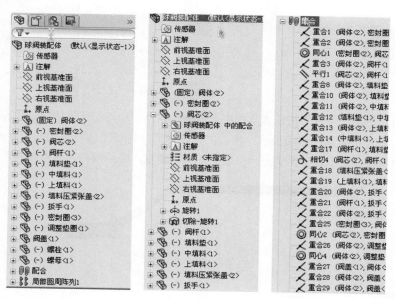，将进入 SolidWorks 的装配体设计模块。也可在主菜单上选择"文件"｜"从零件/装配体制作装配体"命令进入装配体模块。

2. 装配体设计树

FeatureManager 设计树为装配体显示的项目除了常见选项外，还将显示组成的零部件，并有一行配合特征可以管理装配体的配合关系。单击零部件名称的"+"号，可以展开零部件的详细特征组成，如图 9-1 所示。

图 9-1 装配体设计树

在设计树上选择一个零部件，可以进行某些操作，如编辑特征、显示/隐藏、查看装配等。

3. 装配体设计的应用方法

装配体设计可以采用自下而上设计方法或自上而下设计方法，也可以两种方法结合使用。

（1）自下而上设计方法。这是比较传统的方法。先设计并制造零件，如将之插入装配体，接着使用配合来定位零件。若想更改零件，必须单独编辑零件。这些更改可在装配体中看到。自下而上设计法对于先前建造的现有零件或者标准件是比较适用的。

（2）自上而下设计方法。零件的形状大小及位置可在装配体中设计。自上而下设计方法的优点是在设计更改发生时所需更改更少。可在零件的某些特征上、完整零件上或整个装配体上使用自上而下设计方法来布局其装配体并捕捉对其装配体特定的自定义零件的关键方面。

4. 装配体的使用

对于一个已经创建的装配体，可以对其进行分析，它的关键步骤可以分为分析装配体、编辑装配体、爆炸装配体和材料明细表等。

9.2　添加零部件

9.2.1　直接插入零部件

单击"插入零部件"命令 ，弹出"插入零部件"对话框，如图 9-2 所示。单击"浏览"按钮，弹出"打开"对话框，在此对话框中可以查找和预览零部件，如图 9-3 所示。

图 9-2　"插入零部件"对话框　　　　　　　　图 9-3　"打开"对话框

选择零件后，单击"打开"按钮或直接在"打开"对话框中双击所选零件，则在 SolidWorks 界面中显示所选零件并跟随鼠标移动显示。单击鼠标，则成功地将所选零件插入到界面中，如图 9-4 所示。刚插入的新零件处于欠定义状态，它具有 6 个自由度，必须根据需求添加相应的约束关系。

图 9-4　插入零部件

9.2.2　在装配体中创建新零件

使用自上而下设计方法创建装配体时，零件的形状大小及位置可在装配体中设计。单击"新零件"按钮 ，弹出"新建 SolidWorks 文件"对话框，如图 9-5 所示，单击"确定"按钮，进入新零件设计界面，即可按照零件设计界面中的零件设计方法创建新零件。

在装配中生成新零件会自动生成"在位"配合，即新零件前视基准面与生成零件时所选的参考基准面之间的配合或其他特征的在位配合。例如，孔类的"在位配合"是在装配模式下新建零件时系统自动生成的，并没有太大的实际意义，一般最好是把它删除，再根据需要加入相应的配合关系。

图 9-5　"新建 SolidWorks 文件"对话框

9.2.3　插入子装配体

由多个零部件组成的装配体，为了便于装配体的组建，可以进行部分装配，然后将子装配体再进行装配组成总体装配。插入子装配体时，在"打开"对话框的"文件类型"框选择"装配体（*asm;*sldasm）"即可选择装配体文件，插入子装配体。"打开"对话框如图 9-6 所示。

图 9-6　"打开"对话框

插入的子装配体在默认情况下和零件一样，它本身的自由度消失，要想使它本身自由度有效，右击设计树中的子装配体名称，选择"零部件属性"命令，弹出"零部件属性"对话框，将刚性改为柔性即可，如图 9-7 所示。

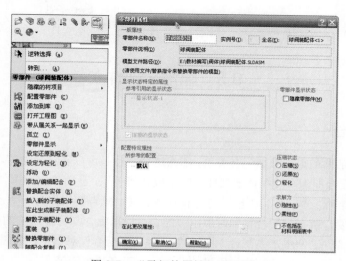

图 9-7　"零部件属性"对话框

9.2.4　随配合复制

下面以具体实例来讲解随配合复制的过程：打开实例中的球阀装配体，如图 9-8 所示，讲解其他螺栓配合复制的过程。

步骤 1：右击图示的螺栓，单击"随配合复制"命令，弹出"随配合复制"对话框，如图 9-9 所示。

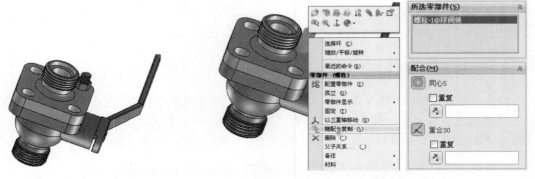

图 9-8　球阀装配体　　　　　　　　　　图 9-9　"随配合复制"对话框

步骤 2：在相应对话框中选择与原配合相应的位置，"随配合对话框"的设置如图 9-10 所示，单击 ✅ 按钮，完成如图 9-11 所示的结果。

图 9-10　对话框设置

图 9-11　完成结果

9.3　配合零部件

9.3.1　标准配合

直接插入的零部件如果不添加配合关系，那么这个零件是可以随意拖动的，这样显然不能精确组成一个装配体。配合即为在装配体零部件之间生成几何关系，从而确定零部件在装配体的位置与相互关系。配合完全时，零部件将不能再进行移动或旋转。配合关系作为一个系统整体求解。添加配合的顺序无关紧要，所有的配合均同时解出。配合可以压缩，与特征压缩的操作相同。

这在装配体零部件之间单击"配合"图标 ◎，弹出"配合"对话框，如图 9-12 所示。其中标准配合分为重合、平行、垂直、相切、同轴心、锁定、距离和角度等。

1. 重合

这是最常见的一种配合方式，可以广泛应用于面、线、点中任何两个对象，将两个对象进行对齐，使其处于同一位置。在任何一种配合方式中，都有反向对齐和同向对齐，如图 9-13 和图 9-14 所示。

图 9-12　"配合"对话框

图 9-13　反向对齐

图 9-14　同向对齐

2. 平行

使选择的两个面或线将保持平行关系，如图 9-15 和图 9-16 所示。

图 9-15　反向对齐

图 9-16　同向对齐

3. 垂直

使选择的两个面或线保持垂直关系，如图 9-17 所示。

图 9-17　垂直配合实例

4. 相切

使选择的两个面或曲线相切，其中至少有一个是圆弧，如图 9-18 和图 9-19 所示。

图 9-18　反向对齐　　　　　　　　　　　图 9-19　同向对齐

5. 同轴心

用于圆弧曲线或面，使两个对象同轴心，如图 9-20 和图 9-21 所示。

6. 锁定

使选择的任何两个零部件保持相对静止的关系，如图 9-22 所示。

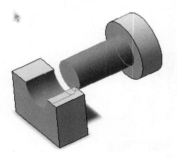

图 9-20　反向对齐　　　　　图 9-21　同向对齐　　　　　图 9-22　锁定

7. 距离

距离配合是在平行的基础上指定两者之间的距离，如图 9-23 和图 9-24 所示。

图 9-23　反向对齐　　　　　　　　　　　图 9-24　同向对齐

8. 角度

角度配合是指定两者之间的角度，如图 9-25 和图 9-26 所示。

图 9-25　反向对齐

图 9-26　同向对齐

9.3.2　高级配合

单击"配合"按钮，弹出"配合"对话框，在"配合"对话框里单击"高级配合"右边的，展开高级配合选项，如图 9-27 所示。"高级配合"组框中有对称、宽度、路径配合、线性/线性耦合、距离和角度等。

下面将高级配合的常用选项进行讲解。

1. 对称

单击"高级配合"组框里的"对称"按钮图标，在"对称基准面"组框里选择一平面作为对称基准面，然后在要配合的实体中选择可以对称的平面、线和点等，单击按钮，完成对称配合，如图 9-28 所示。

图 9-27　高级配合

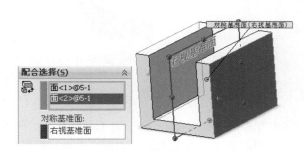

图 9-28　对称配合

2. 宽度配合

单击"高级配合"里的"宽度配合"按钮，在宽度"配合选择"组框中包含"宽度选择"和"薄片选择"。图 9-29 所示是宽度配合的一个应用实例。

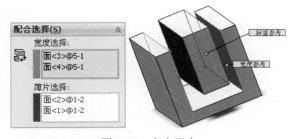

图 9-29　宽度配合

3. 限制距离配合

在"配合选择"组框下，为要配合的实体选择要配合在一起的实体。单击"高级配合"里的"距离"按钮图标，设定距离来定义开始距离。选择"反转尺寸"复选框可以将实体移动到尺寸的相反边侧。设定最大值和最小值来定义限制配合的最大和最小范围，单击按钮。图 9-30 所示就是距离配合的一个应用实例。

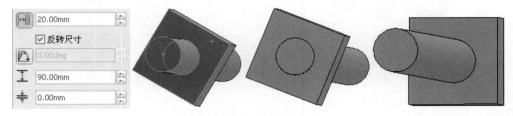

图 9-30　限制距离配合

图 9-30 中从左到右依次表示对话框设置、开始距离、最小值和最大值。

4. 限制角度配合

在配合选择下，为要配合的实体选择要配合在一起的实体。单击"高级配合"里的"距离"按钮图标，出现如图 9-31 所示的对话框，设定距离来定义开始角度。选择"反转尺寸"复选框可以将实体移动到尺寸的相反边侧。设定最大值和最小值来定义限制配合的最大和最小范围，单击按钮。

图 9-31　限制角度配合

9.3.3　机械配合

除了有标准配合和高级配合外，还有机械配合。单击"配合"按钮，弹出"配合"对话框，在"配合"对话框里单击机械配合右边的，展开机械配合选项，如图 9-32 所示。机械配合的选项有凸轮、铰链、齿轮、齿条小齿轮、螺旋、万向节等。下面将对一些常用选项进行介绍。

图 9-32　"机械配合"对话框

1. 凸轮配合

单击"机械配合"里的"凸轮"按钮，在要配合的实体框中选择凸轮，在凸轮推杆框里选择凸轮推杆，单击按钮，完成凸轮配合。图 9-33 所示就是凸轮配合的一个应用实例。

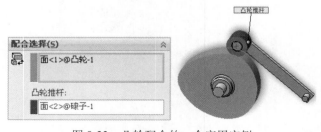

图 9-33　凸轮配合的一个应用实例

2．铰链配合

单击"机械配合"里的"铰链"按钮 ，在"同轴心选择"组框中选择要同轴心的圆弧面或线，在"重合选择"组框中选择要重合的面，单击 ✅ 按钮，完成铰链配合，勾选"指定角度限制"复选框可以设置铰链转动的最大幅角。图 9-34 所示就是铰链配合的一个应用实例。

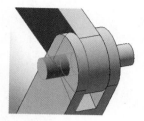

图 9-34　铰链配合

3．齿轮配合

单击"机械配合"里的"齿轮"按钮 ，在"配合选择"组框中选择要配合的齿轮齿面，然后设置好齿轮传动比，单击 ✅ 按钮，完成齿轮配合，勾选"反转"复选框可以改变传递反向。图 9-35 所示的就是齿轮配合的一个应用实例。

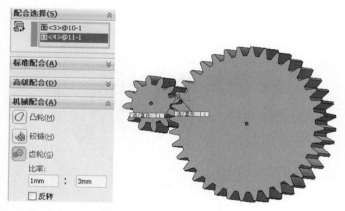

图 9-35　齿轮配合应用实例

4．齿条小齿轮配合

单击"机械配合"里的"齿条小齿轮"按钮 ，在"齿条"框中为齿条选择线性边线、草图直线、中心线、轴或圆柱，在"小齿轮/齿轮"框中为小齿轮/齿轮选择圆柱面、圆形或圆弧边线、草图圆或圆弧、轴或旋转曲面，设置好小齿轮齿距直径或齿条行程/转数，单击 ✅ 按钮，完成齿条小齿轮配合，勾选"反转"复选框可以改变运动反向。如图 9-36 所示是齿条小齿轮配合的一个应用实例。

图 9-36　齿条小齿轮配合

5. 螺旋配合

单击"机械配合"里的"螺旋"配合 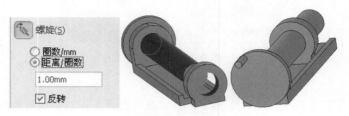 按钮，在"配合选择"组框下，为要配合的实体在两个零部件上选择旋转轴。在机械配合下有以下选项：

（1）圈数/<长度单位>：为其他零部件平移的每个长度单位设定一个零部件的圈数。

（2）距离/圈数：为其他零部件的每个圈数设定一个零部件的平移距离。

（3）反转：相对于彼此间更改零部件的移动方向。

单击 ✓ 按钮，完成螺旋配合。图 9-37 所示就是螺旋配合的应用实例。摇动手柄，滑块即可在槽内移动。

图 9-37   螺旋配合

9.3.4   实训——配合零部件

完成附录 F 球阀的装配体，如图 9-38 所示。

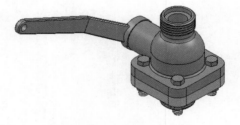

图 9-38   球阀装配体

步骤 1：新建装配体文件。在工具栏上单击"新建"按钮 □，系统弹出"新建 SolidWorks 文件"对话框，如图 9-39 所示。选择"装配体"选项 🖫，单击"确定"按钮，进入 SolidWorks 的装配工作界面。

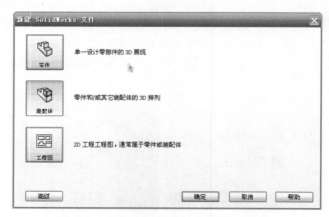

图 9-39   "新建 SolidWorks 文件"对话框

步骤 2：放置第一个零件阀体。系统弹出"开始装配体"特征管理器，单击"浏览"按钮，如图 9-40 所示。打开"打开"对话框，选择并打开零件阀体，如图 9-41 所示。

图 9-40　"开始装配体"对话框

图 9-41　选择"阀体"

在图形区指定一点放置模型，如图 9-42 所示。

步骤 3：插入密封圈并添加配合关系。

单击装配体工具栏上的"插入零部件"按钮，在"插入零部件"对话框中单击"浏览"按钮，选择打开零件密封圈，选择合适的位置放置。

在装配体工具栏上单击"配合"按钮。选择阀体内孔表面与密封圈外表面，系统自动使用"同轴心"配合，并在图形上进行预览，如图 9-43 所示。单击按钮，完成同轴心配合。

选择如图 9-43 所示的阀体和密封圈上要配合的面，系统自动使用 "重合"配合，并在图形上进行预览，如图 9-44 所示。单击按钮，完成重合配合。

步骤 4：插入阀芯并添加配合关系。

图 9-42　放置第一个零件——阀体

图 9-43　同轴心配合

图 9-44　重合配合

单击装配体工具栏上的"插入零部件"按钮，在"插入零部件"组框中单击"浏览"按钮，选择打开零件阀芯，选择合适的位置放置。

在装配体工具栏上单击"配合"按钮。选择密封圈圆弧弧面与阀芯圆弧面，系统自动使用"同轴心"配合，并在图形上进行预览，如图 9-45 所示。单击按钮，完成同轴心配合。

步骤 5：插入阀杆并添加配合关系。

单击装配体工具栏上的"插入零部件"按钮，在"插入零部件"对话框中单击"浏览"按钮，选择打开零件阀芯，选择合适位置放置。

在装配体工具栏上单击"配合"按钮。选择阀体侧孔内表面与阀杆外表面，系统自动使用

"同轴心"配合，并在图形上进行预览，如图 9-46 所示。单击 ✅ 按钮，完成同轴心配合。

选择阀芯和阀杆配合的面，系统自动使用"重合"配合，并在图形上进行预览，如图 9-47 所示。单击 ✅ 按钮，完成重合配合。

图 9-45　同轴心配合

图 9-46　同轴心配合

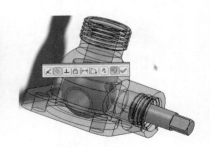

图 9-47　重合配合

选择阀芯的圆球面和阀芯的圆弧槽面配合，系统自动使用"相切"配合，并在图形上进行预览，如图 9-48 所示。单击 ✅ 按钮，完成相切配合。

步骤 6：插入填料垫并添加配合关系。

单击装配体工具栏上的"插入零部件"按钮 📷 ，在"插入零部件"对话框中单击"浏览"按钮，选择打开零件填料垫，选择合适位置放置。

在装配体工具栏上单击"配合"图标 🔗 。选择阀体侧圆柱外表面与填料垫外表面，系统自动使用"同轴心"配合，并在图形上进行预览，如图 9-49 所示。单击 ✅ 按钮，完成同轴心配合。

图 9-48　相切配合

图 9-49　同轴心配合

选择填料垫和阀杆要配合的面，系统自动使用"重合"配合，并在图形上进行预览，如图 9-50 所示。单击 ✅ 按钮，完成重合配合。

选择填料垫和阀体要配合的面，系统自动使用"重合"配合，并在图形上进行预览，如图 9-51 所示。单击 ✅ 按钮，完成重合配合。

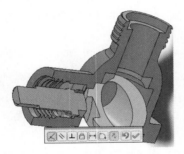

图 9-50　阀杆与填料垫的重合关系

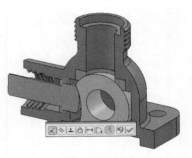

图 9-51　填料垫和阀体的重合关系

步骤 7：插入填料并添加配合关系。

在设计树里右击阀体名称，单击"隐藏零部件"按钮，将阀体隐藏。

单击装配体工具栏上的"插入零部件"按钮，在"插入零部件"组框中单击"浏览"按钮，选择打开零件中填料，选择合适位置放置。

在装配体工具栏上单击"配合"按钮。选择中填料外表面与阀杆外表面，系统自动使用"同轴心"配合，并在图形上进行预览，如图 9-52 所示。单击按钮，完成同轴心配合。

选择中填料和填料垫要配合的面，系统自动使用"重合"配合，并在图形上进行预览，如图 9-53 所示。单击按钮，完成重合配合。

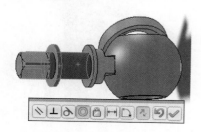

图 9-52 同轴心配合

图 9-53 重合配合

步骤 8：插入上填料并添加配合关系。

继续隐藏阀体，单击装配体工具栏上的"插入零部件"按钮，在"插入零部件"组框中单击"浏览"按钮，选择打开零件上填料，选择合适位置放置。

在装配体工具栏上单击"配合"图标。选择上填料外表面与阀杆外表面，系统自动使用"同轴心"配合，并在图形上进行预览，如图 9-54 所示。单击按钮，完成同轴心配合。

在装配体工具栏上单击"配合"按钮。选择上填料和中填料要配合的面，系统自动使用"重合"配合，并在图形上进行预览，如图 9-55 所示。单击按钮，完成重合配合。

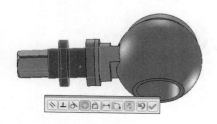

图 9-54 同轴心配合

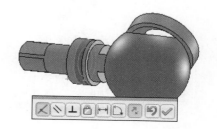

图 9-55 重合配合

步骤 9：插入填料压紧盖并添加配合关系。

继续隐藏阀体，单击装配体工具栏上的"插入零部件"按钮，在"插入零部件"组框中单击"浏览"按钮，选择打开零件填料压紧盖，选择合适位置放置。

在装配体工具栏上单击"配合"按钮。选择填料压紧盖外表面与阀杆外表面，系统自动使用"同轴心"配合，并在图形上进行预览，如图 9-56 所示。单击按钮，完成同轴心配合。

选择填料压紧盖和中填料要配合的面，系统自动使用"重合"配合，并在图形上进行预览，如图 9-57 所示。单击按

图 9-56 同轴心配合

钮，完成重合配合。

步骤 10：插入扳手并添加配合关系。

在设计树里面右击阀体名称，单击"显示零部件"按钮 🖰，将阀体显示。

单击装配体工具栏上的"插入零部件"图标 🖰，在"插入零部件"组框中单击"浏览"按钮，选择打开零件扳手，选择合适位置放置。

在装配体工具栏上单击"配合"按钮 ◈。选择扳手圆柱面和阀体侧圆柱面，系统自动使用"同轴心"配合，并在图形上进行预览，如图 9-58 所示。单击 ✔ 按钮，完成同轴心配合。

图 9-57　重合配合

图 9-58　同轴心配合

选择扳手和阀杆要配合的面，系统自动使用"重合"配合，并在图形上进行预览，如图 9-59（a）所示。单击 ✔ 按钮，完成重合配合。

选择扳手和阀体要配合的面，系统自动使用"重合"配合，并在图形上进行预览，如图 9-59（b）所示。单击 ✔ 按钮，完成重合配合。

（a）

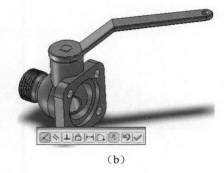

（b）

图 9-59　重合配合

步骤 11：插入密封圈并添加配合关系。

单击装配体工具栏上的"插入零部件"按钮 🖰，在"插入零部件"组框中单击"浏览"按钮，选择打开零件密封圈，选择合适位置放置。

在装配体工具栏上单击"配合"按钮 ◈。选择密封圈外表面与阀体内孔表面，系统自动使用"同轴心"配合，并在图形上进行预览，如图 9-60 所示。单击 ✔ 按钮，完成同轴心配合。

在装配体工具栏上单击"配合"按钮 ◈。选择密封圈球面和阀芯球面，系统自动使用"同轴心"配合，并在图形上进行预览，如图 9-61 所示。单击 ✔ 按钮，完成同轴心配合。

步骤 12：插入调整垫圈并添加配合关系。

单击装配体工具栏上的"插入零部件"按钮 🖰，在"插入零部件"组框中单击"浏览"按钮，选择打开零件调整垫圈，选择合适位置放置。

图 9-60 同轴心配合关系（一）

图 9-61 同轴心配合关系（二）

在装配体工具栏上单击"配合"按钮 🖇。选择调整垫圈外表面与阀体内孔表面，系统自动使用"同轴心"配合，并在图形上进行预览，如图 9-62 所示。单击 ✅ 按钮，完成同轴心配合。

选择调整垫圈和阀芯要配合的面，系统自动使用"重合"配合，并在图形上进行预览，如图 9-63 所示。单击 ✅ 按钮，完成重合配合。

图 9-62 同轴心关系

图 9-63 重合关系

步骤 13：插入阀盖并添加配合关系。

单击装配体工具栏上的"插入零部件"按钮 🖥，在"插入零部件"对话框中单击"浏览"按钮，选择打开零件阀盖，选择合适位置放置。

在装配体工具栏上单击"配合"图标 🖇。选择阀盖内表面与阀体内孔表面，系统自动使用"同轴心"配合，并在图形上进行预览，如图 9-64 所示。单击 ✅ 按钮，完成同轴心配合。

选择阀盖螺栓孔面与阀体螺栓孔面，系统自动使用"同轴心"配合，并在图形上进行预览，如图 9-65 所示。单击 ✅ 按钮，完成同轴心配合。

选择阀盖和阀芯要配合的面，系统自动使用"重合"配合，并在图形上进行预览，如图 9-66 所示。单击 ✅ 按钮，完成重合配合。

图 9-64 同轴心关系（一）

图 9-65 同轴心关系（二）

图 9-66 重合关系

步骤 14：插入螺栓并添加配合关系。

单击装配体工具栏上的"插入零部件"按钮🖐，在"插入零部件"组框中单击"浏览"按钮，选择打开零件螺栓，选择合适位置放置。

在装配体工具栏上单击"配合"按钮🔗。选择螺栓外表面与阀体螺栓孔面，系统自动使用"同轴心"配合，并在图形上进行预览，如图 9-67 所示。单击✅按钮，完成同轴心配合。

选择螺栓与阀体要配合的面，系统自动使用"重合"配合，并在图形上进行预览，如图 9-68 所示。单击✅按钮，完成重合配合。

图 9-67　同轴心关系

图 9-68　重合关系

步骤 15：插入螺母并添加配合关系。

单击装配体工具栏上的"插入零部件"按钮🖐，在"插入零部件"对话框中单击"浏览"按钮，选择打开零件螺母，选择合适位置放置。

在装配体工具栏上单击"配合"按钮🔗。单击"视图"｜"临时轴"命令，选择螺母与螺栓的轴线，系统自动使用"重合"配合，并在图形上进行预览，如图 9-69 所示。单击✅按钮，完成重合配合。

选择螺母与阀体要配合的面，系统自动使用"重合"配合，并在图形上进行预览，如图 9-70 所示。单击✅按钮，完成重合配合。

图 9-69　重合关系（一）

图 9-70　重合关系（二）

步骤 16：完成剩余操作。按照步骤 14、15 完成剩余的螺栓和螺母的装配，最终结果如图 9-71 所示。

图 9-71　球阀装配体

另外，步骤 16 也可按照随配合复制或零部件阵列来完成，零部件阵列将在下节讲述，读者不妨自己预先操作。

9.4　编辑零部件

9.4.1　移动或旋转零部件

1．移动

单击"移动零部件"按钮 后，可以选择一个零部件，在图形区域中拖动零部件时，零部件在其自由度中移动，如图 9-72 所示。

图 9-72　零部件的移动

拖动时可以选择以下几种方式。

（1）自由拖动：选择零部件沿任何方向拖动。

（2）沿装配体 XYZ：选择零部件并沿装配体的 X、Y 或 Z 的方向拖动。图形区域显示坐标系以帮助确定方向。若要选择沿其拖动的轴，需要拖动前在其附近单击。

（3）沿实体：选择实体，然后选择零部件并沿该实体拖动。如果实体是一条直线、边线或轴，所移动的零部件具有一个自由度。如果实体是一个基准面或平面，所移动的零部件具有两个自由度。

（4）由三角形 XYZ：选择零部件的一点，在参数选项中输入 X、Y 和 Z 的坐标，然后单击"应用"按钮。零部件的点移动到指定的坐标位置。

注意：无法移动或旋转位置已固定或完全定义的零部件。移动零部件工具保持激活状态时，可以一个接一个地选择和移动零部件。

2．旋转

旋转和移动相似，并可以在管理器中相互切换。选择旋转性功能后，在图形区域中拖动零部件时，则零部件在其自由度内旋转，如图 9-73 所示。

另外，启动"移动零部件"命令，可以使用物资动力功能，物资动力是以现实仿真的方式查看装配体零部件运动的方法之一。启动物资动力功能后，当拖动一个零部件时，此零部件就会向其接触的零部

图 9-73　零部件的旋转

件施加作用力，并使接触的零部件在所允许的自由度范围内移动。物资动力可以在整个装配体内传递，拖动的零部件可以推动一个零部件相切运动，然后这个零部件的移动又将推动另一个零部件的移动，如此类推。

物资动力不具有动力学分析功能。它没有考虑诸如动力、摩擦力等方面的因素，也没有考虑零件间的碰撞是弹性碰撞还是非弹性碰撞。

在使用物资动力时要注意几点：

（1）物资动力依赖于碰撞检查，如果装配体中存在干涉，物资动力将无法使用。如果拖动的

零部件和其他的零件已发生干涉，干涉的零件将透明显示。在使用物资动力之前应先使用干涉检查命令查找并解决干涉问题。

（2）要使用恰当的配合关系来定义装配体，过度约束在装配体使用物资动力时，成功的可能性很小，不要依赖于物资动力来解决所有问题。

（3）在装配体存在对称配合关系时不能使用。

9.4.2 零部件阵列与镜像

在装配体中，可以根据现有零部件上的特征阵列需要的零部件的阵列。阵列在设计树中将独立显示为一个节点，在该节点下显示部件数。阵列零部件有以下三种方式：

（1）线性零部件阵列。可以指定一个或两个方向在装配体中生成零部件线性阵列，并设定阵列的数目和间距。生成方法与特征创建中的线性阵列相似，图 9-74 为圆周零部件阵列的应用实例。

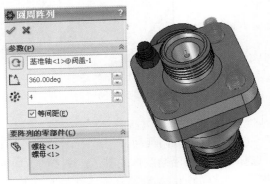

图 9-74　圆周零部件阵列

（2）圆周零部件阵列。根据一个现有部件上的阵列来生成一个零部件的圆周阵列。其操作步骤是：选择要阵列的特征，再选择一个阵列特征或者含有阵列特征的面为驱动特征，则零部件按阵列分布来创建零部件阵列。

（3）镜像零部件。通过镜像现有零部件或子装配体零部件生成新的零部件。新零部件可以是原零部件的复制或镜像。原零部件之间的配合可保存在复制或镜像的零部件中。图 9-75 是镜像零部件的一个应用实例。

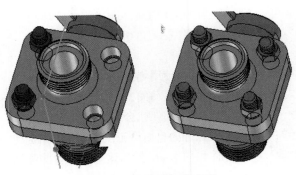

图 9-75　镜像零部件应用

复制方式不生成新文件。所复制的零部件的集合体与原零部件相同，只是零部件的方位不同。镜像方式生成了新文件。新零部件的集合体是镜像所得的，所以与原零部件不同，并且需要指定保存的文件名。

9.4.3 装配体显示控制

当装配体零部件较多时，零部件之间不容易分辨，可以通过改名零部件的颜色以便于分辨。在设计树里右击零部件名称，选择  ，选择"阀体"，如图 9-76 所示，弹出"外观"对话框，颜色部分如图 9-77 所示，单击 ✔ 按钮，完成外观设置，如图 9-78 所示。

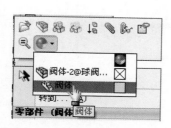

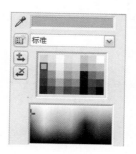

图 9-76 右键菜单选择"阀体"　　图 9-77 "外观"对话框颜色部分　　图 9-78 完成效果

装配体复杂时，观察个别零部件时可能容易被其他零部件挡住视线，为此，可以将其隐藏。选择要隐藏的零部件，单击装配体工具栏上的隐藏图标 ，即可将其隐藏，如图 9-79 所示。

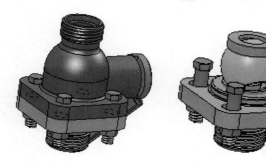

图 9-79 隐藏零部件

为了方便观察个别零部件，还可以通过改变零部件的透明度来实现。使用更改透明度命令可使零部件的透明度为 75%，也可以使零部件的透明度恢复为 0%。操作方法：选择要处理的零部件，单击装配体工具栏上的更改透明度图标 即可。

9.4.4 替换零部件

对于已经装配好的装配体，如果需要更改装配体的某一零部件，可以使用替换零部件命令。

替换零部件的步骤如下：单击装配体工具栏上的"替换"零部件图标 ，弹出"替换"零部件对话框，如图 9-80 所示。

在图形区域中选择要被"替换"的零部件，然后单击"浏览"按钮，弹出"打开"对话框，如图 9-81 所示，选择替换的零部件。一般勾选"重新附加配合"复选框，单击 ✔ 按钮，完成替换操作。一般系统会提示配合错误，所以最后要重新编辑配合关系，直到正确为止。

图 9-80 "替换"零部件对话框

如果勾选"所有实例"复选框，则装配体上的这种零件将全部被替换掉。

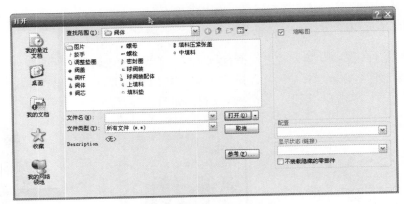

图 9-81　"打开"对话框

9.4.5　实训——编辑零部件

完成如图 9-82 所示的管接头装配体。

步骤 1：新建文件。启动 SolidWorks 2014，新建零件文件。

步骤 2：进入草图。选择前视基准面，单击 按钮。开始进行草图的绘制。利用直线 命令和智能尺寸标注 命令，绘出如图 9-83 所示的草图。

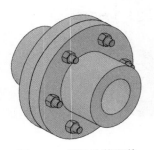

图 9-82　管接头装配体

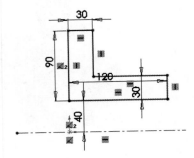

图 9-83　绘制草图

步骤 3：旋转。单击特征工具栏上的"旋转"按钮 ，弹出"选择"对话框，选择中心线作为旋转轴，其他采用默认设置，单击 按钮，完成旋转操作，如图 9-84 所示，单击 按钮，命名为管接头 1。

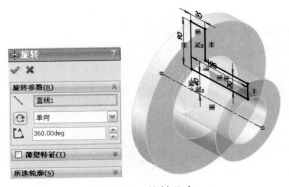

图 9-84　旋转凸台

步骤 4：绘制圆。选择如图 9-85 所示的面绘制直径为 16 的圆，如图 9-85 所示。

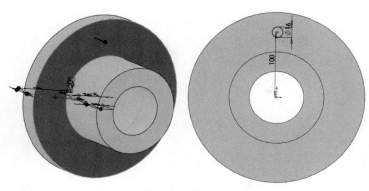

图 9-85　绘制圆

步骤 5：拉伸切除。单击特征工具栏上的"拉伸切除"按钮，终止条件选择完全贯穿，如图 9-86 所示，单击 按钮完成拉伸切除操作。

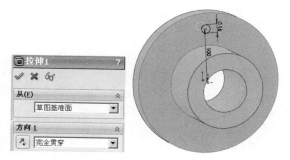

图 9-86　拉伸切除

步骤 6：阵列。单击特征工具栏上的"圆周阵列"按钮，选择中间圆孔面作为旋转中心，个数设为 6，选择步骤 5 所创建的孔作为阵列特征，如图 9-87 所示，单击 按钮完成阵列操作。

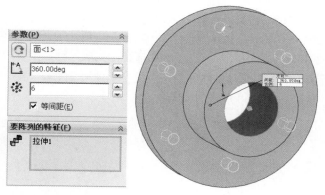

图 9-87　阵列

步骤 7：保存文件。单击"保存"按钮，弹出"保存文件"对话框，将其命名为管接头，将其保存。

步骤 8：建立装配体文件。单击工具栏上的"新建"按钮，弹出"新建 SolidWorks 文件"对话框。选择装配体选项，单击"确定"按钮，进入 SolidWorks 的装配工作界面。

步骤 9：放置第一个管接头。系统弹出开始装配体特征管理器，单击"浏览"按钮，弹出"打开"对话框，选择并打开零件管接头，如图 9-88 所示。在图形区一点放置模型，如图 9-89 所示。

图 9-88 "打开"对话框　　　　　　　图 9-89 放置管接头

步骤 10：镜像零部件。单击"插入"｜"镜像零部件"命令，弹出"镜像零部件"对话框，选择如图 9-90 所示的管接头底面作为镜像基准面，管接头作为要镜像的零部件，单击 ✓ 按钮完成镜像零部件的操作，如图 9-90 所示。

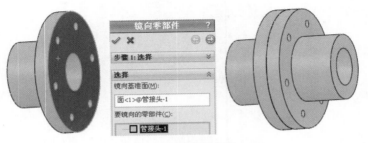

图 9-90 镜像零部件

步骤 11：插入 M16 螺栓并添加配合关系。单击装配体工具栏上的"插入零部件"按钮，在"插入零部件"对话框中单击"浏览"按钮，选择打开零件螺杆，选择合适位置放置。

在装配体工具栏上单击"配合"按钮。选择如图 9-91 所示的圆孔与螺栓表面，系统自动使用"同轴心"配合，并在图形上进行预览。单击 ✓ 按钮，完成同轴心配合。

选择如图 9-91 所示管接头的面与螺栓的面，系统自动使用"重合"配合，并在图形上进行预览，如图 9-92 所示。单击 ✓ 按钮，完成重合配合。

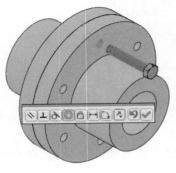

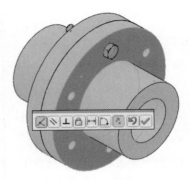

图 9-91 同心轴配合　　　　　　　图 9-92 重合配合

步骤 12：插入 M16 螺母并添加配合关系。单击装配体工具栏上的"插入零部件"按钮，在"插入零部件"对话框中单击"浏览"按钮，选择打开零件螺母，选择合适位置放置。

在装配体工具栏上单击"配合"按钮 🖇。选择如图 9-93 所示的螺栓与螺母孔面，系统自动使用"同轴心"配合，并在图形上进行预览。单击 ✅ 按钮，完成同轴心配合。

选择如图 9-93 所示螺栓与螺母的面，系统自动使用"重合"配合，并在图形上进行预览，如图 9-94 所示。单击 ✅ 按钮，完成重合配合。

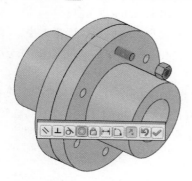

图 9-93　同轴心配合

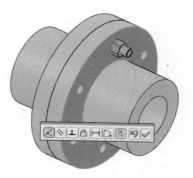

图 9-94　重合配合

步骤 13：阵列零部件。选择"插入"｜"零部件阵列"｜"圆周阵列"命令，选择如图 9-95 所示的螺栓和螺母作为阵列的零部件，管接头中间孔作为旋转参数，阵列个数设定为 6，在绘图区进行预览，如图 9-95 所示，单击 ✅ 按钮完成阵列。

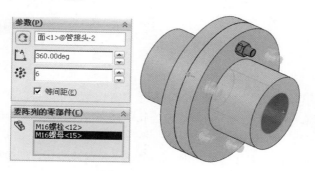

图 9-95　阵列零部件

9.5　装配体特征

9.5.1　创建孔系列特征

可使用孔系列生成一系列穿过装配体单个零件的孔。

孔系列为装配体特征，在装配体的零部件中生成孔特征。可生成新孔或使用现有孔。孔系列延伸到与孔轴相交的装配体中每个解除压缩的零部件（零部件不必相接）。可在结束零部件（位于孔系列（最后零件）PropertyManager 内）中指定孔系列的结尾。与其他装配体特征不同，孔作为外部参考特征包含在单独零件中。如果在装配体内编辑孔系列，单个零件将被修改。

欲生成孔系列，首先压缩装配体中不想被孔切除的零部件。然后单击特征工具栏上的"孔系列"图标，或单击"插入"｜"装配体特征"｜"孔"｜"孔系列"，弹出孔位置管理器，为孔系列中心选择平面上的一个位置，该位置显示为草图点。

通过选取选项卡 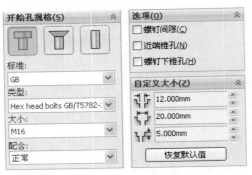（此处为小图标） 为孔系列设定管理器选项。

选项卡始终可见，可以任何顺序将之选择。

（1）孔位置。它有两个选项："生成新的孔"和"使用现有孔"。使用新孔生成孔系列，单击开始面来放置草图点。使用现有孔生成孔系列，所有孔必须具有相同类型和大小。

（2）开始孔规格选项卡如图 9-96 所示，在此选项卡里有三种孔规格可供选择，分别为柱孔、锥孔和孔，在"标准"下拉列表中可以选择 GB、ISO、BSI、DIN 等多种标准。在"类型"中主要提供了孔的螺纹类型等，在"大小"框中可以设定孔的大小，即为扣件选择大小。"配合"框中可以选择配合类型为紧密、正常或松弛。另外可以自定义孔的大小，也可以单击"恢复默认值"按钮恢复为标准孔大小。

（3）中间孔规格选项卡如图 9-97 所示，勾选"根据开始孔自动调整大小"复选框，通过选择与开始孔直径最接近的可用孔大小来设置中间孔的直径，可用的孔大小依赖于所选螺纹类型。如果更改开始孔属性管理器、开始孔规格大小，中间孔规格会自动更新以便匹配类型。

图 9-96　开始孔规格

图 9-97　中间孔规格

消除"根据开始孔自动调整大小"选项可以设定自定义孔大小，可以在"类型"下拉列表里选择钻头类型或螺钉间隙。在"大小"下拉列表中为扣件选择大小。在"配合"下拉列表中为扣件选择配合类型为紧密、正常、松弛。

（4）结尾孔规格选项卡如图 9-98 所示。勾选"根据开始孔自动调整大小"复选框可通过选择与开始孔直径最接近的可用孔大小来设置结尾孔的直径。可用的孔大小依赖于所选螺纹类型。如果更改最初零件 PropertyManager、开始孔规格大小，结尾孔规格会自动更新以便匹配。

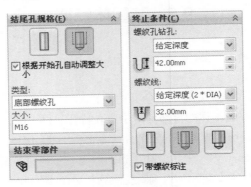

图 9-98　结尾孔规格

消除"根据开始孔自动调整大小"选项以使用自定义大小调整，可以在"类型"下拉列表里选择钻头类型或螺纹孔。在"大小"下拉列表里为扣件选择大小。

"结束零部件"会根据孔类型而有所不同。"螺纹孔钻孔"的类型包括给定深度、完全贯穿、成形到曲面、到离指定面指定的距离。根据条件和孔类型可以设置其终止条件，螺纹线的终止条件则只有"给定深度"选项。

（5）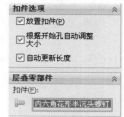智能扣件选项卡如图 9-99 所示，将智能扣件插入到孔系列中。该选项卡只在安装并启用了 SolidWorks Toolbox 时才可供使用。勾选"根据开始孔自动调整大小"复选框，则可以根据开始孔自动设置智能扣件的大小，勾选"自动更新长度"复选框，在孔直径改变时自动更新扣件大小。

如果在生成孔系列后在开始和结尾零部件之间添加新零部件，可选择在孔系列中包括新零部件。必须编辑孔系列以将之更新。

图 9-99　智能扣件选项卡

每个零部件中每个孔的深度从零部件的进入面到零部件中的孔结尾进行测量。所显示的深度代表每个零部件中孔的实际深度，从而产生精确的生产工程图。

孔系列预览指定孔系列的单独部件。智能扣件零部件也高亮显示。例如，当焦点位于最后零件标签上时，最后零件会在图形区域中高亮显示。

除非每个实例为零件的单独配置，不能将孔系列使用到包含同一零件的多个实例的装配体零部件中。

不能在单个零件中编辑孔系列孔的参数（除非解除派生特征）。但是，可以将孔删除或压缩。若想根据装配体编辑孔的参数，请回到装配体，然后编辑孔系列。

如果在单个零件中解除派生孔系列孔，此孔将成为一异型孔向导孔，与装配体没有参考关系。

不能生成包含可影响到不同层叠零部件的孔的孔系列特征。例如，需要有两个单独孔系列特征才可定义此装配体中的孔。

图 9-100 为孔系列的一个应用实例。

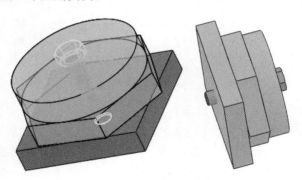

图 9-100　孔系列特征

9.5.2　创建异型孔特征

使用异型孔向导可以创建包括柱孔、锥孔、孔、管螺纹孔、旧制孔等多种类型的孔，并可以选择标准进行孔的创建。

单击异型孔向导图标 ，系统弹出图 9-101 所示的对话框，分为"孔类型"和"孔位置"两个选项卡。

（1）孔类型：可以选择一种孔类型，并可以选择标准与类型，可以快速地按照相应的标准尺寸来创建孔。孔类型不同，可以选择的标准也不同。

（2）孔规格：指定孔的大小及相关尺寸。

图 9-101　异型孔向导

（3）终止条件：设置深度或者使用完全贯穿方式，也可以使用其他方式，与拉伸特征中的终止添加相同。

（4）选项：可以针对孔类型进行设置，如可以添加近端锥孔或远端锥孔。

（5）特征范围：有"所有零部件"和"所选零部件"两个单选按钮。选择"所有零部件"单选按钮，孔将贯穿所有可以穿过的零部件；选择"所选零部件"单选项，取消勾选"自动选择"复选框，可以自定义需要创建孔的零部件。

（6）位置：在图形上选择点，并使用添加几何关系或者标注尺寸的方法来定位孔的位置。

图 9-102 为选择"所有零部件"的异型孔向导的一个应用实例。

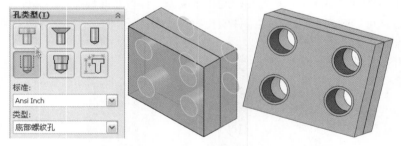

图 9-102　异型孔向导应用实例

注意以下有关在使用异型孔向导孔时面的预选择和后选择：

（1）当预选一个平面，然后单击特征工具栏上的异型孔向导 🔘 时，所产生的草图为 2D 草图。

（2）如果先单击异型孔向导 🔘 ，然后选择一个平面或非平面，所产生的草图为 3D 草图。与 2D 草图不一样，不能将 3D 草图约束到直线。然而，可以将 3D 草图约束到面。

9.5.3　创建简单直孔特征

钻孔在模型上生成各种类型的孔特征。在平面上放置孔并设定深度可以快速创建孔。创建孔在选择平面时的选择点上创建，如果需要指定位置，可以在模型或设计树中，用鼠标右键单击孔特征并选择"编辑草图"命令，添加尺寸以定义孔的位置，退出草图后调整到指定位置即可。

简单直孔相当于以草图为圆的一个拉伸切除特征，单击"简单直孔"图标 🔘 ，弹出如图 9-103 所示的对话框，其终止条件和拉伸切除特征相同，"特征范围"组框中的选项有"所有零部件"单选按钮和"所选零部件"单选按钮。选择"所有零部件"单选按钮，孔将贯穿所有可以穿过的零部件；选择"所选零部件"单选按钮，取消勾选"自动选择"复选框，可以自定义需要创建孔的零部件。图 9-104 就是简单直孔的一个简单应用。

图 9-103　简单直孔对话框

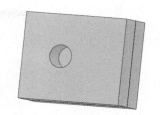

图 9-104　简单直孔应用实例

9.5.4　创建拉伸切除特征

单击"拉伸切除"按钮，根据系统提示选择一基准面或一平面来绘制特征横断面，绘制完草图后单击右上角的按钮，完成草图绘制，系统弹出"拉伸切除"对话框，其基本设置和零件环境中是一样的，如终止条件和拉伸切除方向等，只是多了"特征范围"选项。"特征范围"选项包含"所有零部件"和"所选零部件"两个单选按钮。选择"所有零部件"单选按钮，孔将贯穿所有可以穿过的零部件；选择"所选零部件"单选按钮，取消勾选"自动选择"复选框，可以自定义需要创建孔的零部件，设置好之后单击按钮，完成拉伸切除操作，如图 9-105 所示。

图 9-105　拉伸切除

9.5.5　创建旋转切除特征

单击"旋转切除"按钮，根据系统提示选择一基准面或一平面来绘制特征横断面，绘制完草图后单击右上角的按钮，完成草图绘制，系统弹出"旋转切除"对话框，其基本设置和零件环境中是一样的，如选择旋转轴和旋转角度等，只是多了"特征范围"选项。"特征范围"选项包含"所有零部件"和"所选零部件"两个单选按钮。选择"所有零部件"单选按钮，孔将贯穿所有可以穿过的零部件；选择"所选零部件"单选按钮，取消勾选"自动选择"复选框，可以自定义需要创建孔的零部件，设置好之后单击按钮，完成旋转切除操作，如图 9-106 所示。

图 9-106　旋转切除对话框

9.5.6 实训——装配体特征

在装配体环境中完成如图 9-107 所示的孔的创建。

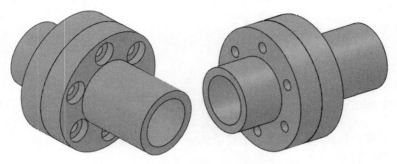

图 9-107   创建孔的应用实例

步骤 1：新建零件文件。单击"新建"按钮 📄，弹出"新建零部件"对话框，选择"选择"按钮 🗔，进入零件设计界面。单击"保存"按钮 🖫，将其保存为名称为孔创建实例的零件。

步骤 2：绘制草图。选择前视基准面，绘制如图 9-108 所示的草图。

步骤 3：旋转。单击特征工具栏上的"旋转凸台"按钮 ⊕，弹出"选择"对话框，选择中心线作为旋转轴，其他采用默认设置，单击 ✔ 按钮，完成旋转操作，如图 9-109 所示，单击 🖫 按钮，命名为管接头 1。

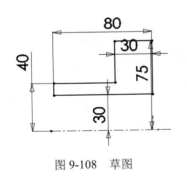

图 9-108   草图

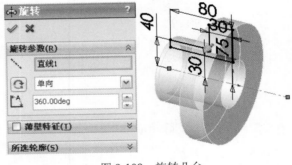

图 9-109   旋转凸台

步骤 4：另存为零部件。打开刚才的零部件，单击"文件"｜"另存为"命令，将其另存为法兰 2。

步骤 5：编辑零部件。右击旋转 1，选择"编辑草图"按钮 🖉，将尺寸更改为如图 9-110 所示的尺寸，单击 🖧 按钮退出草图编辑。

步骤 6：将零件导入装配体。单击"新建"按钮 📄，弹出"新建零部件"对话框，选择"选择"按钮 🗔，进入装配体设计界面。在"开始装配体"对话框里单击"浏览"按钮，弹出"打开"对话框，选择管接头 1，单击"打开"按钮，在图形区域中的合适位置单击，即可将其导入装配体。

单击装配体工具栏上的"插入零部件"按钮 🖋，导入管接头 2，选择合适位置放置。

选择如图 9-110 所示的两零件的面，系统自动使用"重合"配合，并在图形上进行预览，如图 9-111 所示。单击 ✔ 按钮，完成重合配合。

选择两零件外表面，系统自动使用"同轴心"配合，并在图形上进行预览，如图 9-112 所示。单击 ✔ 按钮，完成同轴心配合。

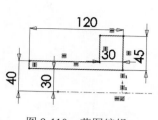

图 9-110　草图编辑

图 9-111　重合配合

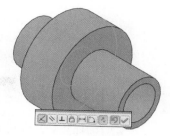

图 9-112　同轴心配合

步骤 7：创建柱孔。单击"异型孔向导"按钮 ，打开其对话框进行设置，"特征范围"选择"所有零部件"，利用智能尺寸命令对孔位置进行定位，如图 9-113 所示，单击"确定"按钮即可。

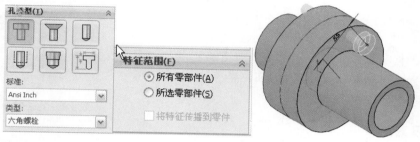

图 9-113　创建柱孔

步骤 8：孔阵列。单击特征工具栏上的"圆周阵列"按钮 ，弹出"圆周阵列"对话框。选择圆周孔面作为旋转参数，阵列个数设为 8，选择异型孔作为阵列特征，单击 按钮，完成阵列操作，如图 9-114 所示。最终效果如图 9-115 所示。

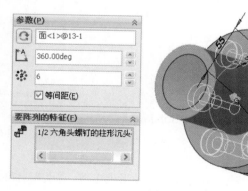

图 9-114　孔阵列

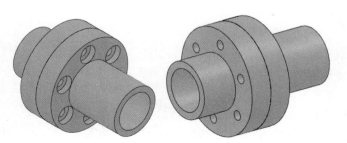

图 9-115　最终结果

9.6　装配检查

9.6.1　干涉检查

干涉检查的任务是发现装配体中静态零部件之间的干涉。该命令用于选择一系列零部件寻找它们之间的干涉，并且对干涉进行图解表示。干涉部分将在检查结果的列表中成对显示。个别干涉可以忽略。

利用"干涉检查"命令可以发现装配体中零部件之间的干涉和碰撞。它可以用来对装配体中的所有零部件或个别零部件进行检查。

单击装配体工具栏上的"干涉检查"按钮 ，弹出如图 9-116 所示的对话框，单击"计算"按钮，显示干涉结果，可以根据不同的结果采取不同的处理。

图 9-116　"干涉检查"对话框

9.6.2　孔对齐

孔对齐的任务是发现装配体中轴孔零部件之间的装配中心误差。它可以用来对装配体中的所有零部件或个别零部件进行检查。

单击装配体工具栏上的"孔对齐检查"按钮 ，弹出如图 9-117 所示的对话框，单击"计算"按钮，显示孔对齐结果，可以根据不同的结果采取不同的处理。

9.6.3　测量距离

单击"智能尺寸"命令 ，可以同在零件中一样测量距离，也可双击特征，然后再双击尺寸，可以对其修改。SolidWorks 在装配体或工程图中使用同样的零件，因此如果在一个地方改变它，那么其他所有地方都会改变。

图 9-117　"孔对齐"对话框

如果在设计树中或在图形区域双击特征，尺寸只会在图形上出现。在装配体环境下修改零部件的尺寸重建模型时不仅零部件重建，而且装配体也会更新。

9.6.4　计算质量

在装配体中可以计算质量特性，必须记住：装配体中每个零部件的材料属性是在零件的材质中单独设置的。材料属性可以通过编辑材料命令进行设置。操作步骤如下。

步骤 1：打开球阀装配体。

步骤 2：在工具栏上单击"质量特性"按钮 。

步骤 3：计算结果。系统将对装配体进行计算，并在"质量特性"对话框中显示计算结果。系统还会显示出主轴的临时图形，可以单击"选项"按钮来改变计算单位，如图 9-118 所示。

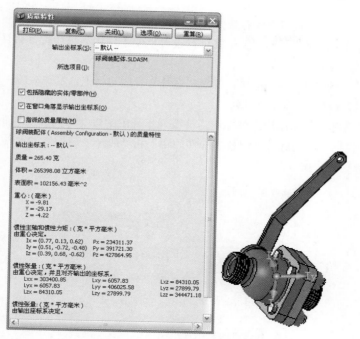

图 9-118 "质量特性"对话框

9.6.5 AssemblyXpert（装配报表）

装配报表的任务是统计装配体中总零部件数、实体数等。单击装配体工具栏上的 AssemblyXpert 按钮 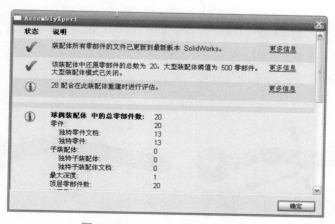，弹出如图 9-119 所示的 AssemblyXpert 对话框。

图 9-119 AssemblyXpert 对话框

9.7 爆炸视图

9.7.1 创建爆炸视图

在 SolidWorks 中通过自动爆炸或一个零部件一个零部件地爆炸来形成装配体的爆炸视图。装配体可在正常视图和爆炸视图之间切换。创建爆炸视图后，可以对其进行编辑，还可以将其引入二维工程图中，并可以在激活状态下保存爆炸视图。

在创建爆炸视图前，需要对其相关步骤进行设置以便于使用。一般爆炸视图的操作步骤如下。

步骤 1：打开球阀装配体文件。

步骤 2：单击"爆炸视图"按钮 ，弹出"爆炸"视图对话框。爆炸视图中列出了所创建的每一个爆炸步骤，可以单独移动每个零部件。

"设定"组框列出了要爆炸的零部件在当前爆炸步骤中的爆炸方向和爆炸距离。

"选项"组框包括"拖动后自动调整零部件间距"和"选择子装配体的零件"两个复选框，如图 9-120 所示。

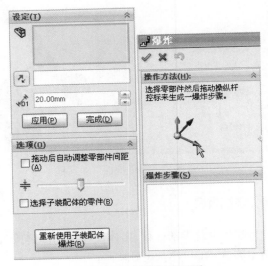

图 9-120　插入爆炸视图

可以沿着一个方向或多个方向移动一个或多个零部件。一个或多个零部件在单方向上的每一次移动都被认为是一步。选择零件后，显示一个移动操纵杆，拖动任意一个箭头，即可使该零件沿箭头方向移动。如果移动操纵杆的轴没有指向所要求的方向，可以移动它调整到所要求的方向。拖动移动操纵杆的原点，并把它放置在模型边、轴或平面上以进行重新定位，如图 9-121 所示。

图 9-121　移动操纵杆

当爆炸多个零件时，最后选择的零部件确定了移动操纵杆的方向。装配体中含有子装配体时，当子装配体爆炸存在时，它可以添加到当前爆炸视图中。

9.7.2　编辑爆炸视图

对于已经爆炸好的视图，当需要编辑时，单击"爆炸视图"命令 ，弹出"爆炸"视图对话框，在爆炸视图对话框中选择要编辑的步骤，右击选择"编辑步骤"命令，对"设定"列表框中重新进行设置，然后单击"完成"按钮即可，如图 9-122 所示。

图 9-122　编辑爆炸视图

9.7.3　创建爆炸直线草图

使用爆炸直线命令,可以创建爆炸视图的爆炸路径;利用一种叫做爆炸直线草图的 3D 草图来绘制和显示爆炸视图的爆炸线;使用爆炸直线草图和转折线工具来创建和修改爆炸直线。爆炸直线可以添加到爆炸直线草图中,以表示装配体中零件的爆炸路径。

利用爆炸直线草图命令,可以在爆炸视图中半自动地绘制爆炸线。选择装配体中的实体,如面、边线或顶点,系统将根据所选择的实体绘制爆炸线。实现的方法有:单击装配体工具栏上的"爆炸直线草图"按钮 或从"插入"菜单中选择"爆炸直线草图"命令创建 3D 草图,选择零件边线等部位,便可以在多个零部件之间绘制爆炸线,如图 9-123 所示,选项中使用不同的组合可以得到不同的结果。

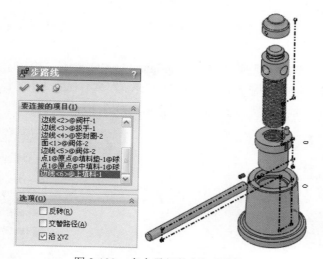

图 9-123　多个零部件之间的爆炸线

转折线用于打断一条直线,并创建一系列相互间成 90°的直线。转折线将自动添加与初始直线垂直和平行的约束,如图 9-124 所示。操作方法有:单击爆炸草图工具栏上的"转折线"命令 或从菜单中选择"插入"|"草图工具"|"转折线"命令。

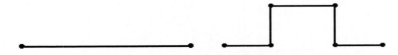

图 9-124　使用转折线前后

9.7.4　编辑爆炸直线草图

移动光标到直线上，会出现一个粉红色小箭头，通过拖动小箭头，可以沿指定方向单独移动某条线段的位置，如图 9-125 所示。也可单击爆炸直线末端的 3D 小箭头，以反转爆炸直线的方向，右键单击并选择确定。

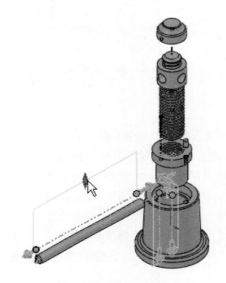

图 9-125　编辑爆炸直线

9.7.5　爆炸视图控制

在爆炸视图状态时，单击 按钮切换到 ConfigurationManager，右键单击"爆炸视图 1"，可以选择"解除爆炸"以还原到模型状态，如图 9-126 所示。在模型视图状态时，右键单击灰色的"爆炸视图 1"，选择"爆炸"即可重新回到爆炸视图状态，如图 9-127 所示。

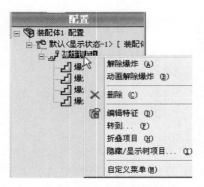

图 9-126　解除爆炸

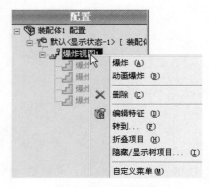

图 9-127　重新爆炸

9.8 综合实训

9.8.1 实训 1——完成千斤顶的装配

完成附录 A 千斤顶的装配，并生成爆炸视图，如图 9-128 所示。

步骤 1：单击工具栏上"新建"按钮 ，系统弹出"新建 SolidWorks 文件"对话框。选择"装配体"选项 ，单击"确定"按钮，进入 SolidWorks 的装配工作界面。

步骤 2：放置第一个零件底座。

系统弹出"开始装配体特征管理器"，单击"浏览"按钮，弹出"打开"对话框，选择并打开零件阀体，如图 9-129 所示。

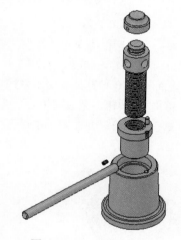

图 9-128 千斤顶爆炸图

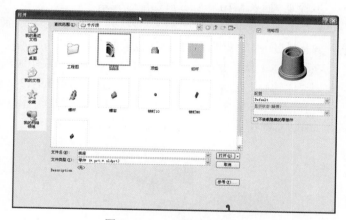

图 9-129 "打开"对话框

在图形区一点放置模型，如图 9-130 所示。

步骤 3：插入螺套并添加配合关系。

单击装配体工具栏上的"插入零部件"按钮 ，在"插入零部件"对话框中单击"浏览"按钮，选择打开零件螺套，选择合适位置放置。

在装配体工具栏上单击"配合"按钮 。选择底座内孔表面与螺套外表面，系统自动使用"同轴心"配合，并在图形上进行预览，如图 9-131 所示。单击 按钮，完成同轴心配合。

图 9-130 放置底座

图 9-131 同轴心配合

选择如图 9-131 所示底座和螺套上的上表面，系统自动使用"重合"配合，并在图形上进行预览，如图 9-132 所示。单击 ✅ 按钮，完成重合配合。

选择底座与螺套半螺纹孔内表面，系统自动使用"同轴心"配合，并在图形上进行预览，如图 9-133 所示。单击 ✅ 按钮，完成同轴心配合。

图 9-132　重合配合

图 9-133　同轴心配合

步骤 4：插入 M10 螺钉并添加配合关系。

单击装配体工具栏上的"插入零部件"按钮 🗒，在"插入零部件"对话框中单击"浏览"按钮，选择打开 M10 螺钉，选择合适位置放置。

在装配体工具栏上单击"配合"按钮 ✎。选择底座螺纹孔内表面与 N10 螺钉外表面，系统自动使用"同轴心"配合，并在图形上进行预览，如图 9-134 所示。单击 ✅ 按钮，完成同轴心配合。

选择如图 9-134 所示底座和螺钉上的上表面，系统自动使用"重合"配合，并在图形上进行预览，如图 9-135 所示。单击 ✅ 按钮，完成重合配合。

图 9-134　同轴心配合

图 9-135　重合配合

步骤 5：插入螺杆并添加配合关系。

单击装配体工具栏上的"插入零部件"按钮 🗒，在"插入零部件"对话框中单击"浏览"按钮，选择打开螺杆，选择合适位置放置。

在装配体工具栏上单击"配合"按钮 ✎，选择机械配合里的螺旋配合，设置距离/圈数为 2。选择底座螺旋孔内表面与螺杆螺旋外表面，并在图形上进行预览，如图 9-136 所示。单击 ✅ 按钮，完成螺旋配合。

选择如图 9-136 所示底座和螺杆上要配合的面，系统自动使用"重合"配合，并在图形上进行预览，如图 9-137 所示；单击 ✅ 按钮，完成重合配合。

步骤 6：插入顶垫并添加配合关系。

单击装配体工具栏上的"插入零部件"按钮 🗒，在"插入零部件"对话框中单击"浏览"按钮，选择打开螺杆，选择合适位置放置。

在装配体工具栏上单击"配合"按钮 ✎，选择螺杆与顶垫螺纹表面，系统自动使用"同轴心"配合，并在图形上进行预览，如图 9-138 所示。单击 ✅ 按钮，完成同轴心配合。

图 9-136　螺旋配合

图 9-137　重合配合

选择如图 9-138 所示顶垫侧孔表面和螺杆上半螺纹孔表面，系统自动使用"同轴心"配合，并在图形上进行预览，如图 9-139 所示；单击 ✔ 按钮，完成同轴心配合。

图 9-138　同轴心配合（一）

图 9-139　同轴心配合（二）

步骤 7：插入 M8 螺钉并添加配合关系。

单击装配体工具栏上的"插入零部件"按钮 🖼，在"插入零部件"对话框中单击"浏览"按钮，选择打开 M8 螺钉，选择合适位置放置。

在装配体工具栏上单击"配合"按钮 🖇，选择顶垫侧孔与 M8 螺钉螺纹表面，系统自动使用"同轴心"配合，并在图形上进行预览，如图 9-140 所示。单击 ✔ 按钮，完成同轴心配合。

选择如图 9-140 所示顶垫外表面和螺钉外表面，系统自动使用"相切"配合，并在图形上进行预览，如图 9-141 所示；单击 ✔ 按钮，完成相切配合。

图 9-140　同轴心配合

图 9-141　相切配合

步骤 8：插入绞杆并添加配合关系。

单击装配体工具栏上的"插入零部件"按钮 🖼，在"插入零部件"对话框中单击"浏览"按钮，选择打开绞杆，选择合适位置放置。

在装配体工具栏上单击"配合"按钮 🖇，选择螺杆侧孔表面与绞杆圆柱面表面，系统自动使用"同轴心"配合，并在图形上进行预览，如图 9-142 所示。单击 ✔ 按钮，完成同轴心配合。至此完成了千斤顶的装配。

拖动绞杆旋转，螺杆在跟着旋转的同时也产生了升降运动，这也是千斤顶的工作原理，如图 9-143 所示。

图 9-142　同心配合

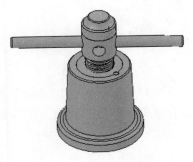

图 9-143　拖动螺杆旋转

步骤 9：添加爆炸视图。选择"插入"｜"爆炸视图"命令，弹出爆炸管理器。

下面按照千斤顶正常拆卸的过程爆炸装配体。

步骤 1：选择绞杆，可以拖动操纵杆来实现零部件的爆炸步骤，如图 9-144 所示，也可以在爆炸管理器中设置爆炸方向和距离。

图 9-144　爆炸绞杆

步骤 2：选择 M8 螺钉，拖动操纵杆来实现零部件的爆炸，如图 9-145 所示。

步骤 3：选择顶垫，拖动操纵杆来实现零部件的爆炸，如图 9-146 所示。

图 9-145　爆炸 M8 螺钉

图 9-146　爆炸顶垫

步骤4：选择螺杆，拖动操纵杆来实现零部件的爆炸，如图9-147所示。

步骤5：选择M10螺钉，拖动操纵杆来实现零部件的爆炸，如图9-148所示。

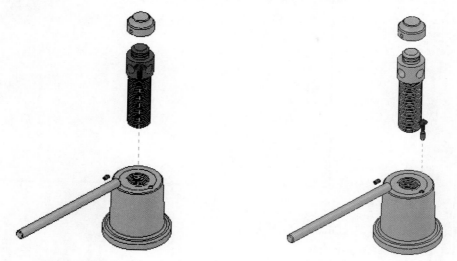

图9-147 爆炸螺杆	图9-148 爆炸M10螺钉

步骤6：选择螺套，拖动操纵杆来实现零部件的爆炸，如图9-149所示。

在特征管理器中单击Configuration Manager按钮，右击默认配置，选择"显示配置"，即可回到原来的模型，如图9-150所示。也可以通过右击"爆炸视图配置"下一层的"爆炸视图1"，选择"解除爆炸"命令回到原来的模型。

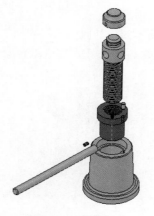

图9-149 爆炸螺套	图9-150 千斤顶模型

9.8.2 实训2——安全阀的装配

完成附录G安全阀的装配，并生成爆炸视图，如图9-151所示。

步骤1：单击工具栏上"新建"按钮 🗋 ，系统弹出"新建SolidWorks文件"对话框。选择"装配体"选项 🗐 ，单击"确定"按钮，进入SolidWorks的装配工作界面。

步骤2：放置第一个零件底座。

系统弹出开始装配体特征管理器，单击"浏览"按钮，弹出"打开"对话框，选择并打开零件阀体，如图9-152所示。

图 9-151　安全阀爆炸图

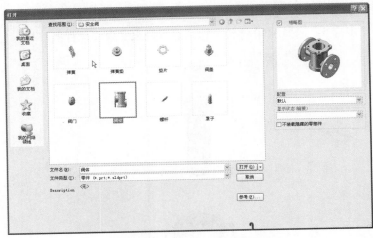

图 9-152　"打开"对话框

在图形区一点放置模型,如图 9-153 所示。

步骤 3:插入阀门并添加配合关系。

单击装配体工具栏上的"插入零部件"按钮💷,在"插入零部件"对话框中单击"浏览"按钮,选择打开零件阀门,选择合适位置放置。

单击装配体工具栏上"配合"按钮🖉,选择阀体内孔表面与阀门外表面,系统自动使用"同轴心"配合,并在图形上进行预览,如图 9-154 所示。单击✓按钮,完成同轴心配合。

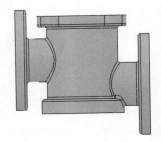

图 9-153　放置阀体

选择前视基准面,单击"剖视图"按钮📷进行剖视,拖动阀门。在装配体工具栏上单击"配合"按钮🖉,选择如图 9-154 所示阀体与阀门的斜表面,系统自动使用"重合"配合,并在图形上进行预览,如图 9-155 所示。单击✓按钮,完成重合配合。

图 9-154　同轴心配合

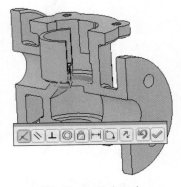

图 9-155　重合配合

步骤 4:插入弹簧并添加配合关系。

单击装配体工具栏上的"插入零部件"按钮💷,在"插入零部件"对话框中单击"浏览"按钮,选择打开零件弹簧,选择合适位置放置。

单击装配体工具栏上"配合"按钮🖉,选择阀体内孔表面与弹簧辅助草图 4,系统自动使用"同轴心"配合,并在图形上进行预览,如图 9-156 所示。单击✓按钮,完成同轴心配合。

选择如图 9-156 所示阀体面与弹簧的磨平面,系统自动使用"重合"配合,并在图形上进行预览，如图 9-157 所示。单击 ✓ 按钮，完成重合配合。

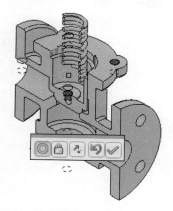

图 9-156　同心配合

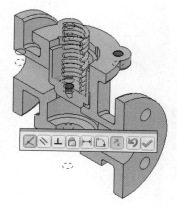

图 9-157　重合配合

步骤 5：插入垫片并添加配合关系。

单击装配体工具栏上的"插入零部件"按钮，在"插入零部件"对话框中单击"浏览"按钮，选择打开零件垫片，选择合适位置放置。

单击 按钮，退出剖视图，在装配体工具栏上单击"配合"按钮 。选择如图 9-158 所示的阀体与垫片的表面，系统自动使用"同轴心"配合，并在图形上进行预览，如图 9-158 所示。单击 ✓ 按钮，完成同轴心配合。

选择如图 9-158 所示阀体与垫片表面，系统自动使用"同心"配合，并在图形上进行预览，如图 9-159 所示。单击 ✓ 按钮，完成同心配合。

选择如图 9-159 所示阀体与垫片表面，系统自动使用"重合"配合，并在图形上进行预览，如图 9-160 所示。单击 ✓ 按钮，完成重合配合。

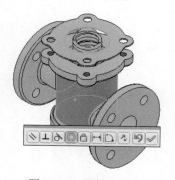

图 9-158　同轴心配合

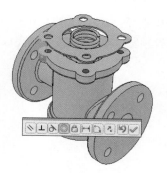

图 9-159　同心配合

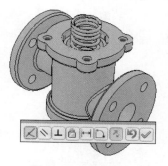

图 9-160　重合配合

步骤 6：插入阀盖并添加配合关系。

单击装配体工具栏上的"插入零部件"按钮，在"插入零部件"对话框中单击"浏览"按钮，选择打开零件阀盖，选择合适位置放置。

单击装配体工具栏上"配合"按钮 。选择如图 9-161 所示的阀体与阀盖的表面，系统自动使用"同轴心"配合，并在图形上进行预览。单击 ✓ 按钮，完成同轴心配合。

选择如图 9-161 所示阀体与阀盖表面，系统自动使用"同轴心"配合，并在图形上进行预览，如图 9-162 所示。单击 ✓ 按钮，完成同轴心配合。

选择如图 9-162 所示垫片与阀盖表面，系统自动使用"重合"配合，并在图形上进行预览，如

图 9-163 所示。单击 ✓ 按钮，完成重合配合。

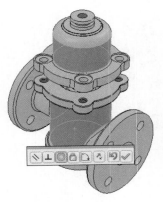

图 9-161　同轴心配合

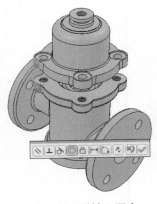

图 9-162　同轴心配合

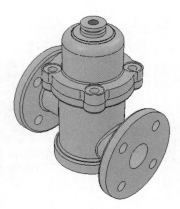

图 9-163　重合配合

步骤 7：插入弹簧垫并添加配合关系。

单击装配体工具栏上的"插入零部件"按钮 ，在"插入零部件"对话框中单击"浏览"按钮，选择打开零件弹簧垫，选择合适位置放置。

选择前视基准面，单击"剖视图"按钮 进行剖视，在装配体工具栏上单击"配合"按钮 。选择如图 9-164 所示的阀体与弹簧垫的表面，系统自动使用"同轴心"配合，并在图形上进行预览。单击 ✓ 按钮，完成同轴心配合。

选择如图 9-165 所示弹簧垫的面与弹簧磨平面，系统自动使用"重合"配合，并在图形上进行预览。单击 ✓ 按钮，完成重合配合。

步骤 8：插入螺杆并添加配合关系。

单击装配体工具栏上的"插入零部件"按钮 ，在"插入零部件"对话框中单击"浏览"按钮，选择打开零件螺杆，选择合适位置放置。

单击装配体工具栏上"配合"按钮 。选择如图 9-166 所示的阀体与螺杆表面，系统自动使用"同轴心"配合，并在图形上进行预览。单击 ✓ 按钮，完成同轴心配合。

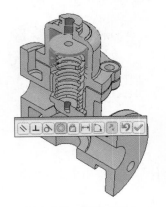

图 9-164　同轴心配合

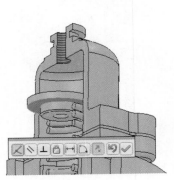

图 9-165　重合配合

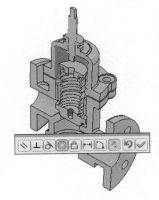

图 9-166　同轴心配合

选择如图 9-167 所示弹簧垫的面与螺杆的面，系统自动使用"重合"配合，并在图形上进行预览。单击 ✓ 按钮，完成重合配合。

步骤 9：插入螺柱并添加配合关系。

单击 按钮，退出剖视图，单击装配体工具栏上的"插入零部件"按钮 ，在"插入零部件"

对话框中单击"浏览"按钮，选择打开零件螺柱，选择合适位置放置。

　　单击装配体工具栏上"配合"按钮 🖉。选择如图 9-168 所示的阀盖与螺柱表面，系统自动使用"同轴心"配合，并在图形上进行预览。单击 ✅ 按钮，完成同轴心配合。

　　选择如图 9-169 所示阀体与螺柱的面，系统自动使用"重合"配合，并在图形上进行预览。单击 ✅ 按钮，完成重合配合。

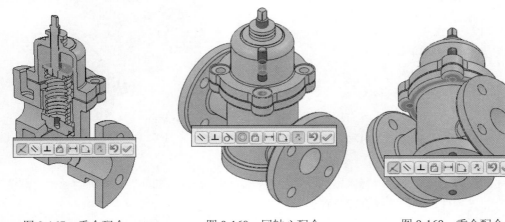

图 9-167　重合配合　　　　　图 9-168　同轴心配合　　　　　图 9-169　重合配合

　　步骤 10：插入螺母并添加配合关系。

　　单击装配体工具栏上的"插入零部件"按钮 🖱，在"插入零部件"对话框中单击"浏览"按钮，选择打开零件螺母，选择合适位置放置。

　　单击装配体工具栏上"配合"按钮 🖉。选择如图 9-170 所示的螺母孔面与螺柱表面，系统自动使用"同轴心"配合，并在图形上进行预览。单击 ✅ 按钮，完成同轴心配合。

　　选择如图 9-171 所示阀盖与螺母的面，系统自动使用"重合"配合，并在图形上进行预览。单击 ✅ 按钮，完成重合配合。

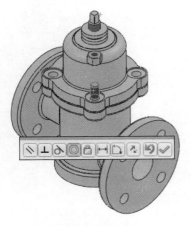
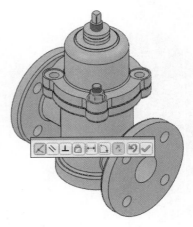

图 9-170　同轴心配合　　　　　　　　　　图 9-171　重合配合

　　步骤 11：阵列零部件。

　　选择"插入"｜"零部件阵列"｜"圆周阵列"命令，弹出"圆周零部件阵列"管理器，选择要阵列的螺柱和螺母，选择"视图"｜"临时轴"命令，系统显示出所有的圆柱、圆孔的基准轴，选择阀盖的基准轴作为阵列轴，将实例数设定为 4，如图 9-172 所示，单击 ✅ 按钮，完成的阵列效果如图 9-173 所示。

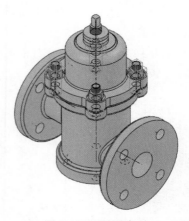

图 9-172　参数设定　　　　　　　　　图 9-173　圆周阵列

步骤 12：插入罩子并添加配合关系。

单击装配体工具栏上的"插入零部件"按钮，在"插入零部件"对话框中单击"浏览"按钮，选择打开零件罩子，选择合适位置放置。

单击装配体工具栏上"配合"图标。选择如图 9-174 所示的阀体与罩子表面，系统自动使用"同轴心"配合，并在图形上进行预览。单击按钮，完成同轴心配合。

选择如图 9-175 所示的阀盖与罩子的面，系统自动使用"重合"配合，并在图形上进行预览。单击按钮，完成重合配合。

选择如图 9-176 所示阀体侧孔表面与罩侧孔表面，使用"平行"配合，并在图形上进行预览。单击按钮，完成平行配合。

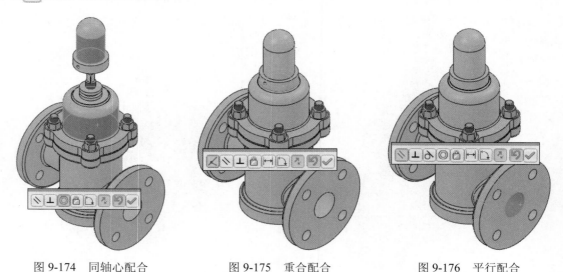

图 9-174　同轴心配合　　　　　图 9-175　重合配合　　　　　图 9-176　平行配合

步骤 13：插入紧定螺钉并添加配合关系。

单击装配体工具栏上的"插入零部件"按钮，在"插入零部件"对话框中单击"浏览"按钮，选择打开零件紧定螺钉，选择合适位置放置。

单击装配体工具栏上"配合"按钮。选择如图 9-177 所示的紧定螺钉与罩侧孔表面，系统自动使用"同轴心"配合，并在图形上进行预览。单击按钮，完成同轴心配合。

选择如图 9-178 所示罩子表面与罩侧孔表面，系统自动使用"相切"配合，并在图形上进行预览。单击 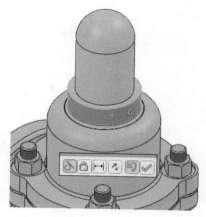 按钮，完成相切配合。

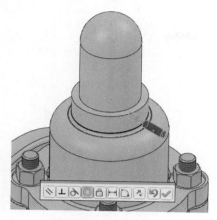

图 9-177　同轴心配合

图 9-178　相切配合

步骤 14：添加爆炸视图。选择"插入"｜"零部件阵列"｜"圆周阵列"命令，弹出爆炸管理器。

下面按照安全阀正常拆卸的过程爆炸装配体。

步骤 1：选择紧定螺钉，可以拖动操纵杆来实现零部件的爆炸，如图 9-179 所示，也可以在爆炸管理器中设置爆炸方向和距离。

步骤 2：选择罩子，拖动操纵杆实现零部件的爆炸，如图 9-180 所示。

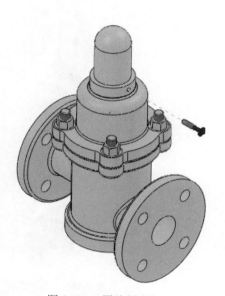

图 9-179　爆炸紧定螺钉

图 9-180　爆炸罩子

步骤 3：选择四个螺母，拖动操纵杆来实现零部件的爆炸，如图 9-181 所示。

步骤 4：选择四个螺柱，拖动操纵杆来实现零部件的爆炸，如图 9-182 所示。

步骤 5：选择阀盖，拖动操纵杆来实现零部件的爆炸，如图 9-183 所示。

步骤 6：选择阀垫，拖动操纵杆来实现零部件的爆炸，如图 9-184 所示。

步骤 7：选择螺杆，拖动操纵杆来实现零部件的爆炸，如图 9-185 所示。

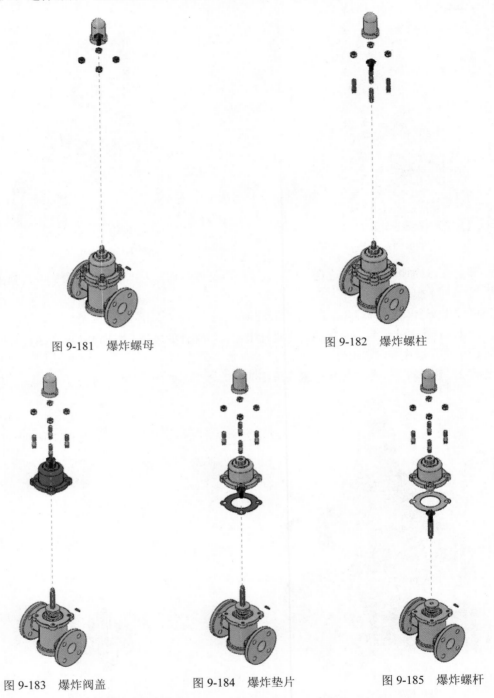

图 9-181   爆炸螺母

图 9-182   爆炸螺柱

图 9-183   爆炸阀盖   图 9-184   爆炸垫片   图 9-185   爆炸螺杆

步骤 8：选择弹簧垫，拖动操纵杆来实现零部件的爆炸，如图 9-186 所示。

步骤 9：选择弹簧，拖动操纵杆来实现零部件的爆炸，如图 9-187 所示。

步骤 10：选择阀门，拖动操纵杆来实现零部件的爆炸，如图 9-188 所示。

在特征管理器中单击 Configuration Manager 按钮，如图 9-189 所示，右击爆炸视图，选择"解除爆炸"命令即可回到原来的模型状态，如图 9-190 所示。

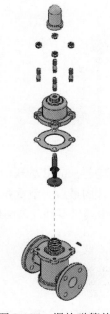

图 9-186　爆炸弹簧垫

图 9-187　爆炸弹簧

图 9-188　爆炸阀门

图 9-189　Configuration Manager

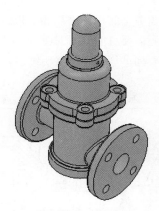

图 9-190　安全阀

习题 9

1. 完成附录 B 轴承座的装配。
2. 完成附录 C 虎钳的装配。
3. 完成附录 D 针形阀的装配。
4. 完成附录 E 旋转开关的装配。

第 10 章　工程图

10.1　工程图概述

工程图是传递产品工程信息的规范，因此它必须完整、准确、清晰。在 SolidWorks 中产品工程图分为两个层次：工程图和出详图。一般来说，工程图绘制是零件设计的最后一个重要环节。工程图包括标准三视图、局部视图，也可由现有的视图建立视图。出详图中提供零件及装配体许多必要的模型细节，包括尺寸、注释、符号等。

利用零件、装配体模型建立具有实际价值的工程图共涉及 3 项内容。

（1）图纸的初始化，即建立一套符号国家制图标准的工程图模板文件。

（2）建立工程视图，包括基本视图、各种剖视图和辅助视图。

（3）出详图，是指图中提供了比较完备的模型项目，如尺寸、表面粗糙度、尺寸公差和形位公差等。

工程图需要全面描述产品的工程属性，包括零件的材料、加工要求和一些必要的产品说明等，在工程图中还需要说明产品的图号、比例、设计人员、设计时间等信息，根据零件和装配体的配置和构成，需要列举规格和材料明细表，如图 10-1 所示。

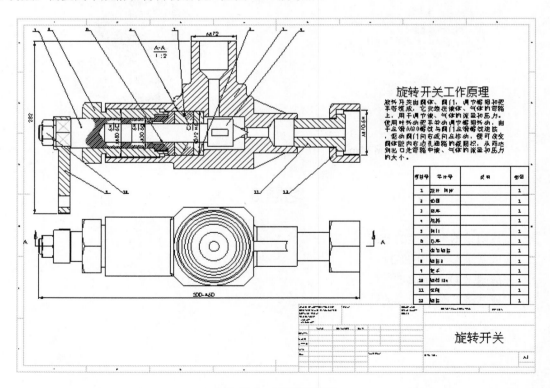

图 10-1　工程图实例

10.1.1　设定工程图选项

创建工程图之前有时还需要进行一些工程图选项的设置。

选择"工具"｜"选项"｜"系统选项"｜"工程图"命令，对工程图选项进行设置，如图10-2 所示。

选择"工具"｜"选项"｜"系统选项"｜"工程图"｜"显示类型"命令，对工程图显示类型进行设置，如图 10-3 所示。

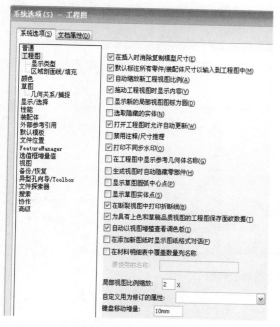

图 10-2　工程图选项

图 10-3　工程图显示类型选项

选择"工具"｜"选项"｜"文件属性"｜"出详图"，对工程图插入选项进行设置，如图 10-4 所示的。

选择"工具"｜"选项"｜"文件属性"｜"注解"｜"字体"，对工程图进行字体设置，如图 10-5 所示。

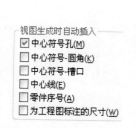

图 10-4　自动插入选项

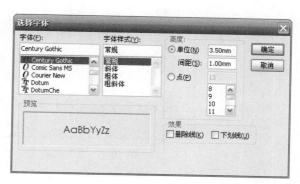

图 10-5　字体设置

选择"工具"｜"选项"｜"文件属性"｜"注解字体"，对工程图局部视图和剖面字体进行设置，设置局部视图和剖面视图字体的高度为 36mm。

10.1.2 创建工程图

单击"新建文件"按钮 🗋，创建一个工程图文件，选择 A3 图纸，默认情况下，将出现"模型视图"对话框，用以创建第一个视图，如图 10-6 所示。

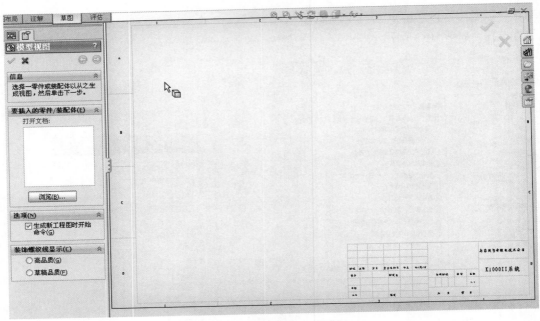

图 10-6　创建新的工程图

10.1.3 图纸格式/大小

创建新的工程图时，系统弹出"图纸格式/大小"对话框，如图 10-7 所示，按照需求进行相应设置即可。

图 10-7　"图纸格式/大小"对话框

10.1.4 工程图界面

新建工程图文件后，进入工程图界面，工程图的设计树在左侧，它将显示图纸、图纸格式及视图，如图 10-8 所示。工程图是平面的，没有旋转操作，按住鼠标中键并拖动将变为移动视图。在屏幕上单击"旋转视图"按钮，可以将一个视图旋转之后进行放置，如图 10-9 所示。

对一个局部视图，可以从 3D 方向进行查看，单击"3D 工程图视图"按钮，选择一个工程图，就可以使用动态旋转、平移、缩放操作来查看模型，如图 10-10 所示，退出即还原为原视图。

图 10-8　特征设计树

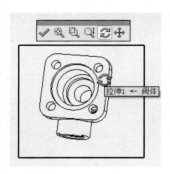

图 10-9　旋转视图

图 10-10　3D 工程图视图

10.1.5　图纸属性

选中工程图图纸，单击右键，然后选择"属性"，弹出工程图的图纸属性对话框，如图 10-11 所示，可以进行设置改变图纸名称、比例和当前图纸的投影类型等。

图 10-11　"图纸属性"对话框

10.2　创建标准视图

10.2.1　标准三视图

单击工程图工具栏上的"标准三视图"按钮，弹出"标准三视图"对话框，如图 10-12 所示，单击"浏览"按钮，弹出"打开"对话框，选择要生成标准三视图的零件或装配体，即可快速创建标准三视图，如图 10-13 所示。

图 10-12   "标准三视图"对话框

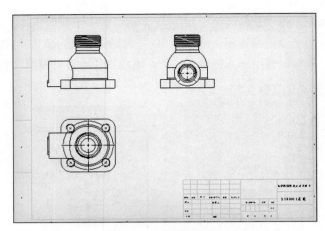

图 10-13   标准三视图

10.2.2   模型视图

　　"模型视图"命令是基于一个预定义的视图方向（如上视、前视、等轴测等）创建单个视图，对于新建的工程图，这个命令是自发的。单击工程图工具栏上的"模型视图"按钮 ，弹出"模型视图"对话框，如图 10-14 所示，单击"浏览"按钮，弹出"打开"对话框，选择要生成工程图零件或装配体，即可快速创建，如图 10-15 所示。

图 10-14   "模型视图"对话框

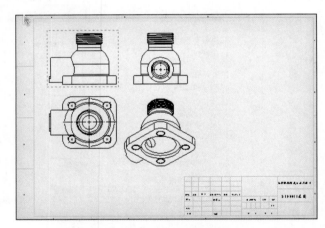

图 10-15   生成的工程图

10.2.3   相对视图

　　相对视图是一个正交视图，可以利用模型中两个相正交的表面或参考平面分别定义各自的视图方向，从而形成特定摆放位置的视图。当默认的视图不能满足要求时，可以应用相对视图来创建第一个正交视图。

　　操作步骤：单击"相对视图"按钮 ，选择零件的一个面或基准面，从"方向"组框中选择"第一方向"，如图 10-16 所示。

　　选择第二方向，如图 10-17 所示，单击 按钮。

　　回到工程图并放置视图，默认情况下相对视图与其他视图对齐，可以在工程图纸中自由移动，如图 10-18 所示。

图 10-16　选择第一方向

图 10-17　选择第二方向

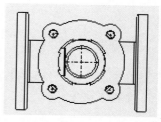

图 10-18　相对视图

10.2.4　预定义视图

在工程图模板中，可以使用预定义的视图预选视图的方向、位置和比例，然后通过插入模型来添加模型或装配体参考。

单击工程图工具栏上的"预定义视图"按钮，在绘图区合适位置单击，弹出工程视图管理器，单击"插入模型"组框里的"浏览"按钮，弹出"打开"对话框，选择要生成工程图的零件，在"比例"组框中可以选择自定义比例，设置好之后单击 ✔ 按钮，如图 10-19 所示。

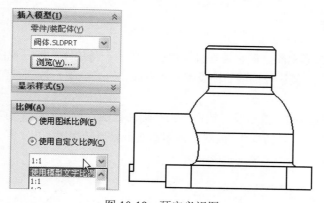

图 10-19　预定义视图

10.2.5　空白视图

利用空白视图可以建立不显示任何零件或装配体的工程图，该视图与工程图相关。

单击工程图工具栏上的"空白视图"命令，在绘图区中合适位置单击即可生成一空白视图，如图 10-20 所示，选择该空白视图，在工程视图管理器"比例"组框中可以设置该空白视图的比例，如图 10-21 所示。

图 10-20　空白视图

图 10-21　"比例"组框

注意：移动空白视图时，将同时移动空白视图中的所有几何体和注解。

10.3　派生工程视图

10.3.1　投影视图

单击工程图工具栏上的"投影视图"按钮，可以利用现有的视图在可能的四个投影方向上建立投影视图，如图 10-22 所示。

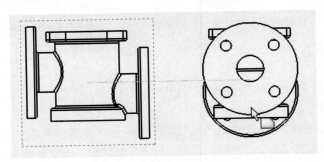

图 10-22　投影视图

10.3.2　辅助视图

辅助视图类似于投影视图，但它是垂直于现有视图中一条边线的展开视图。选择的参考边线，可以是零件中的一条边、侧影轮廓线、轴线或草图直线。如果绘制一条草图直线作为参考，必须先激活工程视图。

操作步骤：选择模型的一条边线，然后单击"辅助视图"按钮，在工程图中放置新视图，如图 10-23 所示。勾选"反转方向"，或双击视图箭头可以反转视图方向。

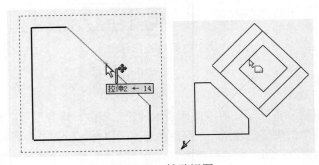

图 10-23　辅助视图

10.3.3　局部视图

利用局部视图，可以单独放大现有视图的某个局部，建立一个新的视图。但需要在视图中使用草图几何体来包围需要放大的部分，通常使用圆或其他封闭的轮廓。

选择"工具"｜"选项"｜"系统选项"｜"工程图"，设置局部视图相对视图的比例。

操作方法：单击工程图工具栏上的"局部视图"按钮 🄰，系统自动打开画图工具，在需要放大的位置上绘制一个圆，然后放置视图。

依照标准和引出圆：建立局部视图时，系统使用依照标准选项，依照标准是指局部的样式采用工程图使用的标准，如 GB、ANSI 和 ISO，如图 10-24 所示。

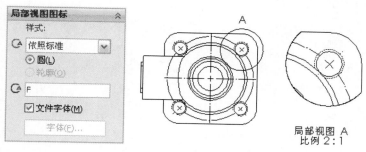

图 10-24　依照标准

断裂圆：设置样式为断裂圆，如图 10-25 所示。

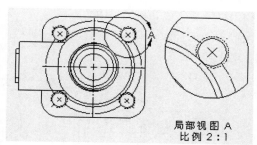

图 10-25　断裂圆

带引线圆：设置样式为带引线圆，如图 10-26 所示。

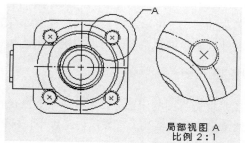

图 10-26　带引线圆

无引线圆：设置样式为无引线，如图 10-27 所示。

相连圆：设置样式为相连圆，如图 10-28 所示。

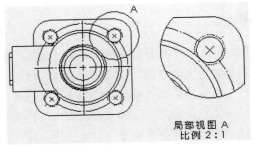

图 10-27　无引线圆

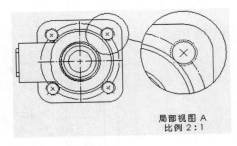

图 10-28　相连圆

10.3.4　剪裁视图

利用剪裁视图，可以对现有的视图进行剪裁，只保留其中所需的部分。保留部分利用草图几何体来定义，通常使用样条曲线或其他的封闭轮廓。

操作方法：绘制一个闭合的轮廓线，在工程图工具栏上单击"剪裁视图"按钮，完成剪裁视图操作，如图 10-29 所示。

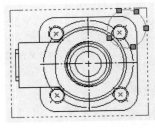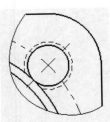

图 10-29　剪裁视图

要回到未被剪裁的状态，可以选择被剪裁的视图，右键单击选择"剪裁视图"｜"移除剪裁视图"命令。要在剪裁视图里编辑草图，可以右键单击选择"剪裁视图"｜"编辑剪裁视图"命令。

10.3.5　断开的剖视图

断开的剖视图是现有视图的一部分，并不是一个独立的视图。断开的剖视图用一个封闭的轮廓线表示。轮廓线通常是样条曲线。为了显示内部细节，材料将被切除到一定的深度。可以在相关视图中选择一条边，或者直接设定这个深度。

操作方法：单击工程图工具栏上的"断开的剖视图"按钮，默认的草图工具是样条曲线。如果不使用样条曲线轮廓，可以在使用断开的剖视图之前，创建一个封闭轮廓并选中。

预览剖切平面：勾选"预览"复选框，可以显示断开的形状和深度平面，如图 10-30 所示。

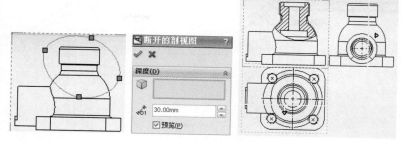

图 10-30　预览剖切平面

　　深度：单击"深度"组框，激活选择深度。在俯视图中选择圆形边线，深度就设置为该圆的圆心，"深度"选项也可选择基准轴或临时轴，如图 10-31 所示。

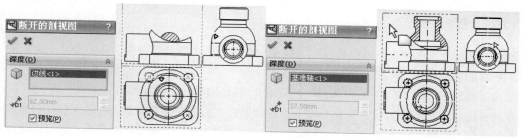

图 10-31　深度选项

　　在轴测图上也可以建立断开的剖视图，深度方向和图纸平面垂直，如图 10-32 所示。

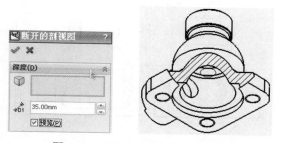

图 10-32　轴测图上的断开剖视图

10.3.6　断裂视图

　　利用断裂视图，可以在较小的图纸中以较大的比例显示较长的零件，断裂视图也可以称为断开视图，断开区域的参考尺寸和模型尺寸反映零件的真实尺寸。

　　操作方法：单击工程图工具栏上的"断裂视图"按钮，弹出"断裂视图"对话框，如图 10-33 所示，在断裂视图设置里可以选择添加竖直折断线或添加水平折断线。缝隙大小是指两条折断线之间的距离，可以根据需要进行设置。单击视图即可定位折断线位置，放置第二条折断线后，就建立了断裂。拖动折断线，在视图中定位折断线位置，确定视图中需要断开的范围，如图 10-34 所示。折断线样式有直线切断、曲线切断、锯齿线切断和小锯齿线切断，如图 10-35 所示。

图 10-33　"断裂视图"对话框

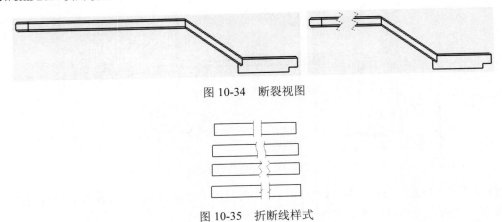

图 10-34　断裂视图

图 10-35　折断线样式

10.3.7　剖面视图

通过"剖面视图"命令，可以通过定义视图中的剖切线"剖开"视图，从而建立一个新的工程视图。新建的剖面视图自动与父视图对齐。

单击工程图工具栏上的"剖面视图"按钮 ⛏，默认的草图工具是直线工具。

全剖视图：绘制一条直线贯穿整个模型，然后单击"剖面视图"命令，移动光标，会显示所见剖视图的预览，剖视图的箭头方向也会随光标移动而改变方向，如图 10-36 所示。也可以通过勾选"反转方向"复选框来改变剖切方向。

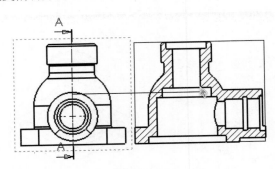

图 10-36　全剖视图

放置剖视图时按住 Ctrl 键，可以断开剖视图和父视图之间的对齐关系，如图 10-37 所示。

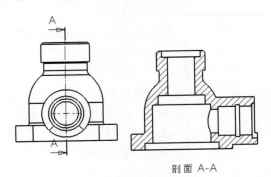

剖面 A-A

图 10-37　不对齐的剖视图

剖切标签和剖切箭头都可以自由移动，拖动剖切线可以改变剖切线的长度和位置，也可以通过标注尺寸来精确定位剖切线的位置，双击"剖切"标签可以对其进行修改。

使用单一直线作为剖切线，若勾选"部分剖面"复选框，则剖切线不完全剖切整个模型，如图 10-38 所示，若勾选"只显示切面"复选框，则只显示被剖开的剖面，如图 10-39 所示。

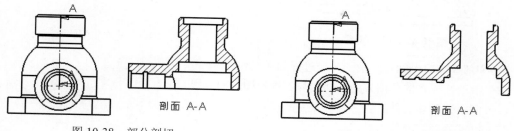

图 10-38　部分剖切　　　　　　　　　　图 10-39　只显示切面

阶梯剖：剖切线可以包含多条相连的线段，选择其中一条线段确定剖切视图的对齐方向，如图 10-40 所示。

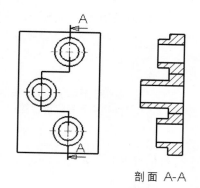

图 10-40　阶梯剖

10.3.8　旋转剖视图

旋转剖视图类似于一般的剖视图，只是它的剖切线是由两条或多条线段以一定角度连接而成的。当无法使用正常的剖视图剖切某些特征时，可以考虑使用旋转剖视图。

操作步骤：绘制旋转剖视图的剖切线，单击工程图工具栏上的"旋转剖视图"按钮 🔄，并放置视图，如图 10-41 所示，勾选"反转方向"复选框，可以改变视图方向。

10.3.9　交替位置视图

利用交替位置视图，可以通过显示装配体中零部件的不同位置来表示其运动范围。它们分别重叠在原始图上，并使用虚线显示。

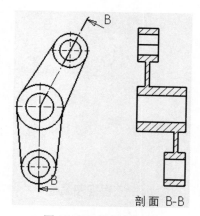

图 10-41　旋转剖视图

模型视图：在工程图中建立一个用于表达交替位置视图方向的模型视图，将装配体放置在开始位置上，如图 10-42 所示。

建立交替位置视图：单击工程图工具栏上的"交替位置视图"按钮 🔲，输入新配置的名称，如图 10-43 所示。建立交替位置视图时，将在装配体中建立一个新配置并激活该配置。

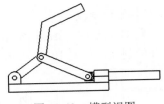

图 10-42　模型视图

图 10-43　建立新配置

移动零部件：单击确定，系统自动进行如下操作：

（1）改变装配体的视图方向，使之与工程视图方向一致。

（2）激活装配体文件。

（3）打开移动零部件工具。

（4）移动零部件到理想的位置上，如图 10-44 所示。

完成移动零部件：再次单击确定按钮，完成零部件的移动。系统将返回到工程图，覆盖新的配置，交替位置视图以"交替位置视图 1"名称显示在特征设计树中，如图 10-45 所示。

图 10-44　移动零部件

图 10-45　完成移动零部件

利用同样的方法可以建立多个交替位置视图，如图 10-46 所示。

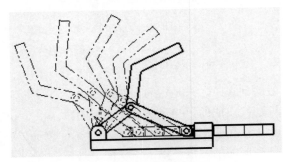

图 10-46　多个交替位置视图

10.4　编辑工程视图

10.4.1　工程视图属性

利用工程视图属性可以显示隐藏的边线，该方法允许针对某个特征显示被隐藏的特征边线。右击视图，选择"属性"，在"工程视图属性"对话框中单击"显示隐藏的边线"标签。在特征设计树中展开工程视图，选择要显示的一个或多个特征。所选中的特征会出现在显示隐藏的边线列表框中，单击"应用"按钮查看显示结果，或单击"确定"按钮完成操作，只有被选中的特征的隐藏线才能被显示出来，如图 10-47 所示。

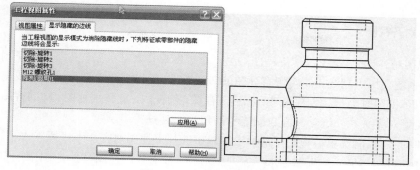

图 10-47　查看隐藏的边线

10.4.2　更新视图

单击"更新视图"按钮，可以使工程图更新到参考模型的状态。

10.4.3　移动视图

可以在同一图纸内部、同一工程图文件的不同图纸之间，甚至在两个不同工程图文件之间进行移动视图，甚至复制视图。

激活要粘贴的图纸，按下 Ctrl 键拖动要复制的视图到另一张图纸，不按 Ctrl 键则移动到另一张图纸，如图 10-48 所示。

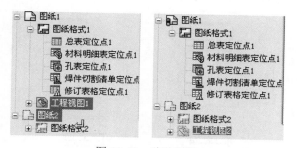

图 10-48　移动视图

如果要在两个工程图文件之间进行移动，则需要打开两个工程图，从原工程图剪切视图（Ctrl+X），粘贴（Ctrl+V）到另一工程图中；如果是复制操作，则从原工程图复制视图（Ctrl+C），粘贴（Ctrl+V）到另一工程图中，如图 10-49 所示。

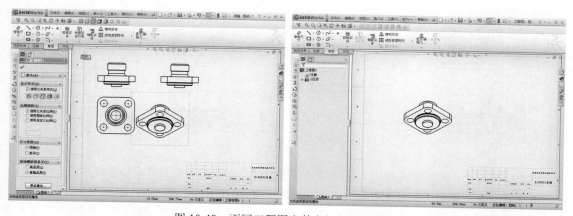

图 10-49　不同工程图文件之间的视图复制

10.4.4　对齐视图

使用"视图对齐"命令,可以使工程图与另一个视图保持对齐关系,从而能够限制视图的移动。拖动视图时,系统使用点划线显示与现有视图的对齐条件。任何视图中都可以添加或删除对齐条件。

在创建以下视图时会自动创建对齐:标准三视图、剖视图、旋转剖视图、辅助视图和投影视图。可以通过"接触对齐关系"选项断开自动或手动建立的对齐关系。

原点水平对齐:　右键单击视图,从弹出菜单中选择"视图对齐"｜"原点水平对齐"命令,可以使所选择的视图与另一个视图在水平方向上对齐。被对齐的视图(右键单击的视图)将移动位置,以保证和第二次选择的视图对齐,如图 10-50 所示。

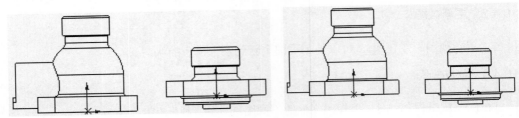

图 10-50　原点水平对齐

原点竖直对齐:右键单击视图,从弹出菜单中选择"视图对齐"｜"原点竖直对齐"命令,可以使所选择的视图与另一个视图在竖直方向上对齐,如图 10-51 所示。

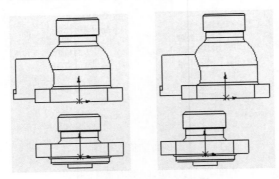

图 10-51　原点竖直对齐

中心水平对齐:右键单击视图,从弹出菜单中选择"视图对齐"｜"中心水平对齐"命令,可以使选择的视图与另一个视图在水平方向上对齐,如图 10-52 所示。

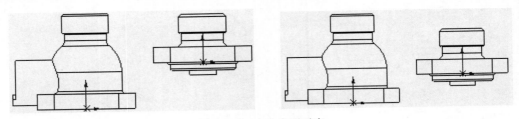

图 10-52　中心水平对齐

中心竖直对齐:右键单击视图,从弹出菜单中选择"视图对齐"｜"中心竖直对齐"命令,可以使所选择的视图与另一个视图在竖直方向上对齐,如图 10-53 所示。

水平边线对齐:选择一边线,然后选择下拉菜单中的"工具"｜"对齐工程图视图"｜"水平边线"命令，视图将旋转以保持所选直线在图纸上处于水平位置，如图 10-54 所示。

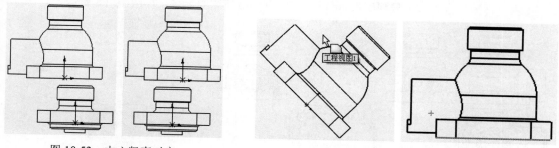

图 10-53　中心竖直对齐　　　　　　　　图 10-54　水平边线对齐

竖直边线对齐：选择一边线，然后选择下拉菜单中的"工具"｜"对齐工程图视图"｜"竖直边线"命令，视图将旋转以保持所选直线在图纸上处于竖直位置，如图 10-55 所示。

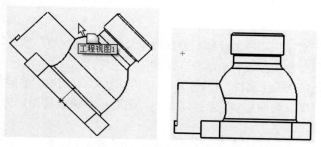

图 10-55　竖直边线对齐

10.4.5　旋转视图

单击屏幕上方的"旋转视图"按钮 ⟳，弹出"旋转工程视图"对话框，如图 10-56 所示，拖动视图自由旋转，也可以指定视图的旋转角度，在指定角度前必须先选择视图。

图 10-56　"旋转工程视图"对话框

利用"3D 工程图视图"命令，可以对工程图进行动态旋转、平移、缩放操作来查看模型，退出即还原为原视图。局部视图、断裂视图、剪裁视图、空白视图和分离视图不能使用 3D 工程视图。

10.5　视图显示控制

10.5.1　隐藏与显示视图

在工程图中，利用"隐藏视图"命令可以隐藏整个视图。视图隐藏后，也可以利用"显示视图"命令再次显示视图。

右键单击一个视图，选择"隐藏"，该工程视图隐藏，如图 10-57 所示，该工程视图名称在特征设计树中显示灰色。若在特征设计树中右击隐藏的工程视图，选择"显示"，该视图重新显示。
单击"视图"｜"被隐藏视图"，可以看到所有隐藏视图的标号，如图 10-58 所示。

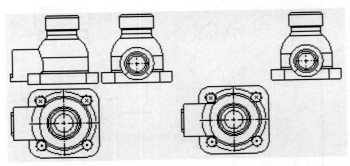

图 10-57　隐藏工程视图

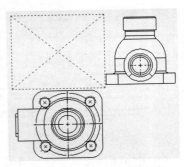

图 10-58　隐藏视图标号

10.5.2　图层显示应用

图层属性选项用于对工程图中的注解和装配体零部件指定可见性、颜色、线粗等。图层可以与尺寸、区域剖面线、局部视图按钮、剖面线和注解一起使用。

设置图层属性：单击"图层属性"按钮📋，打开"图层"对话框，如图 10-59 所示，单击"新建"按钮，填上名字（默认为图层 1）及描述文字，使用开/关来设置图层为可见💡或不可见💡，设置颜色/样式或线粗属性。

删除或移动图层：可以根据需要建立多个图层，如图 10-60 所示，使用"删除"命令删除已有的图层，使用"移动"命令可以改变所选几何体的图层。

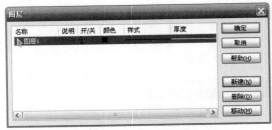

图 10-59　图层对话框

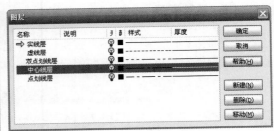

图 10-60　多图层

箭头➡指示哪个图层为活动图层。如要激活图层，请在图层名称旁双击。

10.5.3　视图线型控制

边线颜色：在工程视图中选择一条或多条可见边，单击"线色"按钮🖊️，从调色板中选取颜色，如图 10-61 所示。

线粗：在工程视图中选择一条或多条可见边，单击"线粗"按钮🖊️，选择线粗，如图 10-62 所示。

线型：在工程视图中选择一条或多条可见边，单击"线型"按钮🖊️，选择线型，如图 10-63 所示。

重设线型：在工程视图中右键单击边线，选择"重设线型"命令，将线的颜色、线型或粗细设为默认值，如图 10-64 所示。

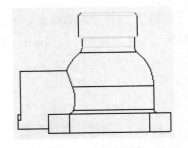

图 10-61　改变颜色

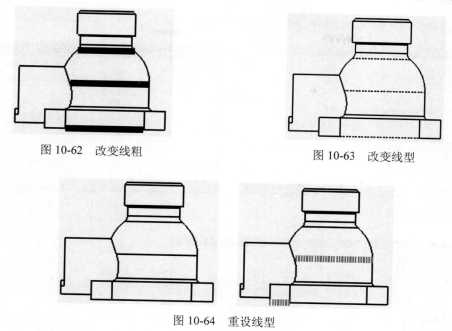

图 10-62　改变线粗

图 10-63　改变线型

图 10-64　重设线型

10.6　综合实训

10.6.1　实训 1——零件图

完成附录 E 旋转开关阀体的工程图，如图 10-65 所示。

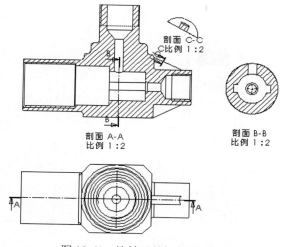

剖面 C-C
C比例 1:2

剖面 A-A
比例 1:2

剖面 B-B
比例 1:2

图 10-65　旋转开关阀体工程图

　　步骤 1：新建工程图文件。单击工具栏上"新建"按钮，系统弹出"新建 SolidWorks 文件"对话框，如图 10-66 所示。选择"工程图"选项，单击"确定"按钮，进入 SolidWorks 的工程图界面，系统自动弹出"图纸格式/大小"对话框，如图 10-67 所示，选择 A3-横向。

　　步骤 2：放置模型视图。系统自动弹出模型视图管理器，单击"浏览"按钮，弹出"打开"对话框，选择并打开零件阀体，如图 10-68 所示。选择"使用自定义比例"，将比例设定为 1:2，如图

10-69 所示,在绘图区放置上视图和下视图,如图 10-70 所示。

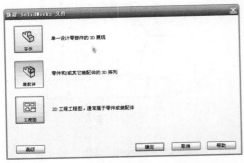

图 10-66 "新建 SolidWorks 文件"对话框

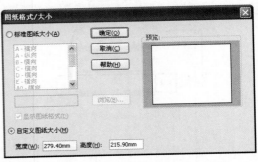

图 10-67 "图纸格式/大小"对话框

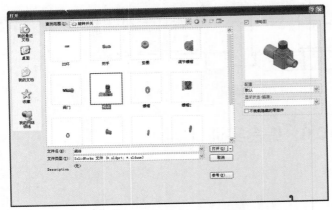

图 10-68 "打开"对话框

图 10-69 设定比例

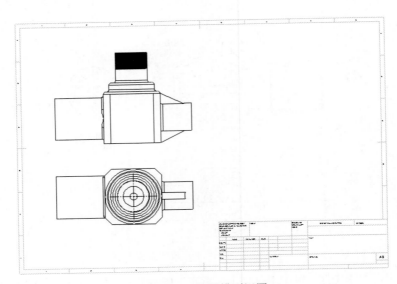

图 10-70 放置模型视图

步骤 3:压缩切除螺纹。工程图中不需要现实中的螺纹线,需将其切除扫描特征进行压缩,然后利用装饰螺纹线来处理。右击绘图区中的工程视图,选择"打开"阀体,即可打开阀体零件,在特征管理器中选择"切除扫描 1",右击选择"压缩" ⬇️,然后单击"保存"按钮 💾,返回至工程图中，单击"重建模型"按钮 🔲，展开工程视图 1 的特征树，选择螺旋线，右击选择"隐藏"，螺纹线将消失，如图 10-71 所示。

步骤 4：生成剖视图。单击工程图工具栏上的"剖面视图"按钮 🔃，系统自动使用直线命令，在下视图中绘制一条平分下视图的直线，弹出"剖面视图"对话框，在绘图区中选择筋特征，如图 10-72 所示，预览生成方向，勾选"反转方向"，单击"确定"按钮，在合适位置放置剖面实体，如图 10-73 所示，选择未剖视前视图，单击右键将其隐藏，拖动工程视图将其合理布局，如图 10-74 所示。

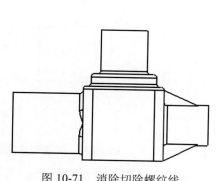

图 10-71 消除切除螺纹线

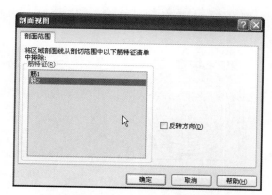

图 10-72 "剖面视图"对话框

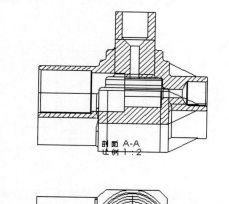

图 10-73 放置剖面视图

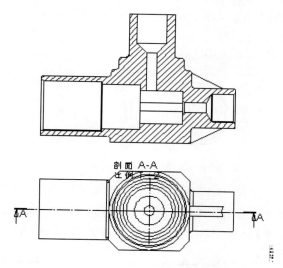

图 10-74 删除未剖前视图

步骤 5：创建局部剖视图。单击工程图工具栏上的"剖面视图"按钮 🔃，系统自动使用直线命令，在上视图中绘制一条局部直线，如图 10-75 所示，系统提示是否生成部分剖切，单击"是"按钮，弹出"剖面视图"对话框，直接单击"确定"按钮，系统生成局部剖视图，单击"放置视图"按钮，结果如图 10-76 所示。

步骤 6：剪裁视图。在局部视图中绘制一个圆，单击"剪裁视图"按钮 🔽，生成如图 10-77 所示的剪裁视图。

步骤 7：装饰螺纹线。单击注解工具栏上的"装饰螺纹线"按钮 🔱，弹出"装饰螺纹线管理器"，选择如图 10-78 所示的边线，设定深度为 38，次要直径为 68，如图 10-79 所示，单击 ✅ 按钮，生成如图 10-80 所示的螺纹线。

图 10-75　绘制直线

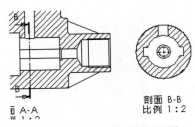

图 10-76　生成的局部剖视图

图 10-77　剪裁视图

图 10-78　选择边线

图 10-79　螺纹设定

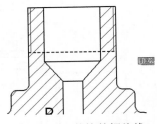

图 10-80　装饰的螺纹线

单击 3D "工程视图" 按钮，拖动至合适位置，单击注解工具栏上的 "装饰螺纹线" 按钮，弹出 "装饰螺纹线管理器"，选择如图 10-81 所示的边线，设定深度为 94，次要直径为 84，如图 10-82 所示，单击　按钮，生成如图 10-83 所示的螺纹线。

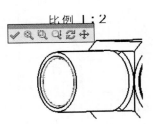

图 10-81　选择边线

图 10-82　螺纹设定

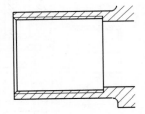

图 10-83　装饰的螺纹线

单击 "3D 工程视图" 按钮，拖动至合适位置，单击注解工具栏上的 "装饰螺纹线" 按钮，弹出 "装饰螺纹线管理器"，选择如图 10-84 所示的边线，设定深度为 36，次要直径为 48，如图 10-85 所示，单击　按钮，生成如图 10-86 所示的螺纹线。

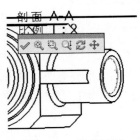

图 10-84　选择边线

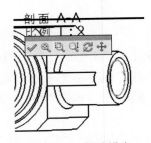

图 10-85　螺纹设定

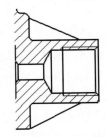

图 10-86　装饰的螺纹线

步骤 8：创建视图。在图示筋板位置画一短线，如图 10-87 所示，单击 "剖面视图" 按钮，系统提示是否生成部分剖切，单击 "是" 按钮，弹出 "剖面视图" 对话框，直接单击 "确定" 按钮，系统生成局部剖视图，单击"放置视图"，右击选择"视图对齐"｜"解除视图对齐"命令，然后拖动将其移动至合适位置，如图 10-88 所示。

图 10-87　绘制直线

图 10-88　创建局部视图

10.6.2　实训 2——装配图

完成附录 E 旋转开关的装配工程图，如图 10-89 所示。

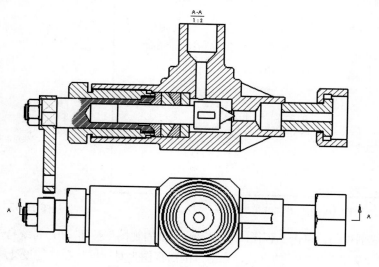

图 10-89　旋转开关阀体工程图

步骤 1：新建工程图文件。单击工具栏上"新建"按钮 ，系统弹出"新建 SolidWorks 文件"对话框，如图 10-90 所示。选择"工程图"选项，单击"确定"按钮，进入 SolidWorks 的工程图界面，系统自动弹出"图纸格式/大小"对话框，如图 10-91 所示，选择 A3-横向。

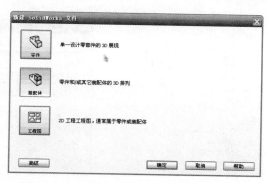

图 10-90　"新建 SolidWorks 文件"对话框

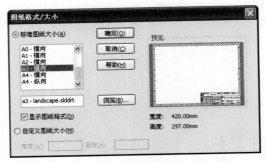

图 10-91　"图纸格式/大小"对话框

步骤 2：放置模型视图。系统自动弹出模型视图管理器，单击"浏览"按钮，弹出"打开"对话框，选择并打开旋转开关，如图 10-92 所示。选择"使用自定义比例"，将比例设定为 1:2，如图 10-93 所示，在绘图区放置上视图和下视图，如图 10-94 所示。

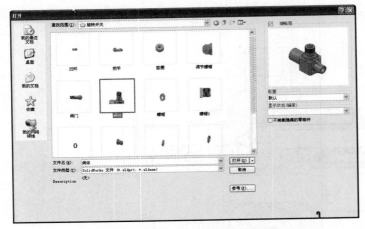

图 10-92　"打开"对话框

图 10-93　设定比例

步骤 3：生成剖视图。单击工程图工具栏上的"剖面视图"按钮 ，系统自动使用直线命令，在下视图中绘制一条平分下视图的直线，弹出"剖面视图"对话框，在特征设计树中选择筋 1、筋 2、阀门、调节螺帽和 M24 的螺帽，如图 10-95 所示，单击"确定"按钮，预览生成方向，勾选"反转方向"，勾选"自动打剖面线"复选框，单击"确定"按钮，在合适位置放置剖面实体，选择未剖视的视图，单击右键将其隐藏，拖动工程视图将其合理布局，如图 10-96 所示。

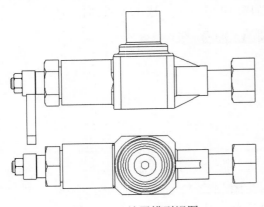

图 10-94　放置模型视图

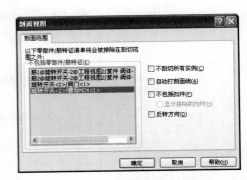

图 10-95　"剖面视图"对话框

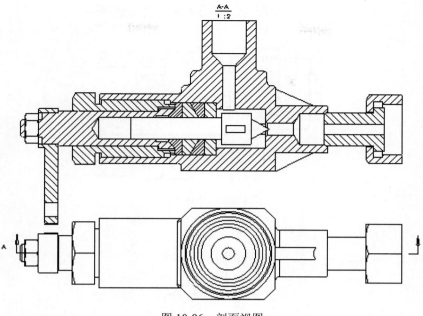

图 10-96　剖面视图

步骤 4：删去剖面线。选择调节螺帽的剖面线，在区域/剖面线填充管理器中选择"无"，如图 10-97 所示。

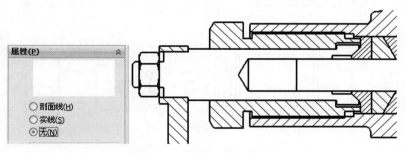

图 10-97　删去剖面线

步骤 5：添加剖面线。利用样条曲线命令 〰 画波浪线，然后用区域/剖面线命令 ▨ 添加剖面线，将剖面线图样比例设为 2，单击 ✔ 按钮，如图 10-98 所示。

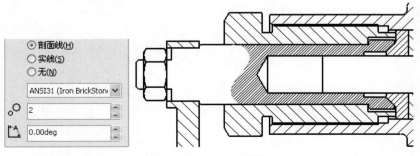

图 10-98　添加剖面线

步骤 6：补画线条。利用直线命令 ╲ 补画出添加螺帽的线路，注意利用图层调整线条的样式，如图 10-99 所示。最终完成的工程图如图 10-100 所示。

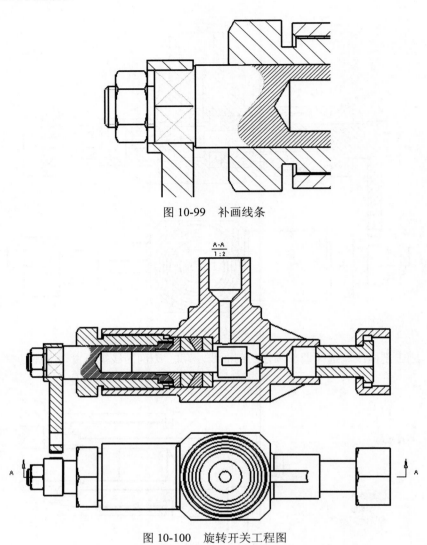

图 10-99　补画线条

图 10-100　旋转开关工程图

习题 10

完成附录中的各个零件及装配体的工程图。

第 11 章　出详图

11.1　出详图概述

SolidWorks 的工程图含有两个功能：一个是用投影视图表达零部件的结果信息，另一个是各类制造信息。出详图提供了针对产品制造、装配等信息的描述，包括尺寸注释、符号形位公差、表面粗糙度、装配体的材料明细表等。出详图的工具栏主要用到尺寸、注解和表格等。

工程图最主要的作用在于指导产品制造。因此需要详尽地表达产品的各种信息，既包括产品的几何信息，也包括描述产品的工程属性。在工程图中增加相关信息的过程称为出详图，在工程图中最常用的术语为标注。

11.1.1　设定出详图选项

"出详图"选项用于设定绘图标准、中心符号、中心线和延伸线。选择下拉菜单"工具" | "选项"命令，弹出"文档属性"对话框，单击"文档属性" | "出详图"，如图 11-1 所示，根据实际需要进行相应设置。

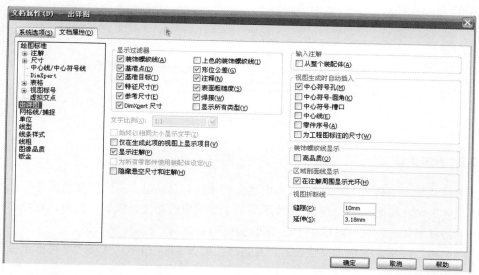

图 11-1　文档属性——出详图

视图生成时自动插入：确定建立视图时是否自动插入中心符号孔、中心符号-圆角、中心符号-槽口、中心线、零件序号或为工程图标注的尺寸等。

装饰螺纹线显示：取消选中"高品质"选项，则显示虚线螺纹线；选择此选项则显示实线螺纹线。

勾选"上色的装饰螺纹线"，则在零件和装配体环境中显示上色的装饰螺纹线。

折断线：设置断裂视图中折断线间隙的距离和延伸到模型外的距离。

11.1.2　创建出详图

创建出详图的一般步骤如下。

（1）创建模型视图。

（2）创建投影视图或剖面图。

（3）创建辅助视图或局部视图。

（4）标注尺寸。

（5）添加形位公差、表面粗糙度等符号标注。

（6）添加注解。

（7）填写标题栏。

11.2　标注尺寸

11.2.1　尺寸概述

在工程视图中，尺寸用来描述零件或装配体的形状或大小。在 SolidWorks 中，工程图中的尺寸和模型中的尺寸相关联。对模型所做的修改将尺寸反映到工程图中。

如图 11-2 所示，尺寸由尺寸数字、尺寸线、箭头、尺寸延伸线等要素组成，这些要素都可以进行调整和设置。

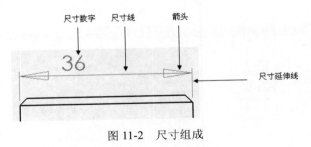

图 11-2　尺寸组成

11.2.2　尺寸选项

选择下拉菜单"工具"｜"选项"，弹出"文档属性"对话框，单击"文档属性"选项卡，然后选择"尺寸"项，如图 11-3 所示。尺寸项下的子选项中有角度、弧长、倒角、直径、孔标注、线性、尺寸链和半径等，也可对这些子选项进行相应设置以改变其标注风格。

单击"公差"按钮，弹出"尺寸公差"对话框，如图 11-4 所示，在这个对话框里可以设置尺寸文字和公差类型等。

11.2.3　尺寸标注方式

在工程图中，按标注方式可以分为以下两种。

（1）模型尺寸：模型尺寸是在建立特征时标注的尺寸，模型尺寸可以插入到不同的工程视图中。

（2）在工程图中标注尺寸，但这些尺寸是参考尺寸，是从动的，不能通过修改参考尺寸来更改模型。

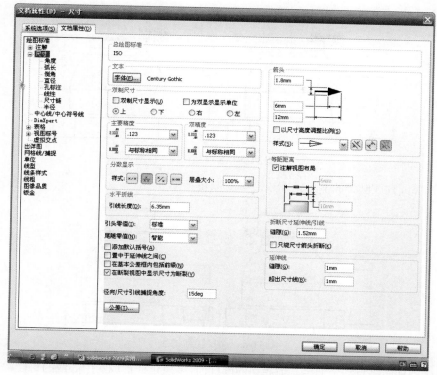

图 11-3　"尺寸"选项

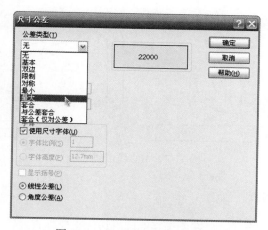

图 11-4　"尺寸公差"对话框

11.3　中心线

11.3.1　创建中心线

在视图中可以手动添加中心线，也可以在建立视图时指定添加中心线，SolidWorks 系统能够避免添加重复的中心线。

单击注解工具栏上的"中心线"按钮 ⊞ ，选择圆柱面、圆锥面、圆环面或扫描面即可，如图 11-5 所示。

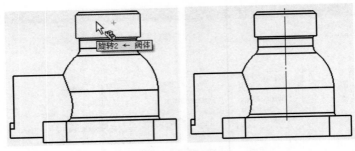

图 11-5　选择圆柱面

也可以选择圆柱或圆锥的侧影轮廓线，如图 11-6 所示。

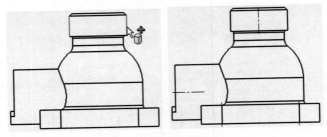

图 11-6　选择圆柱边线

选择一个圆柱面将自动延伸至其他相切的圆柱面，多段延伸形成的中心线的每段都是一个独立的对象，可以分别删除，如图 11-7 所示。

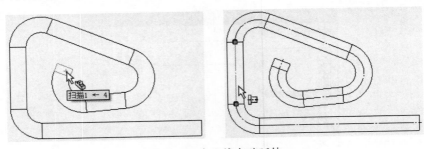

图 11-7　中心线自动延伸

11.3.2　创建中心符号线

利用"中心符号线"命令，可以在所选择的圆形边线上建立直线符号线或中心点。

选择"工具"｜"选项"｜"文档属性"｜"出详图"｜"视图创建时自动插入"，可以自动插入中心符号和中心符号线，如图 11-8 所示。

可以确定选择"工具"｜"选项"｜"文档属性"｜"中心线"｜"中心符号线"，"大小"文本框中的数值可以控制中心符号线延伸出模型边线的长度和中心点的大小，如图 11-9 所示。

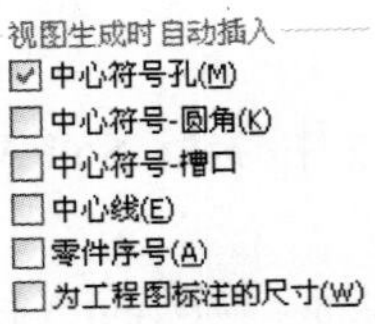

视图生成时自动插入
- ☑ 中心符号孔(M)
- ☐ 中心符号-圆角(K)
- ☐ 中心符号-槽口(S)
- ☐ 中心线(E)
- ☐ 零件序号(A)
- ☐ 为工程图标注的尺寸(W)

图 11-8　设置自动插入

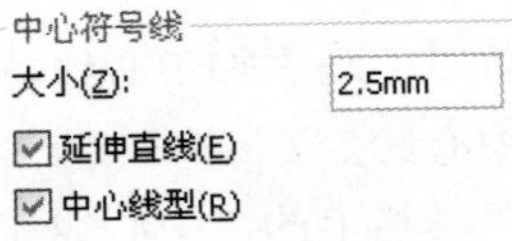

中心符号线
大小(Z)：　　　2.5mm
☑ 延伸直线(E)
☑ 中心线型(R)

图 11-9　中心符号线设置

单击注解工具栏上的"中心符号线"按钮⊕，选择单一中心符号线，选择圆边线，结果如图 11-10 所示。清除"使用文档默认值"复选框，改变符号大小，设置新值。"符号大小"文本框中的数值可以控制直线符号线延伸出模型边线的长度和直线符号的大小，如图 11-11 所示。

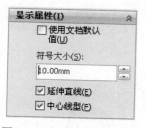

图 11-10　单一直线符号线

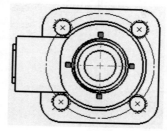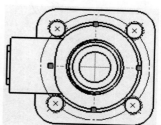

图 11-11　符号大小

拖动中心符号线可以随意延伸直线的长度。勾选"中心线型"复选框，则延伸的中心符号线为中心线。

中心符号线旋转：在"角度"组框中输入角度可以从默认位置旋转中心符号线，正值表示逆时针旋转，如图 11-12 所示。

图 11-12　中心符号线旋转

连接中心符号线：单击"连接中心符号线"按钮，并选择各圆形边界，勾选"连接线"复选框，可以连接中心符号线，如图 11-13 所示，否则不连接。

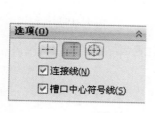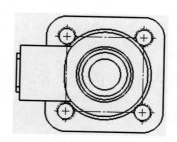

图 11-13　连接中心符号线

圆周中心符号线：单击"圆周中心符号线"按钮，可以在圆周阵列的孔上添加中心符号线。勾选"圆周线"复选框，可以建立通过圆周阵列各孔的大中心圆；勾选"基体中心符号线"复选框，可以在圆周阵列的中心添加中心符号线，如图 11-14 所示。勾选"径向线"复选框，可以在圆周阵列的中心和阵列孔之间建立中心线，如图 11-15 所示。

如果不勾选"圆周线"复选框，结果如图 11-16 所示，如果不勾选"基体中心符号线"复选框，结果如图 11-17 所示。

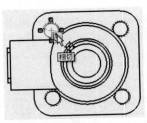

图 11-14　圆周中心符号线

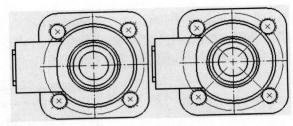

图 11-15　径向线

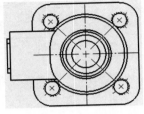

图 11-16　不勾选"圆周线"

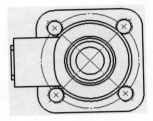

图 11-17　不勾选"基体中心符号线"

11.4　尺寸形式

11.4.1　智能尺寸

单击"智能尺寸"按钮 ◈，进行标注时采取智能标注的方法，即系统自动判断选择的点位置确定标注样式。如果选择的图形为直线，再次单击时不选择其他图素，则标注直线长度，如图 11-18 所示；如果选择的图形为圆弧，则标注半径尺寸，如图 11-19 所示。

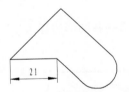

图 11-18　标注直线长度

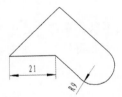

图 11-19　标注圆弧半径尺寸

选择一个图素后，再选择一个图素，则可以标注两者之间的夹角或距离，如图 11-20 所示。

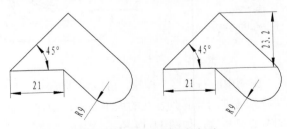

图 11-20　两个图素的标注

11.4.2　水平/垂直尺寸

单击"水平尺寸"按钮 ⊞，如果选择水平直线，则直接标注直线的长度；如果选择一条斜线，则标注该直线在水平方向的投影长度，如图 11-21 所示。如果选择两点或圆和点或圆和圆，则标注两点间、圆心和点、两圆心间的水平距离，如图 11-22 所示。如果选择点和直线或圆和直线，则标注点或圆心到直线的距离，如图 11-23 所示。

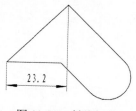

图 11-21　斜线标注

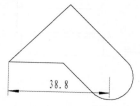

图 11-22　点和圆心标注

图 11-23　圆心到直线的距离

单击"垂直尺寸"按钮 ，如果选择垂直直线，则直接标注直线的长度；如果选择一条斜线，则标注该直线在竖直方向的投影长度，如图 11-24 所示。如果选择两点或圆和点或圆和圆，则标注两点间、圆心和点、两圆心间的竖直距离，如图 11-25 所示。

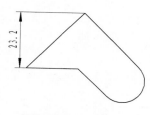

图 11-24　斜线标注

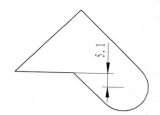

图 11-25　点和圆心标注

11.4.3　基准尺寸

单击"基准尺寸"按钮 ，先选择一边线或点作为参考基准，再选择其他的边线或点将以参考基准进行标注，尺寸位置自动生成，标注完成后可以拖动以改变尺寸位置，如图 11-26 所示。

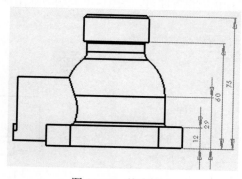

图 11-26　基准尺寸

11.4.4　尺寸链

单击"尺寸链"按钮 ，先选择一边线或点作为参考基准，再选择其他的边线或点将以参考基准进行标注，尺寸线共线，以圆圈为起点，所有箭头都指向一个方向，如图 11-27 所示。

水平尺寸链和竖直尺寸链命令是分别在水平方向和竖直方向进行标注的。

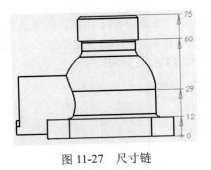

图 11-27　尺寸链

11.4.5　倒角尺寸

单击"倒角尺寸"按钮 ，选择倒角的相邻两边，用鼠标拖动到合适位置单击放置即可，如图 11-28 所示。

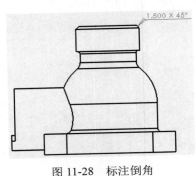

图 11-28　标注倒角

11.4.6　尺寸公差

在图形区单击要添加尺寸公差的尺寸，弹出"尺寸"对话框，在"公差/精度"选项中选择公差类型，如图 11-29 所示，进行相应设置即可，图 11-30 是公差应用的一个实例。

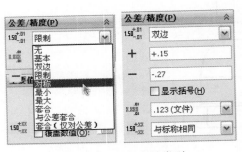

图 11-29　选择公差类型

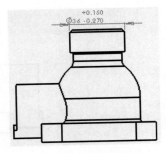

图 11-30　公差应用实例

11.5　修改尺寸

11.5.1　修改尺寸元素

选择要修改的尺寸，弹出"尺寸"对话框，在"标注尺寸文字"组框里可以设置尺寸的前后缀，给尺寸 36 添加前缀 ø，后缀为 zhijing，如图 11-31 所示。注意，添加前后缀时，文本框里的原来内容如果删除的话将禁用公差。

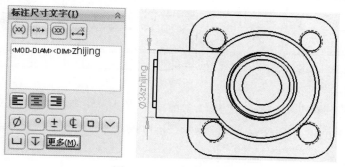

图 11-31　添加前后缀

单击"引线"选项卡，在"尺寸界限/引线显示"组框中可以设置箭头样式、标注位置等，在"引线样式"组框中可以设置引线线型和线粗，如图 11-32 所示。

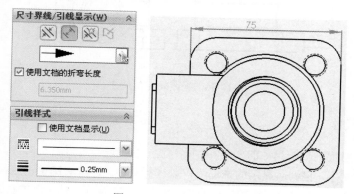

图 11-32　改变引线样式

在其他选项卡里，单击"字体"可以设置字体的样式和大小等，如图 11-33 所示。

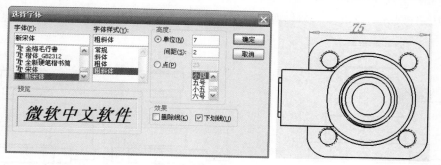

图 11-33　改变尺寸字体

11.5.2　移动与复制尺寸

拖动尺寸到一个新位置，可以通过推理线对齐和放置尺寸，在视图内部移动尺寸，如图 11-34 所示。

选择一个或多个尺寸，按住 Shift 键拖动尺寸，可以将尺寸移动到另一个视图，如图 11-35 所示。

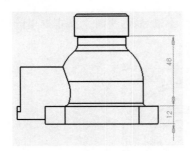
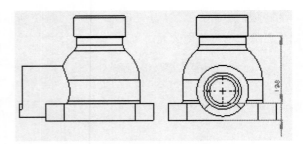

图 11-34　视图内移动尺寸　　　　　　　图 11-35　视图间移动尺寸

选择一个或多个尺寸，按住 Ctrl 键拖动尺寸，可以将尺寸复制到另一个视图，如图 11-36 所示。

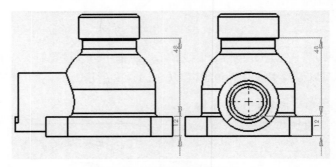

图 11-36　视图间复制尺寸

11.5.3　对齐尺寸

拖动尺寸并且捕捉到另一尺寸的文字，根据所显示的推理线可以进行对齐。拖动文字注释并且捕捉到另一尺寸的文字，根据所显示的推理线可以进行对齐。通过右键单击工程图，选择"显示网格线"命令激活网格，可以利用网格线进行捕捉，如图 11-37 所示。选择"工具"｜"选项"｜"文件属性"｜"网格线"｜"捕捉设置网格间隙"，打开相应的对话框。

共线对齐：共线/径向对齐命令可以用于对齐多个线性尺寸。选择所有需要对齐的尺寸，然后单击"共线/径向对齐"按钮 ✕，效果如图 11-38 所示。选择的尺寸必须具有相同的方向。

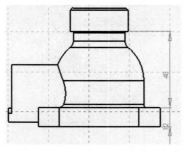
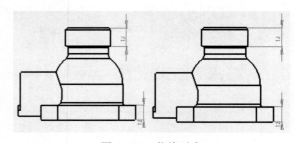

图 11-37　网格线捕捉　　　　　　　　图 11-38　共线对齐

"共线/径向对齐"命令还可以用于对齐多个角度尺寸。选择所有需要对齐的尺寸，然后单击"共线/径向对齐"按钮 ✕，结果如图 11-39 所示。选择的尺寸必须具有共同的圆心。

平行对齐：使用"平行/同心对齐"命令可以使尺寸间保持相同的间距。选择需要对齐的尺寸，单击"平行/同心对齐"按钮 ⇉|，如图 11-40 所示。使用"工具"｜"选项"｜"文件属性"｜"尺寸"｜"等距距离"选择间距大小。

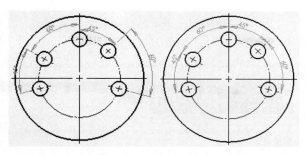

图 11-39　角度对齐

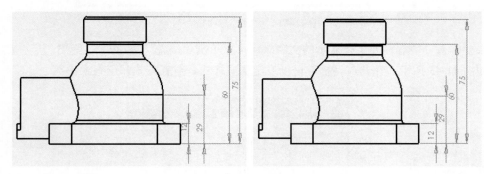

图 11-40　平行对齐

　　右键单击选择一个尺寸，选择"显示对齐"命令，可以看到所有和它对齐的尺寸，这些尺寸以蓝点标记。右键单击一个尺寸，选择"解除对齐关系"命令，可以将选择的尺寸解除与尺寸组的对齐关系。

11.5.4　删除尺寸

　　选择所需要删除的尺寸，按 Delete 键即可。在标注工程图时，重复的尺寸可以删除，例如，两个线性阵列源特征的尺寸在工程图中重复插入时，就是重复尺寸。

11.6　添加注释与符号

11.6.1　添加注释

　　可以使用注释向工程图中添加文本和表格。单击注解工具栏上的"注释"按钮 **A**，如果需要添加带引线的注释，先单击注释引线的依附点，再单击放置注释的位置。格式化工具栏将在注释文字方向出现，如图 11-41 所示。拖动红色的控制点可以调整注释框边界的大小，输入注释文字，按 Enter 键可以添加新行，继续输入文字。

图 11-41　格式化工具栏

　　通过格式化工具栏对选择的字符设置字体属性（字体、大小、粗细）和多行选项（项目符号、标号、缩进）。

　　添加一个注释，输入"技术要求"，按 Enter 键，拖动调整边界大小。单击"数字"按钮，并继续输入文字，每按一次 Enter 键将添加一条新的标号行。如果选择标号的文字，并单击"项目符号"按钮 ，行标号将变为项目符号，如图 11-42 所示。

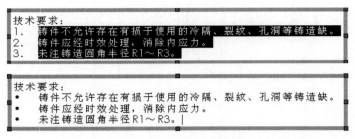

图 11-42　行标号与项目符号

如果要输入分数等需要层叠显示的文字时，可以单击"层叠"按钮 ，弹出"层叠注释"对话框，如图 11-43 所示。在此对话框中可以设定层叠样式、对齐方式和层叠大小等。

图 11-43　"层叠注释"对话框

当需要编辑注释内容时，直接双击"注释"按钮即可。

11.6.2　添加基准特征与目标

在工程视图中，可以添加基准特征符号到投影为边（或轮廓线）的面，以便表明零件的基准平面。

单击注解工具栏上的"基准特征符号"按钮 ，弹出"基准特征"对话框，部分如图 11-44 所示。默认符号的依附点是实三角形，基准符号框是矩形，如图 11-45 所示。

图 11-44　"基准特征"对话框

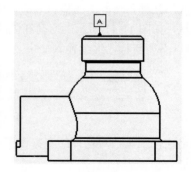

图 11-45　默认基准特征符号

选择方形时，依附点有四种类型，分别是：实三角形、带肩角的三角形、虚三角形和带肩角的虚三角形，分别如图 11-46 所示。选择圆形时，依附点有三种类型，分别是垂直、竖直和水平，分别如图 11-47 所示。

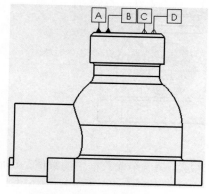

图 11-46　方形基准特征符号

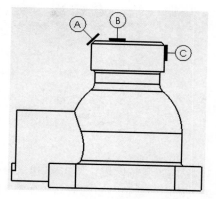

图 11-47　圆形基准特征符号

在工程图上添加基准目标符号至所需的位置或区域（如矩形、方形或圆形等）。

单击注解工具栏上的"基准目标"按钮 ⌖，单击"目标符号"按钮 ⊖ 并单击"X 目标区域"按钮 ✕，选择一条附加符号位置的边，建立基准目标符号，如图 11-48 所示。使用区域大小在外的目标符号按钮 ⊖，建立零件序号的一条引线，如图 11-49 所示。

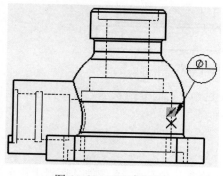

图 11-48　X 目标区域

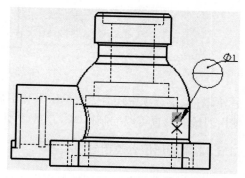

图 11-49　目标区域尺寸显示在外

（1）多个基准参考：多个基准参考可以添加至三个零件序号，基准参考在零件序号圆形的下半部分，如图 11-50 所示。

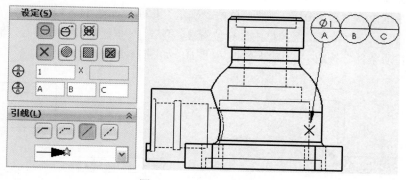

图 11-50　多个基准参考

（2）圆形目标区域：单击 按钮，建立一个圆形目标区域，这个区域用剖面线填充，第一个输入框内的数值是目标圆形区域的直径，如图 11-51 所示。

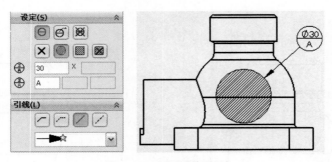

图 11-51　圆形目标区域

（3）长方形目标区域：单击 建立一个矩形目标区域。第一个输入框中的数值是矩形的宽，第二个输入框中的数值是矩形的高，如图 11-52 所示。

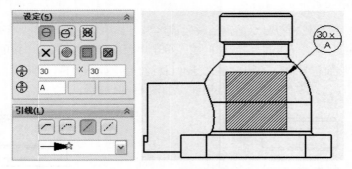

图 11-52　长方形目标区域

另外，在设定选项中还有无目标符号和不显示目标区域，它们分别表示无目标符号和无目标区域。使用引线的设置可以控制折弯、引线线型和箭头样式。

11.6.3　添加形位公差符号

形位公差符号通过使用特征控制框向零件或工程图添加形位公差。系统能从逻辑上避免出现成对矛盾的形位公差符号。SolidWorks 支持"ANSI Y14.5 几何和真实位置公差"准则，也支持 GB 等其他标准。

添加形位公差：选择一条模型边线，单击"形位公差"按钮 ，在"符号"下拉框中选择直线度，在公差 1 框内添加数值 0.003，然后单击"确定"按钮，如图 11-53 所示。

形位公差符号：在"符号"下拉框中选择位置度，单击 按钮添加直径符号，输入数值 0.010 并单击"最大材质条件"按钮 ，输入数据 A 和 B，如图 11-54 所示。

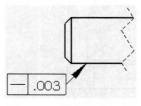

图 11-53　添加形位公差

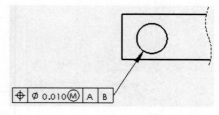

图 11-54　形位公差符号

形位公差符号的组合：为上框架和下框架都选择一个位置，选择组合框可以将两个位置符号合并成一个，如图 11-55 所示。

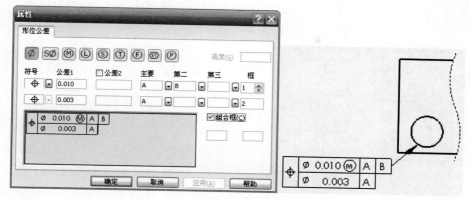

图 11-55　组合形位公差

将形位公差依附于尺寸：如想把形位公差依附到尺寸上，只需把它拖到尺寸上。依附后可以移动符号，把它移动到尺寸的外边、上面或下面，如图 11-56 所示。按住 Shift 键拖动依附于尺寸的形位公差可以解除依附关系。按住 Ctrl 键拖动依附于尺寸的形位公差可以建立一个没有依附关系的形位公差。

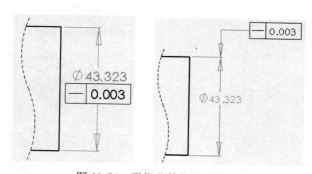

图 11-56　形位公差依附于尺寸

使用间隔度时在两个文本框之间添加箭头符号，如图 11-57 所示。

图 11-57　间隔度

11.6.4　添加表面粗糙度符号

可以设置一个零件的表面粗糙度。可以先选择一个模型的表面，然后定义一个符号，根据需要输入数值和设定选项。可以选择零件、装配体或工程图文件里的表面。

单击注解工具栏上的"粗糙度"按钮 √，弹出"表面粗糙度"对话框，它由符号和刀痕方向两部分组成。

图 11-58 展示了无刀痕方向的基本符号，图 11-59 展示了无刀痕方向，要求切削加工的符号。

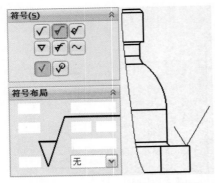

图 11-58　无刀痕方向的基本符号

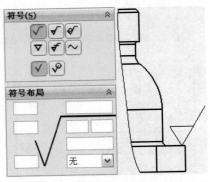

图 11-59　无刀痕方向需切削加工的符号

图 11-60 展示了交叉刀痕方向，要求切削加工的符号。图 11-61 展示了无刀痕方向，禁止切削加工的符号。

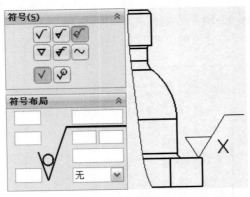

图 11-60　交叉刀痕方向需切削加工的符号

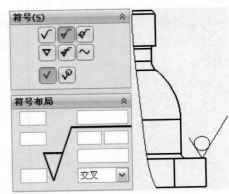

图 11-61　无刀痕方向禁止切削加工的符号

在粗糙度和加工余量的输入框内输入数值，这些数值将在相应位置显示，如图 11-62 所示。在其他输入框中，如加工方法/代号、抽样长度和其他粗糙度值，可以添加这些数值，这些数值将在相应位置显示，如图 11-63 所示。

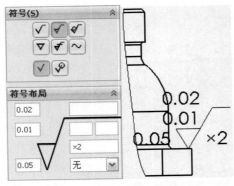

图 11-62　粗糙度和加工余量

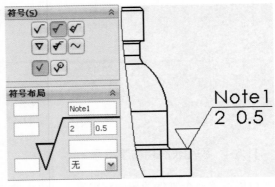

图 11-63　其他输入框

JIS 基本和需要 JIS 切削加工符号包括表面纹理的子选项，如图 11-64 所示。JIS 曲面纹理 3 可以添加至需要 JIS 切削加工。图 11-65 展示了禁止 JIS 曲线加工的符号。

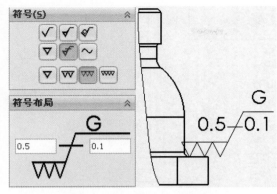

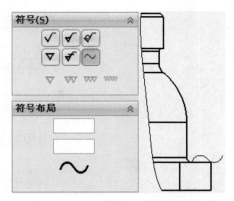

图 11-64　JIS 切削加工符号　　　　　　图 11-65　JIS 禁止切削加工符号

11.6.5　添加装饰螺纹线

可以使用装饰螺纹线在工程图中描述螺纹，而不是在模型上建立真实形状。对于螺杆来说，装饰螺纹线表示螺纹的次要直径；对于螺孔来说，装饰螺纹线表示螺纹的主要直径。

装饰螺纹线既可以在零件中添加，也可以在工程中添加。与其他类型的注解不同，装饰螺纹线是其所附加项目的专有特征。

单击注解工具栏上的"装饰螺纹线"按钮 $\bigcup$ ，选择一个圆形边线，设置相应的终止条件、深度、次要直径和螺纹标注，如图 11-66 所示。

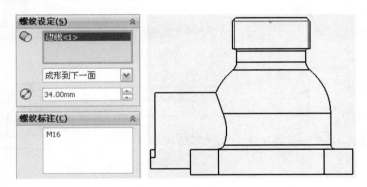

图 11-66　装饰螺纹线

11.6.6　添加焊接符号

可以利用"焊接符号"命令在零件、装配体或工程图的顶点、边线面上建立焊接符号，SolidWorks 支持 ANSI、ISO、GB 和 GOST 焊接符号库。

单击注解工具栏上的"焊接符号"按钮 ，单击如图 11-67（a）所示的"焊接符号"按钮，从符号库中选择一种焊接符号，在左边的文本框中输入焊接尺寸。

焊接斜度：在焊接符号按钮右边的框内输入斜度值，格式通常设置为长度斜度，如图 11-67（b）所示。

在线上方使用焊接符号建立另一边的焊接，如图 11-68 所示。

勾选"全周"复选框，在焊接线的拐角处建立一个圆，如图 11-69 所示。

勾选"现场"复选框，在焊接线拐点添加标记符号，如图 11-70 所示。

勾选底部的"现场"设置翻转标记，如图 11-71 所示。

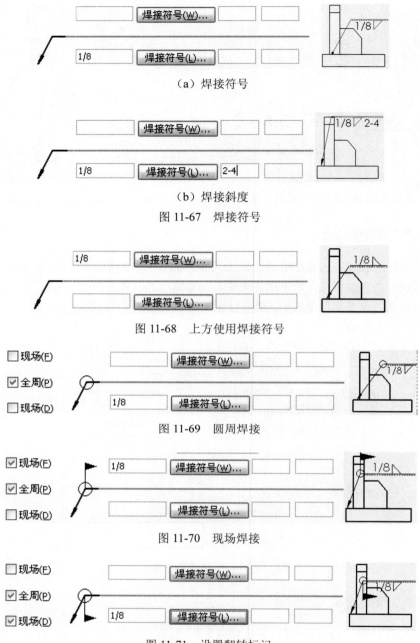

（a）焊接符号

（b）焊接斜度

图 11-67　焊接符号

图 11-68　上方使用焊接符号

图 11-69　圆周焊接

图 11-70　现场焊接

图 11-71　设置翻转标记

11.6.7　添加孔标注

对于使用异型孔向导或圆形切除特征创建的孔，可以使用孔标注工具为其标注直径尺寸（从动尺寸）。

单击注解点击率上的"孔标注"按钮 ⊔∅，选择一个圆孔的边线，默认情况下，依附的孔是由孔向导生成的，则孔标注的定义是由孔的属性决定的，如图 11-72 所示。

表示为孔的切除特征同样可以使用孔标注，这个切除特征必须包含一个草图圆，如图 11-73 所示。另外可以像一般尺寸标注那样添加公差和精度。

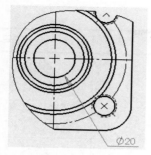

图 11-72　异型孔向导标注

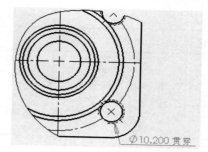

图 11-73　切除特征孔标注

11.6.8　创建零件序号

零件序号符号作为注释在工程图中表明材料明细表的项目符号，零件序号样式如表 11-1 所示。

表 11-1　零件序号样式

零件样式	符号	零件样式	符号
无		圆形	
三角形		六角形	
方框		菱形	
五角形		圆形分割线	
五边旗形		三角旗形	
下划线			

零件序号大小紧密配合，如表 11-2 所示。

表 11-2　零件序号大小

配合	符号	配合	符号
紧密配合		1 个字符	
2 个字符		3 个字符	
4 个字符		5 个字符	

选择"工具"│"选项"│"文件属性"│"注解"│"零件序号",已默认设置样式、大小等,在特征设计树中可以改变这些设置。

单击注解工具栏上的"零件序号"按钮 ⊕,在"零件序号"对话框中使用文本设置可以自定义零件序号上部和下部的说明文字,如图 11-74 所示。

图 11-74　零件序号文本设置

通过自定义设置可以选择零件序号上部或下部的常用属性,如图 11-75 所示。

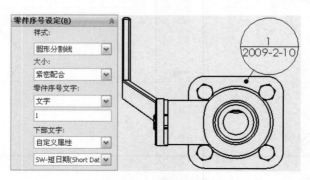

图 11-75　自定义属性设置

11.6.9　自动零件序号

自动零件序号可以在工程视图中自动添加剩下的零件序号，而且有多种布局样式可以选择。选择"工具"｜"选项"｜"文件属性"｜"注解"｜"零件序号"，已默认设置好自动零件序号的布局等，在特征设计树中可以改变这些设置。

选择工程视图，单击注解工具栏上的"自动零件序号"按钮 🔧，弹出"自动零件序号"对话框，零件序号布局的默认设置是方形，如图 11-76 所示。如果不勾选"忽略多个实例"，那么每个零件实例都会生成一个对应的零件序号。

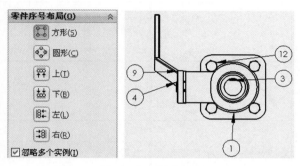

图 11-76　方形布局

图 11-77 展示了圆形零件序号布局，选择"圆形零件序号布局"后，拖动一个零件序号可以改变"圆"的直径，图 11-78 展示了靠上零件序号布局，图 11-79 展示了靠下零件序号布局。

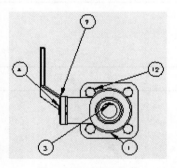　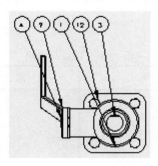　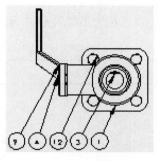

图 11-77　圆形布局　　　　图 11-78　靠上布局　　　　图 11-79　靠下布局

图 11-80 展示了靠左零件序号布局，图 11-81 展示了靠右零件序号布局，在所有命令结束以后，零件序号可以被单独选择并修改，也可以作为一组被选择和修改，如图 11-82 所示。

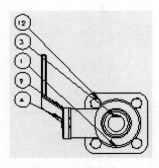　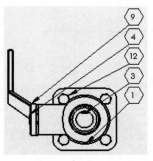　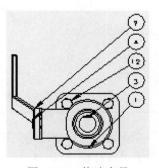

图 11-80　靠左布局　　　　图 11-81　靠右布局　　　　图 11-82　修改序号

11.6.10　创建修订符号

修订符号可以用来建立带边界的注释，其内容由修订表设置，修订符样式如表 11-3 所示。

表 11-3　修订符样式

样式	符号	样式	符号
无		圆形	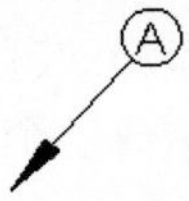
三角形	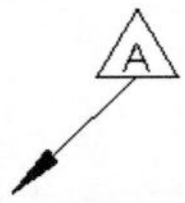	六角形	
方框		菱形	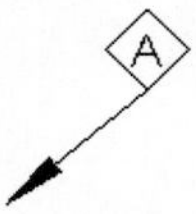
五角形		五边旗形	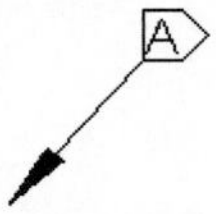
三角旗形	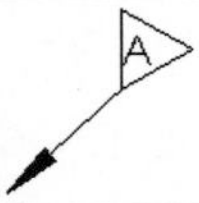		

修订符大小如表 11-4 所示。

表 11-4　修订符大小

修订符	符号	修订符	符号
紧密配合	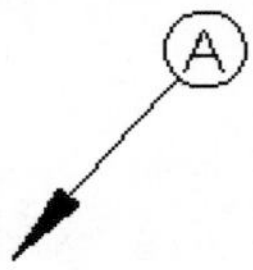	1 个字符	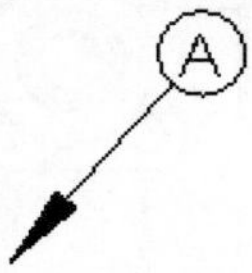
2 个字符	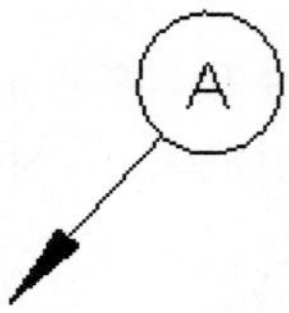	3 个字符	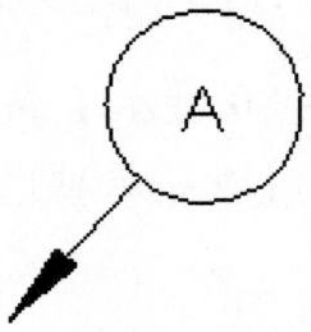
4 个字符	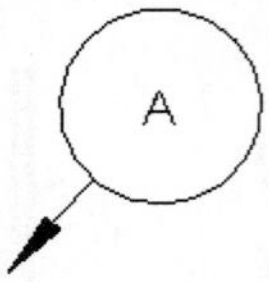	5 个字符	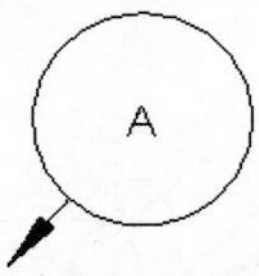

在表格中已有修订的工程图中，单击注解工具栏上的"修订"符号，或单击"插入"｜"注解"｜"修订符号"，或用右键单击修订表并选择"修订"｜"添加符号"命令。

在修订符号管理器中设定属性，此管理器使用与注释管理器相同的规则。

在图形区域中单击"放置"符号，可以在修订符号管理器激活时放置符号的多个实例，单击"确定"按钮即可。

注意：当插入使用自动引线的修订符号时，必须停留在实体上以高亮显示实体并附加引线。引线直到悬空在实体上时才出现，这样，引线和高亮显示的实体不会遮挡观阅模型或工程图视图。

图 11-83 所示的修订符是不带引线的修订符，图 11-84 是带引线的修订符。

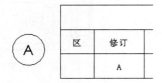

图 11-83 不带引线的修订符

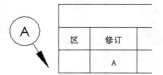

图 11-84 带引线的修订符

11.6.11 创建剖面区域填充

"区域剖面线/填充"选项用来对没有自动生成剖面线的区域添加带边界的剖面线。填充边界可以是一个面或者封闭的草图轮廓。剖面阴影可以为剖面线或实体。截面、对齐截面和断裂视图会自动添加剖面线，不需要选择区域剖面线选项。

单击注解工具栏上的"区域剖面线/填充"按钮，弹出"区域剖面线/填充"对话框，部分如图 11-85 所示，在工程视图中选择单个或多个面区域，单击 ✔ 按钮，完成区域剖面线填充，结果如图 11-86 所示。如果在工程视图中选择多个表面或封闭草图轮廓作为边界，也可实现相同结果，如图 11-87 所示。

图 11-85 剖面区域填充

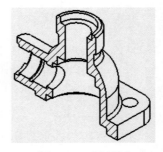

图 11-86 选择面

使用剖面线填充、实线填充或无填充等不同方式填充表面，结果分别如图 11-88、图 11-89、图 11-90 所示。

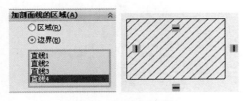

图 11-87 选择边界

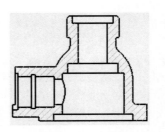

图 11-88 剖面线填充

在剖面线上的注解和尺寸会自动消隐剖面线，以便更好地显示，如图 11-91 所示。如果需要改变边界，右键单击剖面线，选择重新生成区域剖面线即可。

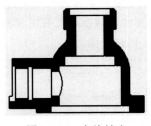
图 11-89　实线填充

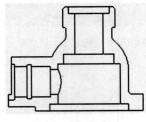
图 11-90　无填充

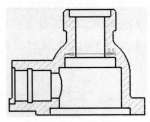
图 11-91　自动消隐剖面线

11.7　创建块与表格

11.7.1　创建块

块可以用来建立标准注释、标签及其他 SolidWorks 接受的自定义符号等。它可以由草图几何体或者注释创建而成，并且既可以在本地使用（在当前工程图中），也可以保存成一个块文件在其他工程图中使用。

下面以实例来讲解块的创建过程。在本例中，将建立一个如图 11-92 所示的焊接符号，把这个自定义符号放置在标准焊接符号上侧或者带引线依附于一几何体上，以表明其独特。符号内上侧的字母是不变的，下侧的数字是可变的。

步骤 1：新建工程图。用最小的模板（如 GB-A4-横向）新建一个工程图。

步骤 2：绘制六边形。使用多边形工具做一个六边形，如图 11-93 所示在两端点间添加一条直线。

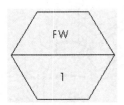
图 11-92　焊接符号

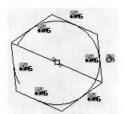
图 11-93　六边形

步骤 3：定义六边形。直线段定义为水平，且长度为 5mm，如图 11-94 所示。

步骤 4：添加几何关系。删除构造圆，选择六边形的六条边，并添加相等的几何关系，如图 11-95 所示。

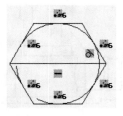
图 11-94　定义六边形

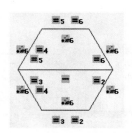
图 11-95　添加几何关系

步骤 5：制作块。单击"制作块"按钮 选择所有直线段，单击"插入点"组合框，显示如图 11-96 所示的可见操纵杆。

步骤 6：拖动定位。拖动引线插入点（黑色箭头）及原点（蓝色轴）至图 11-97 所示的位置，单击"确认"。

步骤 7：编辑块。在此块上单击右键选择编辑块，添加一个文字注释 FW，并将其放置在符号上半部分，如图 11-98 所示。

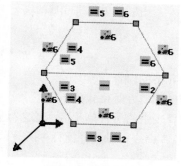

图 11-96　制作块

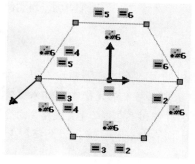

图 11-97　拖动定位

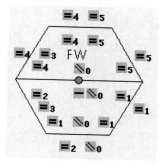

图 11-98　添加注释

步骤 8：选择文字属性。选择注释，输入标签名称 FieldWeld，并且勾选"只读"复选框，单击"确认"按钮，如图 11-99 所示。

步骤 9：添加注释。参照前面步骤，使用同样的字体属性添加另一个注释，输入标签名称 Number，清除"只读"复选框，单击"确认"按钮。再次单击编辑块以退出编辑状态，如图 11-100 所示。

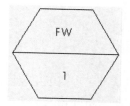

图 11-99　选择文字属性

图 11-100　添加注释

步骤 10：保存为块文件。选择该几何图元，单击"保存块"按钮 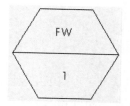，保存类型为 SolidWorks Block，命名为 FWS，并保存在练习文件夹里。

步骤 11：关闭。关闭用于建立块的工程图，并且不保存。

11.7.2　插入块

将块保存至一标准文件后，就可以插入到任何工程图中，在插入块之前，可以定义块的比例大小、旋转角度及上方需要的引线等。

下面以实例形式来讲解块的插入过程。

步骤 1：插入块。在如图 11-101 所示的工程图中，单击"插入块"按钮 📇，并且选择刚才保存的块文件，放置在焊接符号上侧，单击"确认"按钮。

步骤 2：块实例。双击块上的数字 1，改为 2，如图 11-102 所示。

步骤 3：引线。再次插入一个块，并将数字改为 3，单击"折弯引线"选项，可以为块添加一折弯引线，如图 11-103 所示。

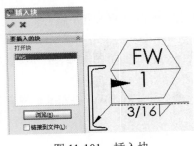

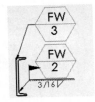

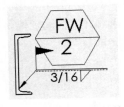

图 11-101　插入块　　　　　图 11-102　块实例　　　　图 11-103　带引线的块

11.7.3　创建总表

总表与其他自动生成单元格中的内容不同，需要输入每一个单元格的内容。

总表包含行和列中的多个单元格。每个单元格中可输入文本或数据，并且格式化。

右键单击表中的一个单元格，并通过"选择"｜"表格"命令选择表中的所有单元格；通过"选择"｜"列"命令可以选择此列中所有单元格；通过"选择"｜"行"命令可以选择此行中所有单元格。

单击注解工具栏上的"总表"按钮 ，插入一个总表，并设置行列数，如图 11-104 所示，双击单元格，填入表格数据，支持符号和自定义数据。

图 11-104　插入单元格

通过选择工程图纸中表格的任意位置可以激活表格，并通过表格左上角的移动符号拖动表格。通过双击单元格并输入文字可以改变单元格的内容。如果单元格包含了自动生成的信息，将弹出一个警告对话框。通过拖动表格或边线可以改变行或列的大小。

设置表格：选中表格，单击左上角的移动符号，弹出"表格"对话框，如图 11-105 所示，可以对所以有单元格进行设置。

表格位置有四个选项，分别为左上、左下、右上和右下。

边界可以分为框边界和网格边界，可以分别对它们的线粗进行设置，如图 11-106 所示。

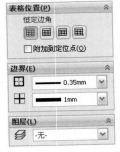

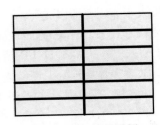

图 11-105　"表格"对话框　　　　　　　图 11-106　边界设置

另外"图层"组合框可以为设计表指派一个图层，表格将采取图层的颜色。选择行/列或整个表格，单击右键，选择"格式化"命令可以改变列宽和行高。

选中表格，在图形区域弹出文字格式工具条，如图 11-107 所示，可以对文字格式进行设置。

图 11-107　文字格式工具栏

单击单元格，选择方程式按钮 Σ，弹出方程式对话框，如图 11-108 所示，可以为单元格添加方程式。

图 11-108　方程式对话框

11.7.4　创建孔表

利用孔表功能，可以在表格格式中自动生成孔的信息。模型中创建孔的位置等信息将反映在相应的列中。

单击"孔表"按钮 ，并选择左下角顶点作为定位点，使用 standard hole table--letters 模板。在"边线/面"列表框中选择所要选择的面，如图 11-109 所示，则自动选中该面内所有切割回路。此外，可单独选择每个孔的边来代替面选择，也可以选择孔另一端的面。

图 11-109　选择点和面

单击 按钮，把表格放置在工程图上。在放置每个孔的同时，在每个孔的附近都会添加一个注释，如图 11-110 所示。

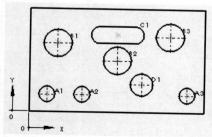

标签	X 位置	Y 位置	大小
A1	50	50	$\varnothing$45
A2	150	50	$\varnothing$45
A3	450	50	$\varnothing$45
B1	80	200	$\varnothing$80▽100
B2	250	150	$\varnothing$80▽100
B3	400	220	$\varnothing$80▽100
C1	250	225	
D1	320	80	$\varnothing$64▽100

图 11-110　放置表格

非圆形孔，比如图纸的狭槽，则通过几何中心来定位。单元格中不会列出关于这些特征的任何尺寸值。为了表达更清楚，可以在工程图中添加尺寸值。

也可以用模型的边线来定义 X 轴和 Y 轴，替换初始选择，如图 11-111 所示。

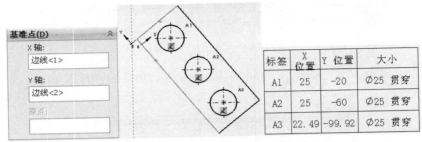

标签	X 位置	Y 位置	大小
A1	25	-20	∅25 贯穿
A2	25	-60	∅25 贯穿
A3	22.49	-99.92	∅25 贯穿

图 11-111　使用边线定义 X 轴、Y 轴

设置标签：右击孔表，选择"属性"命令，使用"Alpha/数字控制"组合框来设置标签，选择 1、2、3 选项使用数字标签，视图中相应的注释会随着表格的改变而改变，如图 11-112 所示。

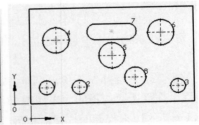

标签	X 位置	Y 位置	大小
1	50	50	∅45
2	150	50	∅45
3	450	50	∅45
4	80	200	∅80▽100
5	250	150	∅80▽100
6	400	220	∅80▽100
7	250	225	
8	320	80	∅64▽100

图 11-112　数字标签

如果勾选"组合相同标签"复选框，把相同标签的孔组合，值显示在一个标签中，使用此项将移除 X 位置列和 Y 位置列，如图 11-113 所示。如果勾选"组合相同大小"复选框，把相同尺寸的孔组合，只显示一个尺寸，如图 11-114 所示。

选择列标题可以打开"列属性"对话框，单击"数量"选项，可以改变列中显示信息的类型，也可以修改列标题。单击列左移 ⇐ 或列右移 ⇒ 箭头可以在表格中对列进行向左或向右的操作。右键单击单元格，从菜单中选择"插入"|"右列"或"左列"，可以在当前列的左侧或右侧插入新列。右键单击列标题，选择"删除"|"列"，可以删除该列。同样也可以对行进行相同操作。

单击表格单元格，打开"单元格属性"对话框，属性的内容随标题的改变而改变。大小标题中包含来自模型的信息，而其他列包含生成的标注单元格属性。

单击列标题（此例中为 X 位置），右键单击"排序"|"升序"命令，对数据进行从小到大的排序，如图 11-115 所示。

标签	大小	数量
1	∅45	3
2	∅80▽100	3
3		1
4	∅64▽100	1

图 11-113　组合相同标签

标签	X 位置	Y 位置	大小
1	50	50	
2	150	50	∅45
3	450	50	
4	80	200	
5	250	150	∅80▽100
6	400	220	
7	250	225	
8	320	80	∅64▽100

图 11-114　组合相同大小

标签	X 位置	Y 位置	大小
A1	50	50	∅45
B1	80	200	∅80▽100
A2	150	50	∅45
B2	250	150	∅80▽100
C1	250	225	
D1	320	80	∅64▽100
B3	400	220	∅80▽100
A3	450	50	∅45

图 11-115　升序

右键单击单元格，从菜单中选择"跳到标签"命令，来加亮模型中的孔。

选择坐标编辑，弹出"孔表轴心属性"对话框，可以修改 X 轴和 Y 轴标记的名称，如图 11-116 所示。

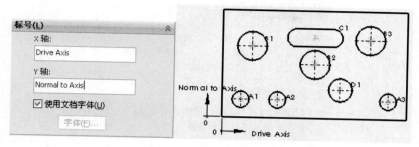

图 11-116 修改 X 轴和 Y 轴标记的名称

单击右键编辑基准定义，选择另一点作为原点，可以移动孔表轴心的位置。通过拖放控制点可以调整坐标标记的大小和位置。

利用下一视图，可以使多个视图的孔显示在同一个表中。选择第一个视图，并选择原点和边线/面，如图 11-117 所示。

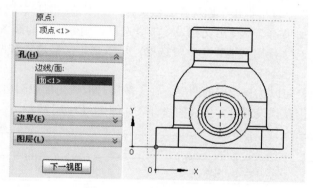

图 11-117 选择第一个视图

单击下一视图，并选择第二个视图，选择基准面和孔，如图 11-118 所示。可以继续添加下一视图，最后单击 ✔ 按钮，放置表格，如图 11-119 所示。

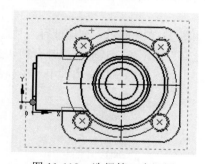

图 11-118 选择第二个视图

标签	X 位置	Y 位置	大小
A1	31.50	-11.77	Ø10.20 贯穿
A2	31.50	37.23	Ø10.20 贯穿
A3	80.50	-11.77	Ø10.20 贯穿
A4	80.50	37.23	Ø10.20 贯穿

图 11-119 放置表格

11.7.5 创建修订表

用修订表命令来添加"修订表"，并关联修订符号到工程图中。标准的修订表模板会生成区域、修订、说明、日期和通过列，而在其他模板中则省略了区域列。

单击注解工具栏上的"修订表"按钮 ，弹出修订表管理器，如图 11-120 所示。

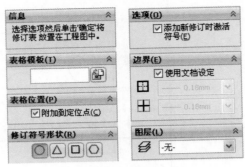

图 11-120　修订表管理器

在"表格模板"组框中单击"浏览模板"按钮 ，弹出"选择修订模板"对话框，选择相应的修订模板即可。

在"表格位置"组框中勾选"附加到定位点"复选框，则修订表被附加在定位点上，不可以随意拖动。如果取消勾选"附加到定位点"复选框，则生成的修订表可以随意拖动到任何位置。

在"修订符号形状"组框里提供了四种样式供选择，分别是：圆形、三角形、方形和六角形。

在"边界"组框，如果勾选"使用文档设定"复选框，则修订表的线条样式、粗细等均采取默认设置，如果取消勾选"使用文档设定"复选框，可以自定义框边界和网络边界的线条样式、粗细等。

在"图层"组框里，可以选择相应的图层，在无图层时应该先加载图层。

当修订表管理器采用默认设置时，生成的修订表如图 11-121 所示。

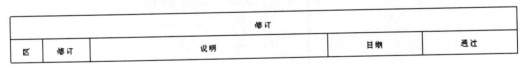

修订				
区	修订	说明	日期	通过

图 11-121　默认修订表

选择生成的修订表，单击左上角的 符号，弹出的修订表管理器中有一个"表格位置"组框，如图 11-122 所示。勾选"附加到定位点"复选框，恒定边角有四个选项，分别是左上、右上、左下、右下，选择某一项则该项所对应的点与定位点重合。

当选择修订表某一列时，弹出"列属性"对话框，如图 11-123 所示。列属性有六种选择，分别为区域、修订、说明、日期、通过、自定义。除"自定义"选项外，其他五项都有默认的标题，可以在"标题"文本框里进行修改或删除。选择自定义，可以在"标题"文本框中对该列命名。

图 11-122　表格位置

图 11-123　列属性

11.7.6　创建材料明细表

材料明细表生成一个装配体中所使用的零部件的清单，包括项目号、零件号、说明和数量栏目等。

在注解工具栏上单击"材料明细表"按钮 ，采用默认设置，SolidWorks 自动装入默认的材料明细表，明细表中的排列顺序和装配体设计树中的排列顺序是相同的，如图 11-124 所示，系统自动标记零件的序号和数量。

项目号	零件号	说明	数量
1	阀体		1
2	密封圈		2
3	阀芯		1
4	阀杆		1
5	填料垫		1
6	中填料		1
7	上填料		1
8	填料压紧张盖		1
9	扳手		1
10	调整垫圈		1
11	阀盖		1
12	螺栓		4
13	螺母		4

图 11-124　默认明细表

11.8　装配体工程图

11.8.1　零件序号

在 SolidWorks 中零件序号被认为是注解的一种类型，标注零件序号的三个命令位于注解工具栏中。

1. 零件序号

"零件序号"命令是一种一次生成序号的方法，虽然效率很低，但可控性较好。

在默认情况下，采用项目号方式设定零件序号的数值，从而与材料明细表保持一致。项目号在默认情况下对应零件调入装配中的次序，并没有按照顺时针递增的方式，因而不符合习惯的工程图规范。针对这种情况，最好在材料明细表中对项目号进行变更来调整零件序号，这种方法可保持良好的协调性。

另外，如果图样中没有材料明细表，则可以采用自定义方式设定零件序号，在零件序号属性管理器中的"零件序号文字"下拉列表框中选择"文字"选项，则可改变零件的序号。

2. 成组的零件序号

此工具需要自定义添加，在工程图中采用成组零件序号标记距离很近，尺度较小，但可以通过其名称明确区分零件，例如螺钉、螺母和垫片的组合就是最经常碰到的情况。

单击注解工具栏上的"成组的零件序号"按钮 ，弹出"成组的零件序号"对话框，鼠标指针变为 ，首先选择螺栓，单击"确定"按钮，确定零件序号位置，此时鼠标指针仍然保持 ，选择螺母，其零件序号出现在螺栓的零件序号之后，生成成组的零件序号，如图 11-125 所示。

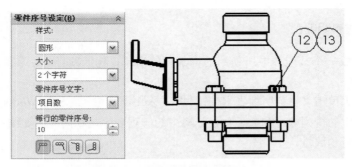

图 11-125   生成成组的零件序号

成组的零件序号的样式可分为向右层叠、向左层叠、向下层叠和向上层叠。

3．自动零件序号

自动零件序号适用于快速生成零件的序号，删除前面生成的与零件关联的零件序号。

在"向下"对话框的"文件属性"选项卡上，"注解"下拉菜单中可以设定零件序号的相关属性。

11.8.2   材料明细表

材料明细表又称为 BOM，是反映装配体中各零部件简要信息的表格。

单击注解工具栏上的"材料明细表"按钮 ，在弹出的"材料明细表"对话框里，材料明细表类型有三种：仅限零件、仅限顶层和缩进式装配体。

当装配体中只含有零件或者只想查看零件时，使用"仅限零件"选项。当装配体中既含零件，又包含子装配体时，可以使用多种选项来显示装配体，比如仅限顶层选项。可以使用缩进式装配体来显示材料明细表。

设置材料明细表定位点，用来在图纸格式上定位 BOM 表。单击右键，选择"编辑图纸格式"命令，选择图纸格式中的一个点，如图 11-126 所示。右键单击该点，从菜单中选择"设定为定位点"｜"材料明细表"命令。完成后在生成材料明细表时勾选"选添加到定位点"复选框，则材料明细表自动吸附到刚设置的定位点上，如图 11-127 所示。

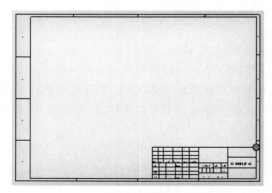

图 11-126   设置材料明细表定位点

图 11-127   添加到定位点

利用"项目号"组框设置起始于和增量不等于 1 的数值，可以对表格重新编号，如图 11-128 所示。选择"不更改项目号"，可以对表格进行重新编号，选择"依照装配体顺序"，则返回到标准顺序状态。

利用"边界"组框可以分别对框边界和网格边界的线粗进行设置，如图 11-129 所示。

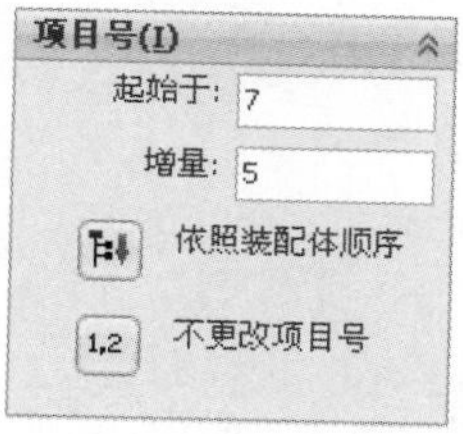

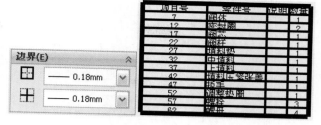

图 11-128　项目号

图 11-129　边界设置

表格中的单元格可以输入文本信息。当双击单元格时，会弹出警告对话框，警告表格和单元格已链接到其他文件，单击“是”按钮则会断开此链接。

可以利用排序来实现任何列的升序和降序排序。选择表格并右键单击，选择“排序”命令，弹出“分排”对话框，如图 11-130 所示，在“分排方式”下拉列表中选择要排序的项，并可以在“然后以此方式”下拉列表中选择其他排序项。

利用分割命令可以在任何列或行处分割表格。单击单元格分割点，并右键单击“分割”｜“横向上”、“横向下”、“纵向左”或“纵向右”，生成一个拥有自己列标题的独立表格，如图 11-131 所示。分割出来的表格可以独立移动。拖动表格到原表的定位点可以让它与原表组合在一起。右键单击选择“合并表格”命令，也可返回到表格的单一状态，如图 11-132 所示。

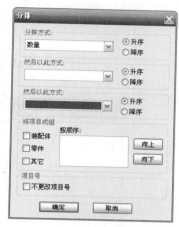

图 11-130　“分排”对话框

材料明细表			
项目号	零件号	说明	数量
1	阀体		1
2	密封圈		2
3	阀芯		1
4	阀杆		1
5	填料垫		1

材料明细表			
项目号	零件号	说明	数量
6	中填料		1
7	上填料		1
8	填料压紧张盖		1
9	扳手		1
10	调整垫圈		1
11	螺栓		3
12	螺母		4

图 11-131　分割表格

材料明细表			
项目号	零件号	说明	数量
1	阀体		1
2	密封圈		2
3	阀芯		1
4	阀杆		1
5	填料垫		1
6	中填料		1
7	上填料		1
8	填料压紧张盖		1
9	扳手		1
10	调整垫圈		1
11	螺栓		3
12	螺母		4

图 11-132　合并表格

11.9　综合实训

11.9.1　实训 1——零件图详图

完成如图 11-133 所示的旋转开关阀体出详图。

步骤 1：导入模型尺寸。打开第 10 章所完成的工程图，单击注解工具栏上的“模型项目”按钮，如果在模型项目管理器“来源/目标”中选择“整个模型”，则导入所有尺寸，如图 11-134 所示，不过比较乱，还需要进行调整。

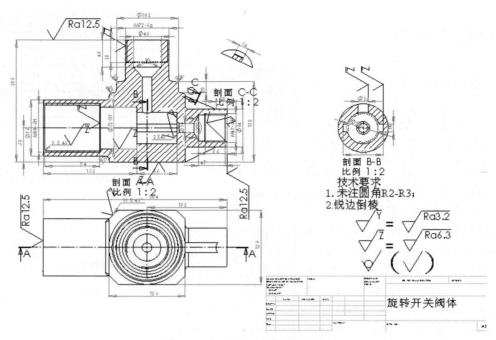

图 11-133　旋转开关阀体出详图

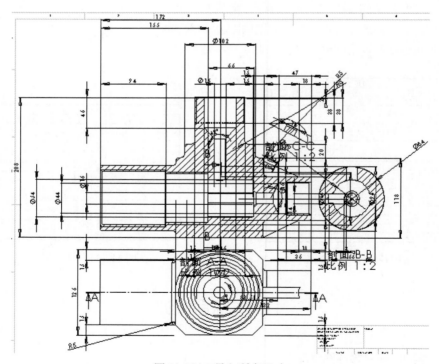

图 11-134　导入所有尺寸

也可以逐个特征导入尺寸，分别对单个特征尺寸进行调整。单击注解工具栏上的"模型项目"按钮 ◈ ，在模型项目管理器"来源/目标"中选择"所选特征"，然后单击管理器右上方的 FeatureManager 设计树，在展开的设计树中选择拉伸 1，单击 ✅ 按钮，该特征尺寸导入工程图中，如图 11-135 所示。

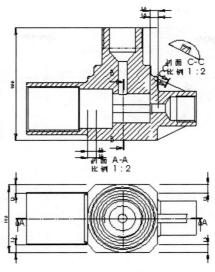

图 11-135　导入拉伸 1 尺寸

对上述尺寸进行修改、调整，该删除的尺寸按 Delete 键，直接拖动来移动尺寸，按住 Ctrl 键可复制尺寸，经调整后只保留两个尺寸，调整后如图 11-136 所示。

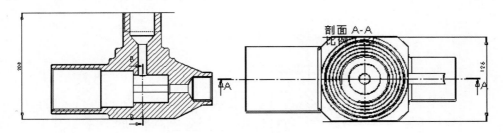

图 11-136　调整后的尺寸

用同样的方法调入其他特征尺寸，对于没有导入的尺寸可以利用"智能尺寸"命令 ◇ 进行标注，最后调整后如图 11-137 和图 11-138 所示。

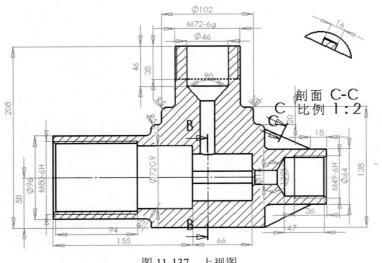

图 11-137　上视图

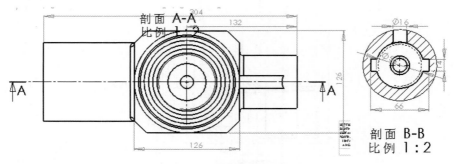

图 11-138　下视图及局部视图

步骤 2：添加注释。单击"表面粗糙度"符号 ✓ 和"注释"按钮 **A**，在右下角添加如图 11-139 所示的注释。然后对该工程图调节粗糙度符号，如图 11-140 所示。

图 11-139　注释

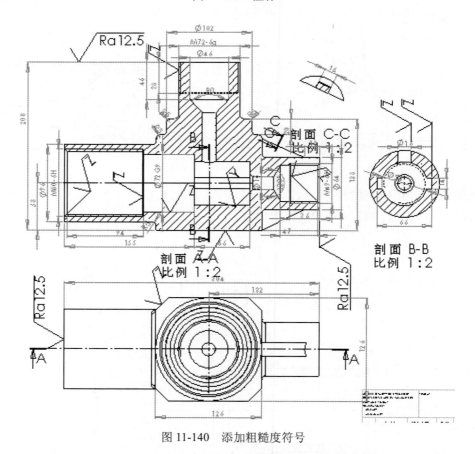

图 11-140　添加粗糙度符号

步骤 3：标注倒角尺寸。单击"倒角尺寸"按钮 ⌁，选择倒角的相邻两边，用鼠标拖动到合适位置，单击放置即可。标注倒角尺寸，必要时可以对其他标注进行调整，标注完成后如图 11-141 所示。

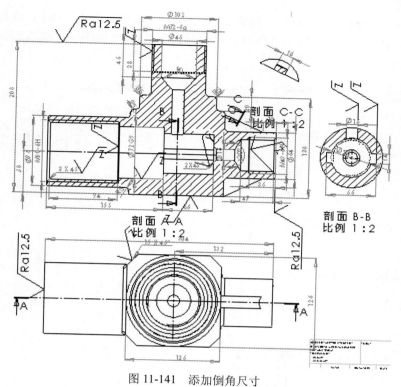

图 11-141　添加倒角尺寸

　　步骤 4：拖动整个工程图，放置到合理位置，并单击"注释"按钮 **A** 添加技术要求，如图 11-142
所示。

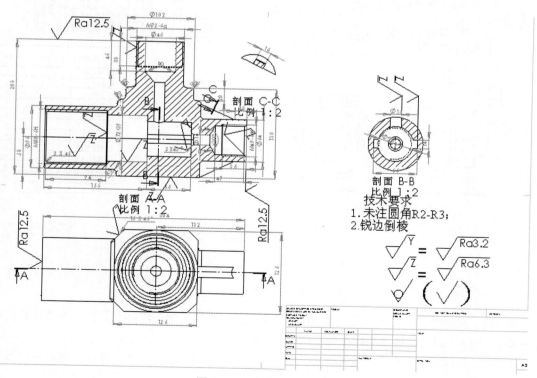

图 11-142　添加技术要求

步骤 5：填写标题栏。在绘图区空白处右击，选择"编辑图纸格式"命令，进入编辑图纸格式模式，双击空格即可填写，如图 11-143 所示。填写完成后，在空白处右击选择编辑图纸，即可退出编辑图纸格式模式。

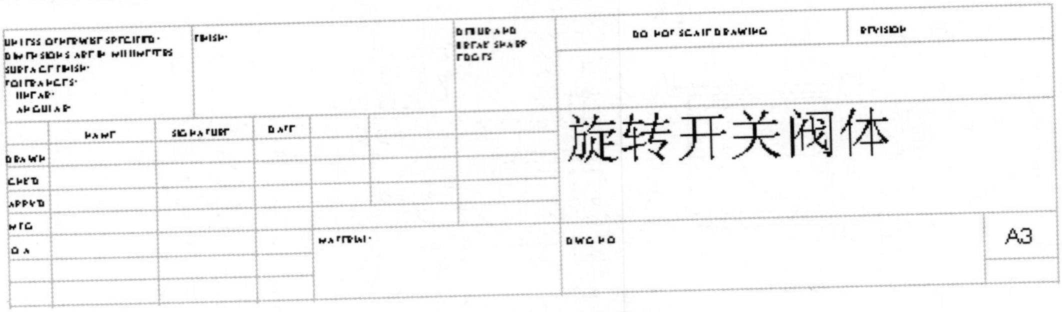

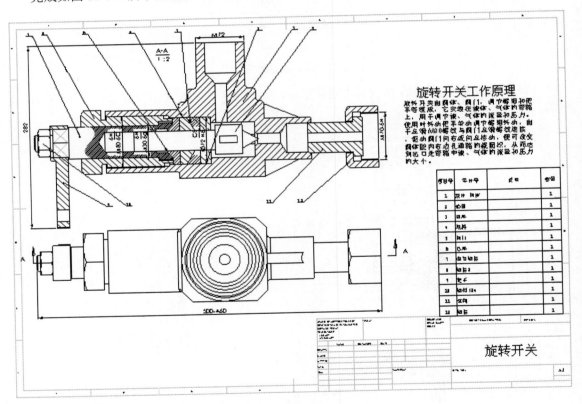

图 11-143　填写标题栏

11.9.2　实训 2——装配图详图

完成如图 11-144 所示的旋转开关阀体出详图。

图 11-144　旋转开关阀体出详图

步骤 1：标注尺寸和公差。打开第 10 章所完成的工程图，单击注解工具栏上的"智能尺寸"按钮 ◇，将图上的尺寸和公差标注上，如图 11-145 所示。

步骤 2：标注零件序号。单击注解工具栏上的"自动零件序号"按钮，选择方形，然后拖动调节顺序，如图 11-146 所示。

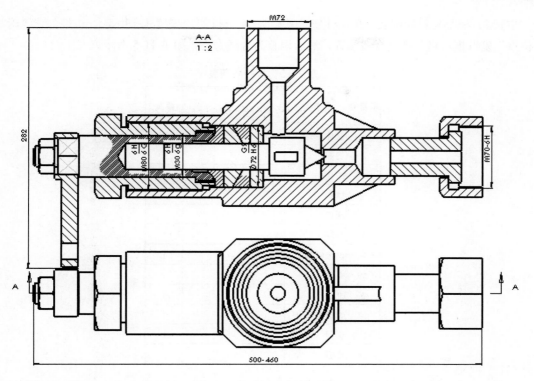

图 11-145 标注尺寸和公差

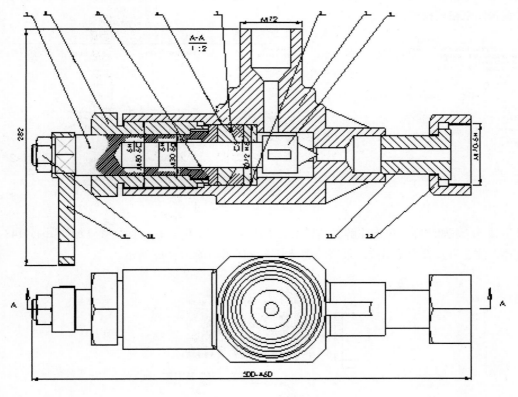

图 11-146 标注零件序号

步骤 3：添加材料明细表。单击注解工具栏上的"材料明细表"按钮 ，去掉勾选"附加到定位点"复选框，将其拖到合适位置，然后调整为合适大小，如表 11-5 所示。

表 11-5　材料明细表

项目号	零件号	说明	数量
1	复件 阀体		1
2	垫圈		1
3	凹环		1
4	填料		1
5	阀门		1
6	凸环		1
7	调节螺帽		1
8	螺帽2		1
9	把手		1
10	螺母M24		1
11	套筒		1
12	螺帽		1

步骤 4：填写标题栏。在绘图区空白处右击，选择"编辑图纸格式"命令，进入编辑图纸格式模式，双击空格即可填写，如图 11-147 所示。填写完成后，在空白处右击选择"编辑图纸"，即可退出编辑图纸格式模式。

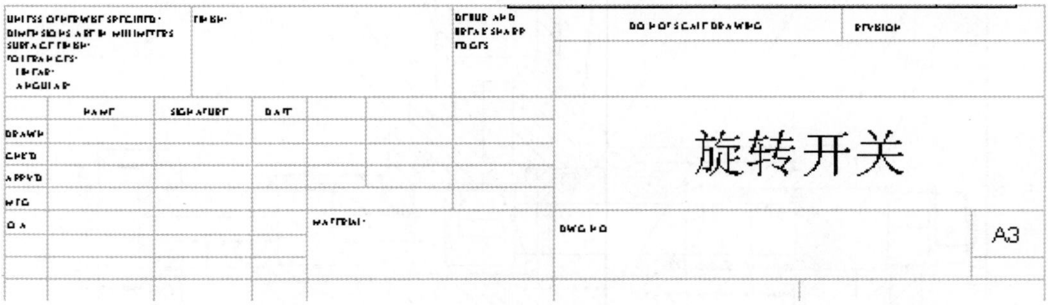

UNLESS OTHERWISE SPECIFIED: DIMENSIONS ARE IN MILLIMETERS SURFACE FINISH: TOLERANCES: LINEAR: ANGULAR:		FINISH:		DEBUR AND BREAK SHARP EDGES	DO NOT SCALE DRAWING	REVISION
	NAME	SIGNATURE	DATE			
DRAWN						
CHK'D						
APPV'D				旋转开关		
MFG						
Q.A			MATERIAL:	DWG NO.		A3

图 11-147　调整后的尺寸

步骤 5：添加注释。单击注解工具栏上的"注释"按钮 A，在合适位置添加如图 11-148 所示的注释，注意将其设为无引线。最终的旋转开关出详图如图 11-149 所示。

图 11-148　注释

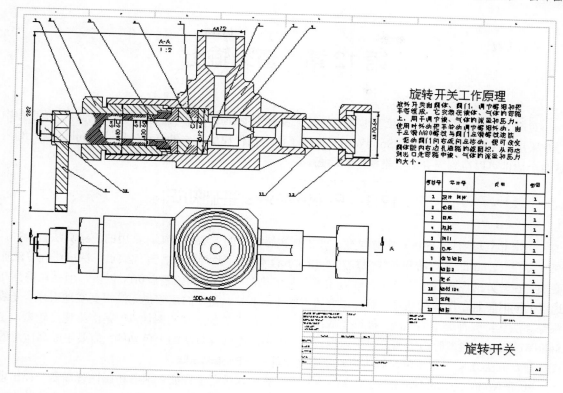

图 11-149　旋转开关出详图

习题 11

完成附录中的各个零件及装配体的工程详图。

第 12 章　渲染输出

对产品进行渲染，得到真实感模型，再将产品模型制作成动画，进行市场宣传推广，是企业中经常采用的手段之一。为此，SolidWorks 提供了两个插件模块——PhotoWorks 和 Animator。利用这两个插件可以得到逼真的渲染模型和动画。

12.1　PhotoWorks 基础知识

三维 CAD 软件都提供真实感模型，产生真实感模型的方法叫渲染。常用的渲染算法有两种：深度缓存（z-buffer）算法和光线跟踪（ray tracing）算法。两种算法各有优缺点，深度缓存算法速度快，在较好的图形硬件支持下，数万个三角形渲染时间都可以控制在 0.1s 以内，但是在得到高速度的同时牺牲了图像的质量，而且该方法不能生成阴影，物体的质感也无法很真实地表现。光线跟踪算法支持多种类型的光源，能够生成阴影，从而产生更加逼真的图像，但是渲染速度较慢。在 SolidWorks 中，造型时为了加快显示速度，一般采用深度缓存算法的上色功能。需要生成高质量的图像时，则必须采用光线跟踪算法的专业渲染软件——PhotoWorks。

PhotoWorks 是 SolidWorks 的重要插件之一，被加载后会像特征管理器和属性管理器一样出现在左侧的设计管理区中，如图 12-1 所示，不妨将其称为渲染管理器。利用 PhotoWorks 操作的内容将出现在渲染管理器中，可以像操作特征管理器一样操作它。另外，在右侧任务窗格中还出现一个"外观/PhotoWorks"窗口，如图 12-2 所示。其中提供了用于渲染的外观库、布景库、贴图库等资源，使用时只需要选择目标，然后拖到图形工作区就行了，非常方便。PhotoWorks 的操作命令可以通过菜单选择，也可以选择如图 12-3 所示的 PhotoWorks 工具栏的命令按钮。利用这些命令可以设置模型的表面属性，包括外观、颜色纹理、定义的光源、反射系数、透明度及背景图像等，使设计者能够非常方便地产生高级的真实感模型，这样不必实际加工产品样件就可以知道模型最终的样子了。

图 12-1　渲染管理器

图 12-2　"外观/PhotoWorks"窗口

下面介绍以下几个术语。

（1）外观。外观是生成真实感图像过程中的主要部件，可以用来模拟较宽范围的真实感与人造材质的外观。其主要作用是定义模型表面如何对光线作出反应，设计者可以指定表面的属性，如颜色、纹理、反射度、粗糙度及透明度等。

图 12-3　PhotoWorks 工具栏

（2）光源。要使模型能够被渲染，模型的表面必须被光源照射。在模型的上色视图中，可以调整光线的方向、强度和颜色。PhotoWorks 使用的是 SolidWorks 的光源，包括环境光源、线光源、点光源和聚焦光源。此外，PhotoWorks 还提供一种称为眼视光源的光源类型，设计者可以根据需要添加各种类型的光源，然后根据需要修改其特性以照射模型。

（3）前景/背景。所谓图像前景就是模拟空气稀薄的效果，如雾和景深等，使模型效果更加逼真。图像背景是并未被模型的任何部分所包含的区域，可以用各种图案或图像来填满这些区域，以增加图像的真实感及吸引力。

12.2　光源

在模型的渲染视图中，为了进一步提高逼真程度，通过设置光源可以调整光线的方向、强度和颜色，还可以添加各种类型的光源，然后根据需要修改其特性以照射模型。光源属性与模型的光学属性并不相同，通过二者的共同作用才能发挥作用。通过更改模型的光学属性，会加强或减弱光源属性的效果。

SolidWorks 中提高了以下 4 种光源类型。

（1）环境光源：从所有方向均匀照亮模型，白色墙壁房间内的环境光源很强，这是因为墙和环境中的物体会反射光线。

（2）线光源：来自于距离模型无限远的光源，它是一种聚焦光源，由来自同一方向的平行光组成，例如太阳。

（3）点光源：来自位于模型空间特定坐标处一个非常小的光源，此类型的光源向所有方向发射光线，其效果就像浮动在空间中的一个小灯泡。

（4）聚光源：来自位于一个限定的聚焦光源，具有锥形光束，其中心位置最为明亮，其效果就如同探照灯。聚光源可以投射到模型的指定区域，可以调整光源相对于模型的位置和距离，还可调整光束扩散的角度。

光源属性显示在特征管理器的 光源、相机与布景 文件夹中，默认情况下包括一个环境光源和两个线光源。可以打开或关闭环境光源，但不可以删除或添加环境光源；可以打开或关闭线光源，或将之删除，也可以添加附加的线光源；任何文档中最多可以有 9 个光源（环境光源加上任意其他 8 个光源）。

12.2.1　控制 SolidWorks 光源

1. 添加光源

用鼠标右击 光源、相机与布景 文件夹或其下面已经添加的光源，弹出快捷菜单，如图 12-4 所示（不同的项目，快捷菜单稍有不同）。在其中选择"添加线光源"命令，"线光源 1"属性管理器如图 12-5 所示。

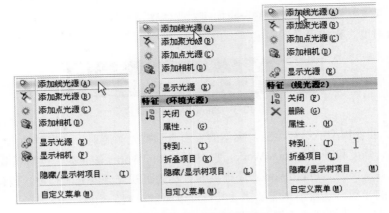

图 12-4　添加光源快捷菜单

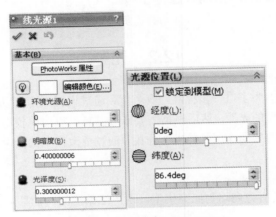

图 12-5　"线光源 1"属性管理器

在"基本"组框中各选项的含义如下。

（1）开/关：单击 💡 按钮可以打开或关闭模型中的光源。

（2）编辑颜色：单击 编辑颜色(E)... 按钮，可以显示颜色调色板，这样就可以选择带颜色的光源，而不是默认的白色光源。

（3）环境光源：控制光源的强度，移动滑杆或在 0 和 1 之间输入一个数值。数值越高，光线强度就会越强，而且随着强度的改变，在模型各个方向上光源强度均等地改变。

（4）明暗度：控制光源的明暗度，移动滑杆或在 0 和 1 之间输入一个数值。较高的数值在最靠近光源的模型一侧投射更多的光线。

（5）光泽度：控制光泽表面在光线照射处展示强光的能力。移动滑杆或在 0 和 1 之间输入一个数值，此数值越高，则强光越显著，且外观更为光亮。

在"光源位置"组框中各选项的含义如下。

（1）锁定到模型：该选项有效，相对于模型的光源位置将保留，否则光源在模型空间内保持固定。

（2）指定光源的位置：在图形区域中拖动操纵杆，或在属性管理器中输入数值或移动滑块，包括经度和纬度。

选择"添加点光源"命令，"点光源 1"属性管理器如图 12-6 所示。其中"基本"组框内容同图 12-5 的一样，不再重述。

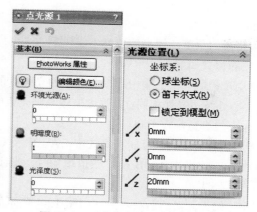

图 12-6　"点光源 1"属性管理器

在"光源位置"组框中各选项的含义如下。

（1）锁定到模型：该复选框有效，相对于模型的光源位置将保留，否则光源在模型空间内保持固定。

（2）坐标系：用于选择点光源所在位置的坐标系，包括"球坐标"和"笛卡尔式"两种。

（3）球坐标：使用球坐标系来指定光源的位置。该选项有效时，需要设置经度、纬度和距离。

（4）笛卡尔坐标：使用笛卡尔坐标系来指定光源的位置。该选项有效时，需要设置 X 坐标、Y 坐标和 Z 坐标。

选择"添加聚光源"命令，"聚光源 1"属性管理器如图 12-7 所示。其中"基本"组框内容同图 12-5 一样，不再重述。

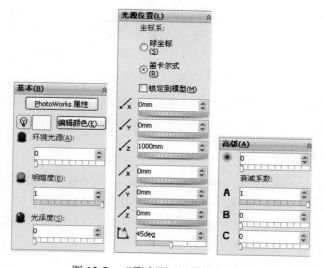

图 12-7　"聚光源 1"属性管理器

在"光源位置"组框中各选项的含义如下。

（1）锁定到模型：此选项有效，相对于模型的光源位置将保留，否则光源在模型空间内保持固定。

（2）坐标系：用于选择聚光源所在位置的坐标系，包括"球坐标"和"笛卡尔式"两种，其具体含义同图 12-6 一样。

（3）目标：为聚光源在模型上所投射到的点，可以通过修改目标 X 坐标、目标 Y 坐标和目标

Z 坐标的值来改变投射点的位置。

（4）圆锥角：指定光束传播的角度，较小的角度生成较窄的光束。

在"高级"组框中各选项的含义如下。

（5）光强度：此文本框用于控制光束的集中程度。较低的光强度值生成聚集并有清晰边缘的锥形光束，光线强度在光束中心处及边缘处相同；光强度值较高则光束中心处最为明亮，光束强度朝着光束边缘的方向减弱，光束边缘显得较柔和。

（6）衰减系数：在距离增加时减低光强度。在等式中，A、B 及 C 数值为乘数，D 为距离：衰减系数=1/(A+(B*D)+(C*D*D))，这里当 A、B 及 C 数值增加时，光线抵达目标的量就会减少。

2．删除光源

要删除光源，选择希望删除的光源，然后右击，在如图 12-4 所示的快捷菜单中选择"删除"命令即可。需要注意的是，环境光源不能被删除。

3．显示光源

在如图 12-4 所示的快捷菜单中选择"显示光源"命令，则代表光源的操纵杆显示出来，操纵杆所在的位置就是光源的位置，如图 12-8 所示。

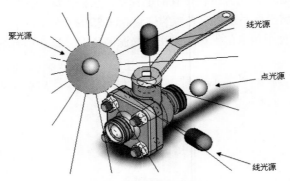

图 12-8　光源的位置

另外，对于已经加入的光源或这环境光源可以重新编辑，方法是选择如图 12-4 所示的"属性"命令，再次打开光源的属性管理器，在这里重新设置参数即可。

12.2.2　控制 PhotoWorks 光源

当使用 PhotoWorks 进行渲染时，仍然使用 SolidWorks 中设置的光源，但是可以在此基础上增加阴影功能。需要说明的是，在 PhotoWorks 中可以设置 3 种光源：线光源、点光源和聚光源。

以修改点光源属性为例。要想设置 PhotoWorks 光源属性，在图 12-5 所示的属性管理器中单击"PhotoWorks 属性"按钮，会切换成如图 12-9 所示。

在"基本"组框中各选项的含义如下。

（1）SolidWorks 属性：单击此按钮切换回 SolidWorks 属性管理器。

（2）在 PhotoWorks 中打开：此选项有效，在 PhotoWorks 布景中使用此光源。

（3）保持光源：此选项有效，当在布景编辑器中的"光源"标签打开预定义的光源时保持此光源。如此选项无效，此光源在打开预定义的光源时被删除。

在"阴影"组框中各选项的含义如下，根据需要设置相应的参数即可。

（1）整体阴影：此选项有效，使光源显示阴影。阴影的外观和品质由布景编辑器中光源标签上的整体阴影控制项控制。

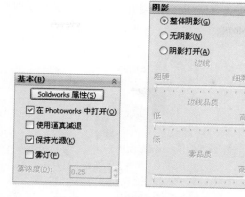

图 12-9　PhotoWorks 光源属性

（2）无阴影：此选项有效，使光源不显示阴影。

（3）阴影打开：为光源显示不透明阴影。此选项有效，需要设置边线品质，其含义同前面介绍的一样。

除了利用 SolidWorks 光源之外，PhotoWorks 还提供了定义好的光源库。在任务窗格的"外观/PhotoWorks"中，展开"光源"文件夹。其中存放着系统定义好的各种光源，如图 12-10 所示。从中选择一个合适的光源文件，然后拖动光源到图形设计区释放，新加入的光源将取代在 SolidWorks 中加入的光源。

图 12-10　任务窗格上的"外观/PhotoWorks"项

12.3　外观

要得到高度真实的渲染模型，首先要为模型设置相应的外观属性，简单地说，就是如果希望模型渲染出来的是木材，就必须先设置模型的外观属性为木材。PhotoWorks 允许设计者对整个模型（装配体、零件）设置同一外观，也可以对同一零件模型的不同特征或曲面设置不同的外观。

在装配体中，可以设置装配体中所有的零部件都使用同一外观，也可以对单独某个零部件设置各自的外观。如果设置整个装配体为同一外观，在特征管理器或者 PhotoWorks 管理器中选择 球阀 项，然后单击 PhotoWorks 工具栏上的"外观"按钮 ，属性管理器切换成如图 12-11 所示，同时任务窗格上的"外观/PhotoWorks"窗口也自动展开。"外观"属性管理器由 4 个标签组成,即颜色/图像、映射、表面粗糙度和照明度。

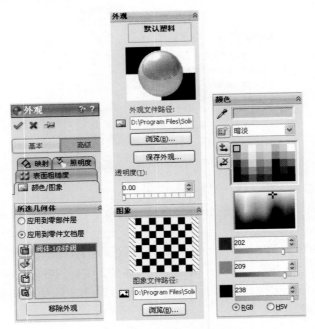

图 12-11 "外观"属性管理器

12.3.1 设置颜色和图像

"颜色/图像"标签最为重要,在该选项卡中可以为所选对象指定外观颜色或图像。默认情况下,系统自动选择整个装配体作为设置对象。如果希望为不同的零件设置不同的外观,在"所选几何体"组框中右击,在快捷菜单中选择"消除选择"命令清除所选装配体。使"应用到零件文档层"选项有效,此时如果列表框左侧的选择过滤器按钮有效,可以选择特征平面、曲面、实体或特征,在特征管理器中还可以直接选择整个零件。

"外观"组框用于为所选对象指定外观,单击"浏览"按钮,可以在系统提供的"外观"中选择希望使用的外观文件。但是该方法只能选择外观的文件(这些文件名称是英文的),不能直观地看到所选外观,因此最好的方法就是在右侧的"外观/PhotoWorks"窗口中选择希望使用的外观。在该窗口的上面选择存放外观的文件夹,文件夹中的外观以图片形式显示在下面的窗口中,选中一个图片,所选外观自动出现在属性管理器的"外观"组框中。

系统提供的外观通常有以下两种定义方式。①程序定义的外观。这种外观是由生成程序决定的,通过更改单一外观的颜色、反射度、分布方式等得到多种表面效果。当由程序定义的外观应用到模型时,在渲染的过程中,外观的程序会被自动使用。②纹理映射的外观。这种外观由已定义的图像或纹理所决定,使用时通过 PhotoWorks 的纹理空间将 2D 图像贴到 3D 模型上。如果所选的是程序定义的外观,在面板上会出现图 12-11 所示的"颜色"组框,可以为材质设置不同的颜色;如果所选的是纹理映射的外观,在面板中会出现一个"图像"组框,可以用新的图片代替系统指定的图片。

12.3.2 映射

"映射"命令是将外观纹理映射到操作范围内的 2D 坐标系,可以控制外观的大小、方向和位置，例如织物、粗陶瓷和塑料等。但需要注意的是，只有纹理映射定义的材质才能设置"映射"属性，如图 12-12 所示。

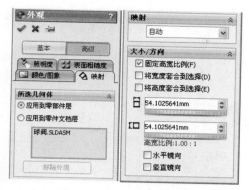

图 12-12　"映射"属性

其中映射的类型有 5 种，PhotoWorks 会根据选择的几何模型和激活的参考，为外观自动选择适当的映射，且所选零件或特征默认当前视图作为参考面，默认的参考是所选的面本身。当然，可以根据所选零件的形状特点自己进行选择。

（1）自动：纹理空间根据所选对象的特点被自动映射到 X、Y 和 Z 轴之一，此时的纹理空间对大部分平面几何体都适合。

（2）球形：纹理空间的所有点被映射到球面。

（3）圆柱形：纹理空间的所有点被映射到圆柱形面上。

（4）投影：纹理空间根据投影方向映射所有点。

（5）曲面：纹理空间根据模型的 UV 纹理坐标映射所有点。

"大小/方向"组框的内容随着所选映射类型的不同而不同，有关参数的含义如下。

（1）固定高宽比例：此选项有效，当更改宽度或高度时均匀缩放图像。

（2）将宽度套合到选择：此选项有效，将纹理的宽度伸展到选择。

（3）将高度套合到选择：此选项有效，将纹理的高度伸展到选择。

（4）宽度：按照品红色线边界调整纹理大小。

（5）高度：按照蓝色线边界调整纹理大小。

（6）旋转：设置相对轴旋转纹理的角度（仅限球形、圆柱形和投影）。

（7）轴方向 1：设置相对水平轴旋转纹理的角度（仅限球形）。

（8）轴方向 2：设置相对垂直轴旋转纹理的角度（仅限球形）。

（9）水平镜像：绕所选方向水平反转纹理。

（10）竖直镜像：绕所选方向垂直反转纹理。

（11）重设至图像：重设主要纹理或贴图的高宽比。

另外，当选择映射类型为"投影"或"圆柱形"时，"映射"组框的内容有所不同，具体情况请参照 SolidWorks 帮助。

12.3.3　表面粗糙度

"表面粗糙度"标签用于定义外观的粗糙度，其作用与纹理映射中的粗糙外观不同，外观分布方式在外观表面上添加细小的起伏，使平滑的外观呈现出锯齿状、波浪状或其他不规则外观。

如图 12-13 所示为"表面粗糙度"组框，在组框中提供了多种设置表面粗糙度的方式。从中选择一项，随后设置选择的类型属性，包括比例、高低幅度、细节和清晰度等，拖动对话框中对应的滑杆就可以设置这些属性值，类型不同，需要设置的参数不尽相同。

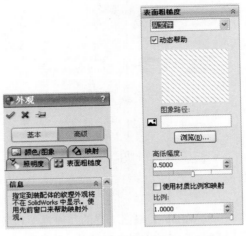

图 12-13　"表面粗糙度"标签

12.3.4 照明度

"照明度"组框用于设置和调整外观的照明度，所谓照明度就是将模型上一个点的颜色与周围环境的光源所发送的光线组合在一起的照明程度。

"照明度"组框中的内容随着选择的照明度外观不同而不同，以如图 12-14 所示面板为例介绍常用选项。在列表框中，提供了十几种外观的照明度，根据需要选择一种。其中参数选项的含义如下。

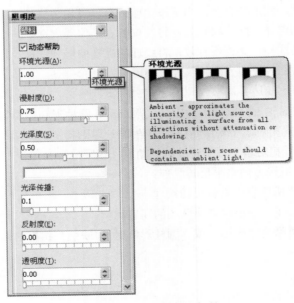

图 12-14　"照明度"标签

（1）环境光源：用于控制光源的强度。随着数值的改变，在模型各个方向上光源强度均等地改变，而没有衰减或阴影。

（2）漫射度：用于控制表面上光源的强度，此属性依赖于其与光源的角度独立于观察者的位置。

（3）光泽度：用于控制表面上光源的强度，此属性依赖于光源的位置及观察者的位置。

（4）光泽传播：用于控制表面上任何高亮显示的大小，也称光泽强度，增加光泽传播值将使高亮显示更大和更柔和。

（5）反射度：用于控制外观的反射度，如果属性设置为"无"，表面上将无反射可见，如果属性设置到完整，外观将模拟一完美镜子。

除此之外，选择不同的外观，还有一些不同的参数设置，限于篇幅，这里不再介绍，请参考 SolidWorks 帮助。

系统默认所有模型的外观为塑料，不符合要求。本例中，先选择整个装配体模型，然后设置其外观为碳钢，单击 ✔ 按钮确定，关闭"外观"属性管理器。

这样，就把整个装配体模型的外观设置好了。单击工具栏上的"渲染"按钮 ▣，弹出如图 12-15 所示的对话框，指示当前渲染计算过程，此时如果单击 停止 按钮，会停止渲染。渲染结果如图 12-16 所示。

图 12-15　渲染进程对话框

图 12-16　"球阀"渲染结果

12.4　贴图

PhotoWorks 提供贴图功能，使用贴图管理器可以在 SolidWorks 零件、特征或面上添加自定义的图案或文字。

先选择水杯的外圆柱面，然后单击 PhotoWorks 工具栏上的"贴图"按钮 ▤，打开如图 12-17 所示的"贴图"属性管理器。同时展开任务窗格的"外观/PhotoWorks"窗口，且贴图资源显示在下面窗口中。"贴图"属性管理器中有 3 个标签：图像、映射、照明度。

"图像"标签中，"贴图预览"组框用于显示要使用的图片，单击 浏览(B)... 按钮可以查找需要加入的图片，也可以从 PhotoWorks 库中选择，本例中选择 SolidWorks Corp\SolidWorks\data\Images\textures\decals\logo.bmp 文件作为要贴的图案。当选择贴图后，会自动出现"掩码图形"组框，要求选择掩码类型，有以下 3 个选项。

（1）无掩码：不用掩码，此时"掩码图形"组框如图 12-18（a）所示。

（2）图形掩码文件：用一个图像文件做掩码，在掩码为白色的位置处显示贴图，而在掩码为黑色的位置处掩码会被阻挡。该选项有效，"掩码图形"组框切换成如图 12-18（b）所示，单击 浏览(B)... 按钮，然后选择 SolidWorks Corp\SolidWorks\data\Images\textures\decals\recyclebmp 文件作为掩码图像。"反转掩码"选项有效，先前被遮盖的贴图区域为可显示区域，反之亦然。

图 12-17　"贴图"属性管理器

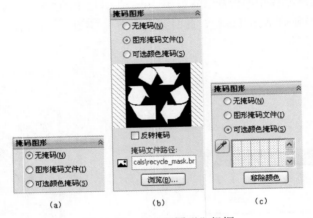

图 12-18　"掩码图形"组框

（3）可选颜色掩码：掩码是用所选贴图减去要排除的颜色，该选项有效，"掩码图形"组框切换成如图 12-18（c）所示。

"映射"标签用于选择要应用贴图的对象，并控制贴图的位置、大小和方向，提供渲染功能，如图 12-19 所示。

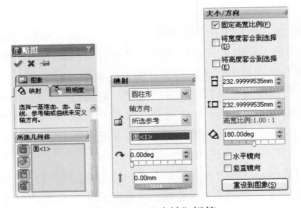

图 12-19　"映射"标签

"所选几何体"组框用于选择贴图对象，其选择方法同前面介绍的一样，不再介绍。本例中，选择水杯的外圆柱面。

"映射"组框设置映射参数，不同的映射类型其参数不完全一样，其中包括如下主要参数。

（1）标号：也称为 UV，以一种类似于在实际零件上放置粘合剂标签的方式将贴图映射到模型面（包括多个相邻非平面曲面），此方式不会产生伸展或紧缩现象。

（2）投影：将所有点映射到指定的基准面，然后将贴图投影到参考实体。

（3）球形：将所有点映射到球面。

（4）圆柱形：将所有点映射到圆柱面。

"大小/方向"组框对所有映射类型均相同，可以选择以下的一个或两个选项。

（1）固定高宽比例：使高、宽比例固定不动，即使放大时比例也不变化。

（2）将宽度套合到选择：使宽度自动改变以适应所选对象。

（3）将高度套合到选择：使高度自动改变以适应所选对象。

（4）宽度：指定贴图宽度。

（5）高度：指定贴图高度。

（6）高宽比例：显示当前的高宽比例。

（7）旋转：输入一个数值、移动滑杆或在图形区域中拖动来指定贴图旋转角度。

（8）水平镜像：水平反转贴图图像。

（9）竖直镜像：竖直反转贴图图像。

（10）重设至图像：将高宽比例恢复为贴图图像的原始高宽比例。

如果以上所有选项均被清除，可以同时指定贴图的宽度和高度，如果选择了以上其中一个选项，则只能指定其中的一个尺寸。

本例中，合理调整各参数，当设定好参数时，贴图被旋转并调整大小以套合水杯的比例。

"照明"标签用于设置照明参数，其中的参数前面已经介绍过，这里不再介绍了。选择材料为"玻璃"，设置"环境光源"为 0.75，如图 12-20 所示，其余参数默认。渲染后的结果如图 12-21 所示。

图 12-20　"照明"标签

图 12-21　渲染后的结果

12.5　布景

布景是与模型直接有关的渲染属性，包括光源、阴影、前景、背景和景观，所以实际上就是为要渲染的模型提供一个真实的渲染环境。PhotoWorks 提供了专门的功能来设置模型的布景。

在 PhotoWorks 工具栏上单击"布景"按钮 ![icon]，出现如图 12-22 所示的"布景编辑器"对话框，其中包括管理程序、房间、背景/前景、环境和光源等 5 个标签，利用布景管理器可以从布景库中合适地布景。当选择一个布景时，相关的属性（光源、前景、背景和景观）会自动出现在对应的选项卡中，可以在布景编辑器中改变任何布景的属性。另外，设计者还可以创建自定义的布景库。

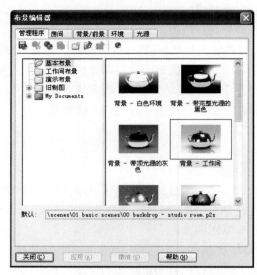

图 12-22   "布景编辑器"对话框

12.5.1 管理程序

"管理程序"标签用于从 PhotoWorks 布景库选择、剪切、复制或粘贴布景到目标模型上。它包括两部分：左侧窗口为布景库树，其中列出当前 SolidWorks 进程中所有可用的布景库及其中的类，包括基本背景、工作间布景、演示布景、旧制图及一个 My Documents 文件夹；布景选择区用于查看和选择布景。

在左侧窗格中选择目标类，则所选类中的内容显示在右侧窗格。选中一个布景内容，单击 ![应用(A)] 按钮，所选布景成为当前渲染的布景。另外，还可以利用任务窗格上的"外观/PhotoWorks"窗口进行操作，方法是在下面窗格中选择布景，然后将其拖动到图形工作区释放，该布景成为当前渲染的布景，而且"布景编辑器"对话框也会自动打开。

PhotoWorks 已经提供了比较丰富的布景库供使用。如果系统提供的布景仍不能满足设计者的需要的话，设计者可以创建自己的布景库。在窗口上侧有一个工具栏，其中提供的命令按钮，如复制、粘贴、保存、切除等就是用来自定义布景库的，这里不再介绍，请参考 SolidWorks 帮助。

12.5.2 房间

在"管理程序"选项卡选择了布景后，就可以在如图 12-23 所示的"房间"选项卡中编辑布景的墙壁、地板及天花板的大小、楼板等距、显示状态及材质等信息了。

"房间"选项卡主要包括两大部分内容。其中"大小/对齐"组框用于设置房间的大小等参数。

（1）长度：控制方形布景中楼板的长度。

（2）宽度：控制方形布景中楼板的宽度。

（3）保留长度/宽度比例：保留方形布景中楼板尺寸之间的比率。

（4）高度：控制方形布景中墙壁的高度。

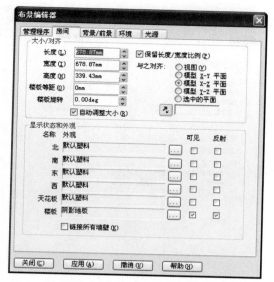

图 12-23　"房间"选项卡

（5）楼板等距：将模型几何体从布景地板等距偏移。

（6）自动调整大小：调整房间大小以适合模型。

（7）与之对齐：用于设定房间的对齐关系，选取以下选项。

● 视图：布景与模型当前视图对齐，这样地板总是水平，且墙壁总为竖直。

● 模型 X-Y 平面：布景与模型上的 X-Y 平面对齐。此时如果旋转模型，布景也随之旋转。

● 模型 X-Z 平面：布景与模型上的 X-Z 平面对齐。此时如果旋转模型，布景也随之旋转。

● 模型 Y-Z 平面：布景与模型上的 Y-Z 平面对齐。此时如果旋转模型，布景也随之旋转。

"显示状态和外观"组框用于设置布景显示的外观等参数。

（1）外观：观阅并编辑与所选布景的墙壁、天花板及楼板相关联的外观。若想编辑外观，单击对应项目后面的"浏览"按钮，并更改外观 PropertyManager 中的属性。

（2）链接所有墙壁：选择此项以在北、南、东及西墙壁上使用同样的外观。当被选择时，对一个墙壁上的外观所作的更改也应用到其他墙壁。

（3）可见：选择或消除此框以控制布景单独边侧的显示。

（4）反射：选择或消除此框以控制布景单独边侧的反射。

12.5.3　背景/前景

"背景/前景"选项卡用于将图像、颜色或纹理添加到渲染的布景的背景或前景，如图 12-24 所示。

所谓"背景"就是没被模型或布景遮盖的区域。在选项卡中可以设置以下背景样式。

（1）无：设定黑色背景。

（2）单色：设定恒定的背景颜色。若想编辑背景颜色，单击"颜色框"，然后从颜色调色板中选择。

（3）渐变：在出现在图像顶部和底部的两种背景颜色之间设定渐变混合色。若要编辑背景颜色，单击顶部渐变颜色框和底部渐变颜色框，然后从颜色调色板进行选择。

（4）图像：显示文件中的背景图像。

（5）系统颜色：与普通和渐变合用以根据应用程序的系统颜色来设定颜色。

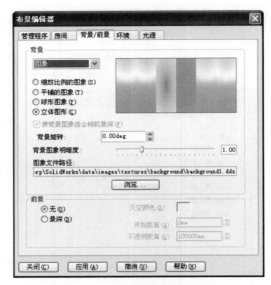

图 12-24 "背景/前景"选项卡

（6）背景旋转：在选择了球形图像或立体图像的情况下，设置背景旋转的值。

（7）图像文件路径：单击"浏览"按钮来检索背景图像。

"前景"组框用于设置有关前景的参数，前景属性模拟空气稀薄的效果。

（1）无：无雾灯效果。

（2）景深：启用雾灯效果。可修改下列属性。

● 天空颜色。单击"天空颜色"｜"雾的颜色"命令，然后从颜色调色板中进行选择。雾透明度可从起始距离的 100%透明变换到不透明距离的 100%不透明。

● 开始距离。显示从观阅者到天空颜色深度效果开始位置及 100%雾透明度结束位置的距离。

● 不透明距离。显示从观阅者到天空颜色 100%不透明的位置的距离。在不透明距离之后，整个布景被天空颜色包绕。在起始距离与不透明距离之间，所产生的颜色是根据模型颜色与天空颜色的线性插值计算而来的。

12.5.4 环境

在如图 12-25 所示的"环境"选项卡中，可以设置下面的参数。

（1）无环境：将布景的背景设定到黑色。

（2）使用背景颜色：设定布景的背景，在"背景/前景"选项卡中设定数值。

（3）选择环境图像：单击"浏览"按钮，找出在图像文件路径下所识别的图像。该选项有效时，从环境映射选项中选取。

● 平面：布景背景为平面。

● 球形：布景背景不可见并从模型反射，背景图像沿模型以球形方式包裹并延伸。该选项在背景下选取了缩放的图像或平铺的图像后可供使用。

● 立体：布景背景不可见并从模型反射，背景图像在绕模型的虚拟立方体六个边侧上再现。该选项在背景下选取了缩放的图像或平铺的图像后可供使用。

在"图像作用"组框中各选项的含义如下。

（1）环境反射：用于控制环境在物体上的反射。如使用低设定值，将获取暗淡反射；若使用高设定值，则反射明亮。

图 12-25　"环境"选项卡

（2）散射外观明暗度：用于控制布景的总明暗度，但不影响反射。

12.5.5　光源

在如图 12-26 所示的"光源"选项卡中，可以添加阴影到布景，以增强真实感。

图 12-26　"光源"选项卡

"预先定义的光源"组框中各选项的含义如下。

（1）选择光源略图：单击以将预定义的光源从光源库添加到布景。SolidWorks 文件的现有光源（除了环境光源外）被新的预定义的光源所替代。

（2）保存光源：单击以保存当前的光源略图为 PhotoWorks 光源（文件格式为.p2l）文件。

阴影可增强渲染的图像的品质。图像如无阴影看起来平淡且不逼真，物体似乎在空中漂浮。

"整体阴影控制"组框中各选项的含义如下。

（1）无阴影：所有光源都无阴影显示。

（2）不透明：所有光源都有不透明阴影显示。

（3）透明：所有光源都有高品质阴影显示。在阴影计算过程中，透明外观被考虑在内。如果选择不透明或透明，可以通过滑杆设定边线值和边线品质。对于边线来说，粗硬的设定会使阴影的边缘较尖锐，细柔的设定会使阴影带模糊边缘。对于边线品质来说，低品质设定产生锯齿状阴影边界，高品质设定产生反走样阴影边界。

12.6　渲染.输出图像

外观、布景、光源和贴图设置好后就可以开始渲染了。PhotoWorks 提供直观渲染图像的多种方法，包括全真实感渲染、交互渲染、渲染区域、渲染最后区域、渲染选择、渲染到文件。

12.6.1　全真实感渲染

单击 PhotoWorks 工具栏上的"渲染"按钮，系统根据设置的外观、布景、光源和贴图开始全真实感渲染，此时渲染整个图形工作区。

12.6.2　预览窗口

预览窗口提供可中断的渲染模型的显示，可使用窗口的渐进式更新来评定模型的更改是否正确，而不必等待完成渲染，可在渐进式更新继续时更改模型。

要显示预览窗口，单击 PhotoWorks 工具栏上的"预览窗口"按钮，打开预览窗口，如图 12-27 所示。

图 12-27　预览窗口

12.6.3　渲染区域

除了渲染整体模型外，还可以渲染选定区域内的特征或面，也可以渲染选定的特征或面。一旦选择了区域，可以编辑外观、布景属性或改变视图，然后再渲染图像并预览渲染结果。单击 PhotoWorks 工具栏上的"渲染区域"按钮，在激活的窗口上拖动鼠标选择一个区域，就会发现所选区域随后被渲染（如图 12-28 所示）。

渲染新的区域以前，在激活的窗口中最后一个定义的区域仍然有效。如果要再次渲染最后一个区域，可以单击 PhotoWorks 工具栏上的"渲染最后区域"按钮。

图 12-28　区域渲染

12.6.4　渲染选择

"渲染选择"用于渲染选择的实体。首先在特征管理器中选择扳手模型，然后单击 PhotoWorks 工具栏上的"渲染选择"按钮，会发现所选对象被渲染，而其他对象保持不变，如图 12-29 所示。

如果希望一次渲染多个特征的话，要先选择目标（按住 Ctrl 键选取），然后单击"渲染选择"按钮。

图 12-29　渲染选择

12.6.5　渲染到文件

单击 PhotoWorks 工具栏上的"渲染到文件"按钮，打开如图 12-30 所示的"渲染到文件"

对话框，可以将当前渲染结果保存成一个图片文件。需要说明的是，"渲染到文件"只能保存整体渲染结果，不能保存局部渲染效果。

图 12-30　"渲染到文件"对话框

12.7　渲染选项

PhotoWorks 除了上述内容外还有一些选项供自定义渲染时使用，包括系统选项、文件属性、高级文件属性、照明度属性及文件位置属性。下面对各选项进行介绍。

单击 PhotoWorks 工具栏上的"选项"按钮，出现如图 12-31 所示的"系统选项"对话框。

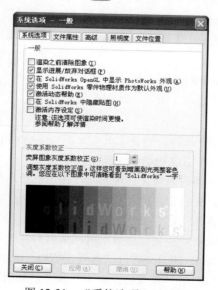

图 12-31　"系统选项"对话框

12.7.1　系统选项

"系统选项"选项卡用于设置 PhotoWorks 的一些基本参数，在该选项卡中设置的参数影响当前和未来的文件。

（1）渲染之前清除图像：勾选此复选框以在每次新渲染之前消除 SolidWorks 图形区域；消除此复选框以递增更新先前的渲染。

（2）显示进程/放弃对话框：选取以在渲染过程中显示进展对话框。在任何时候要中断渲染过程，可在进程对话框中单击停止。

（3）使用 SolidWorks 零件物理材质作为默认外观：选取以在渲染模型时使用 SolidWorks 物理外观。例如，如果在 SolidWorks 的外观编辑器 PropertyManager 中选取了铝外观，那么零件将以金属外观进行渲染。

（4）激活动态帮助：扩展的工具提示，用于说明各个属性，展示各种效果，并列出所有从属关系。

（5）在 SolidWorks 中隐藏贴图：贴图在将之添加时为可见，但当关闭贴图 PropertyManager 时，贴图将隐藏，除非在进行渲染时。

（6）激活内存设定：激活内存管理。

（7）荧屏图像灰度系数校正：灰度系数校正为纠正输出以补偿输出设备的过程。输出为渲染的图像，输出设施通常为监视器或打印机。由于图像通过监视器的显示丢失某些明亮度，需要灰度系数校正以妥善显示图像。图像为动态。

一般情况下，选择系统默认的参数即可。

12.7.2　文件属性

"文件属性"选项卡中设置的参数只影响当前打开的文件，如图 12-32 所示。

"反走样品质"选项用于设置校正的程度。

（1）中：渲染较快，适用于初看。走样人工效果为可见。

（2）高：以合理的渲染速度产生图像。走样人工效果通常为可见。

（3）非常高：产生最高品质的图像。如果布景有高度反射外观，如镜子，且如果图像用于演示，使用此选项为最后渲染。

（4）自定义：自定义反走样品质。将自定义设定滑杆从最小（快）移到最大（慢）。当设到最小（快）时，图像以低反走样品质快速渲染。当设到最大（慢）时，图像以最高反走样品质慢速渲染。

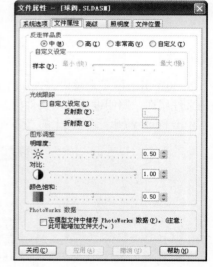

图 12-32　"文件属性"选项卡

通常在设置外观、布景时，先将反走样品质设置为"中"，这样可以节省渲染时间。当进行最终渲染时，再把反走样品质设置为"高"或"非常高"。

光线跟踪深度决定 PhotoWorks 在光线碰到反射或折射对象时如何处理光线。例如，如果为高度反射对象，设定反射数数值为 0，该对象将以暗淡外观渲染。由于数值为 0，所以无反射光发出。如果将数值更改到 1，物体将以反射外观渲染，因为反射光是从物体投射的。"光线跟踪"主要设置以下两个参数。

（1）反射数：限制反射光的数量。如果设到 0，则无反射光线照射。如果设到 1，则照射一层，但反射光线不能再反射，等等。

（2）折射数：限制折射和透明光的数量，适用于透明外观。

"图形调整"选项用于控制色调映射。图形调整的设置如下。

（1）明暗度：控制图像的发光度。

（2）对比度：控制光亮区域和暗淡区域之间的差异等级。

（3）颜色饱和度：控制颜色强度级别。在大多数布景中，可以将颜色饱和设置为 100%。在某些布景中，此设置会使颜色发光。如果此设置过低，颜色会变得模糊。

"PhotoWorks 数据"选项用于选取或消除在模型文件中存储 PhotoWorks 数据（注意，可能增加文件大小）来共享 PhotoWorks 数据，这样其他可再现同样渲染。该选项存储外观、贴图及布景所用图像。

12.7.3　高级属性

"高级"选项卡主要用于设置轮廓渲染时的有关参数，此时允许选择是否渲染模型的轮廓以及模型本身。

（1）只渲染模型（无轮廓）：轮廓渲染不可用，无轮廓计算。

（2）渲染模型和轮廓：先渲染图像，再计算额外的轮廓线，然后显示渲染的图像和轮廓线。

（3）只渲染轮廓：先渲染图像，再计算额外的轮廓线，然后只显示轮廓线。轮廓通过在观察者处以白线开始并将线条混合到背景中来显示距离。相机通过在焦点基准面以分明线条开始并在轮廓线失焦时使轮廓线模糊来显示视野。

如果激活轮廓渲染，可修改以下各项。

（1）线粗（像素）：设定轮廓线的粗细。

（2）轮廓随深度渐褪：当模型深度远离浏览器而变更时，选择以减小轮廓线的大小。

（3）将滑杆移动到最小来降低效果，移动到最大来增加效果。

（4）线色：设定轮廓线的颜色。

（5）背景颜色：如果选择了只渲染轮廓，则设定背景的颜色。

如果所用 PC 硬件配置较高，建议按照如图 12-33 所示设置参数。

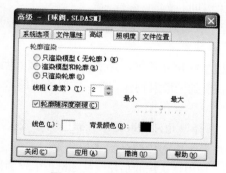

图 12-33　"高级"标签

12.7.4　照明度

"照明度"选项卡用于设置与光源有关的参数，这些参数也只影响当前文件，如图 12-34 所示。"间接照明度"组框用于设置模型的间接照明。所谓间接照明就是当照明的模型将光线反射到模型或布景的其他实体上时，则发生间接照明。例如，如果照明一鲜红模型，布景中的其他实体将有一粉红色调。

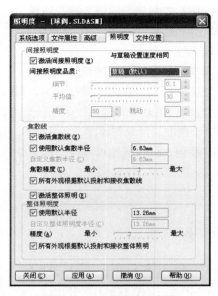

图 12-34　"照明度"标签

"间接照明度品质"选项从包括预设置值的范围中选取：草稿（默认）、低、中、高、照片、高质照片，或者可选取定义。选择每种设置时，将以草稿（默认）这一设置作为基准来显示平均渲染速度。

"定义"选项包括以下内容。

（1）细节：控制聚光点的密度并确定查看明暗值快速变化时的清晰程度。较高的设置会提高对比度，但会增加渲染时间。要增大细节的值，需要增大精度的值。

（2）平均值：控制渲染过程中不同部分模糊为一团时的那个区域的大小。如果值较低，那么高亮度区域和低亮度区域之间的过渡会显得比较生硬。渲染时间或多或少会受到影响。

（3）精度：修改在聚光点处进行连续计算时的距离。缩小点间距需要执行更多的计算。这样会提升逼真效果，但会增加渲染时间。

（4）跳动：确定光线从一个表面向另一个表面转移的次数。增大此值将发射更多光线，但设置得过高将导致颜色扩散。

"焦散线"组框用于设置模型的焦散效果，焦散效果为间接照明的结果。当光从一光源发射，经过一个或多个光反射或透射，碰到一散射物体，然后发射给观阅者。若想让焦散效果出现，必须为外观和光源额外设定选项。

（1）使用默认焦散半径：选择以允许 PhotoWorks 根据布景大小决定最佳半径。半径在布景中的每个点处计算。只有每个点半径内的焦散光子才被渲染。

（2）自定义焦散半径：当"使用默认焦散半径"复选框被消除选择时，为半径输入一数值。

（3）焦散精度：决定为计算焦散线所使用的最大光子量。

（4）所有外观根据默认投射和接收焦散线：选择该复选框以迫使所有外观投射和接收焦散线，这将覆写单个外观的设置。

"整体照明度"组框用于设置整体照明度的有关参数。整体照明度还包括除了由焦散效果所引起之外的所有形式的间接照明。整体照明度通常影响布景中大部分物体。若想让整体照明度效果出现，必须为外观和光源额外设定选项。

（1）使用默认半径：选择以允许 PhotoWorks 根据布景大小决定最佳半径。半径在布景中的每个点处计算。只有每个点半径内的整体照明度光子才被渲染。

（2）自定义整体照明度半径：当"使用默认半径"复选框被消除选择时，为半径输入一数值。

（3）精度：决定为计算整体照明度所使用的最大光子量。

（4）所有外观根据默认投射和接收整体照明：选择该复选框以迫使所有外观投射和接收整体照明度，这将覆写单个外观的设置。

12.7.5　文件位置

如图 12-35 所示的"文件位置"选项卡用于设置外观、布景等渲染元素的存放位置。限于篇幅，在此不作介绍，请参考 SolidWorks 帮助。

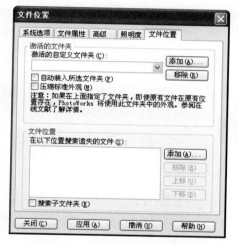

图 12-35　"文件属性"标签

12.8　实训——渲染实例

渲染附录 G 安全阀装配体，如图 12-36 所示。

图 12-36　安全阀装配体

步骤 1：单击"标准"工具栏上的"打开"按钮 ，打开已经创建好的安全阀装配体。

步骤 2：先选择垫片模型，然后单击 PhotoWorks 工具栏上的"外观"按钮 ，打开"外观"属性管理器，设置垫片的外观为"光泽橡胶"，其余参数默认，如图 12-37 所示。单击 按钮确定，关闭"外观"属性管理器。

步骤 3：重复上面的操作，将打开安全阀装配体模型中的其余实体，设置其外观为"抛光钢"，其余参数默认，如图 12-38 所示，单击 按钮确定，关闭"外观"属性管理器。这样，同一个装配体中，不同的实体采用了不同的外观。

图 12-37 "外观"属性管理器

图 12-38 "外观"属性管理器

步骤 4：在特征管理器中右击 光源、相机与布景 项，弹出如图 12-39 所示的快捷菜单，单击"添加聚光源"按钮，打开"聚光源"属性管理器，用鼠标将聚光源拖到合适的位置，如图 12-40 所示，单击 按钮确定，关闭"聚光源"属性管理器。

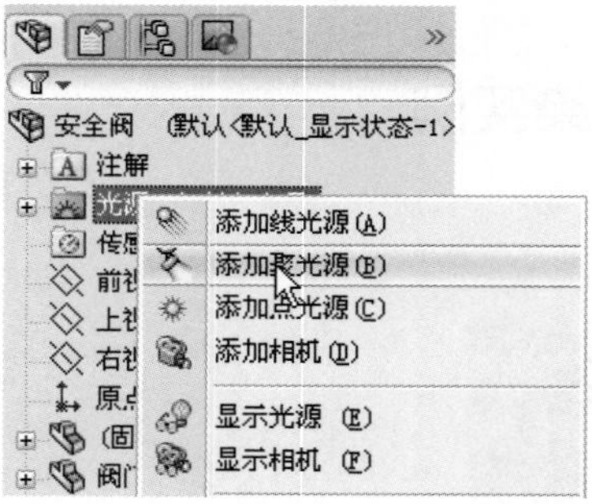

图 12-39 "添加聚光源"命令

图 12-40 调整聚光源的位置

步骤 5：单击 PhotoWorks 工具栏上的"布景"按钮 ，打开"布景"属性管理器，设置背景为"工作间"，其余参数默认，如图 12-41 所示。单击 应用(A) 按钮确定，关闭"布景"属性管理器。

步骤 6：单击 PhotoWorks 工具栏上的"预览窗口"按钮 ，查看设置的外观、布景和光源是否合适，如果不行，可适当调整一下各参数，如图 12-42 所示。

步骤 7：单击 PhotoWorks 工具栏上的"渲染到文件"按钮 ，按照提示保存成图片文件，如图 12-36 所示。

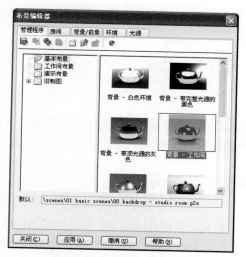

图 12-41　"布景"属性管理器

图 12-42　预览窗口

习题 12

完成附录中的各个零件及装配体的渲染。

第 13 章　制作动画

三维 CAD 软件中动画功能的主要作用是模拟装配体的动态运动，使其更加形象逼真，能够更有效地促进多方工作人员的协同工作；另外，通过动画功能还可以发现装配体结构上的错误。

13.1　运动算例基础介绍

运动算例是装配体模型运动的图形模拟,可将诸如光源和相机透视图之类的视觉属性融合到运动算例中，运动算例不更改装配体模型及其属性。它能模拟给模型规定的运动。可使用 SolidWorks 配合在建模运动时约束零部件在装配体中的运动。

运动算例包括以下运动算例工具。

（1）动画（可在核心 SolidWorks 内使用）。可使用动画来模拟装配体的运动：添加马达来驱动装配体一个或多个零件的运动；使用设定键码点来在不同时间规定装配体零部件的位置；使用插值来定义键码点之间装配体零部件的运动。

（2）基本运动（可在核心 SolidWorks 内使用）。可使用基本运动在装配体上模仿马达、弹簧、碰撞、及引力；基本运动在计算运动时考虑到质量。基本运动的计算相当快，所以可将之用来生成基于物理的模拟的演示性动画。

（3）运动分析（可在 SolidWorks premium 的 SolidWorks Motion 插件中使用）。可使用运动分析在装配体上精确模拟和分析运动单元的效果（包括力、弹簧、阻尼、及摩擦）。运动分析使用计算能力强大的动力求解器，在计算中考虑到材料属性和质量及惯性。还可使用运动分析来描绘模拟结果，供进一步分析。

各种运动算例类型的特点如下。

（1）使用动画为不需要考虑到质量或引力的运动生成演示性动画。

（2）使用基本运动生成考虑到质量、碰撞、或引力的运动的演示性近似模拟。

（3）使用运动分析运行考虑到装配体运动的物理特性的计算能力强大的模拟。该工具为以上三种选项中计算能力最强的。对所需的运动的物理特性理解得越深，则其结果越佳。可使用运动分析运行冲击分析算例，以了解零部件对各种不同力的响应。

在这里只介绍动画类型，其余两种难度较大，不适合初学者，请读者参考 SolidWorks 帮助。

在图形设计工作区底部有两个标签：一个是"模型"标签，其界面就是正常的图形设计区；另一个是"运动算例"标签，其界面是动画设计界面，如图 13-1 所示。

运动算例基本界面由 3 部分组成：上面窗格是图形设计区，可以对模型进行编辑、修改和常用的视图操作；下面左侧窗格是运动算例管理器，用于记录动画的各种动作；右侧窗格是时间窗口，是显示时间和动画事件类型的区域。

13.1.1　时间窗口

这里先介绍时间窗口。运动算例使用基于键码画面的时间窗口，用户先决定装配体在各个时间点的外观，然后运动算例应用程序会计算从一个位置移动到下一个位置所需的顺序。基于键码画面的时间窗口主要由 4 种基本元素组成：键码点、时间线、时间栏和更改栏，如图 13-2 所示。

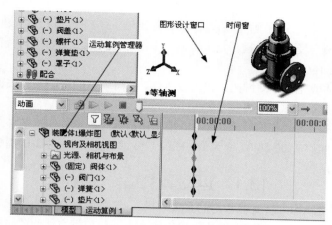

图 13-1　运动算例界面

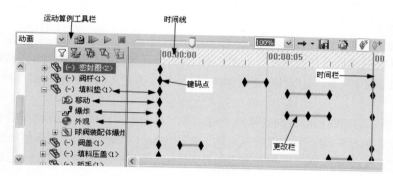

图 13-2　时间窗口

1．键码点

所谓"键码点"实际上代表着零部件的某种特定的状态。比如在装配体中，当零部件依据自由度进行移动或旋转后，它的空间位置状态会发生变化，"键码点"就代表了零部件的运动状态。当然，键码点不仅可以代表空间位置的变化，还可以代表模型材质、颜色、透明度等视向属性。从图13-2 可以看出，左侧运动管理器中的每个项目在右侧都对应一个键码点。每个时间窗口在时间线上都包括代表开始运动或结束运动时间的键码点，无论何时定位一个新的键码点，它都会对应于运动或视向属性的更改。

可以根据颜色来识别键码点，不同颜色的键码点代表不同属性。当将指针指向任一键码点时，图形区域将会更新以显示键码点所代表的零部件位置。

在时间窗口中，右击任一键码点，会弹出如图 13-3 所示的快捷菜单。在其中选择"剪切"、"复制"命令，可以将键码点复制到剪贴板上；单击"删除"命令可以将键码点删除（对 00:00:00 标记处的键码点不能剪切和删除，只能复制）。当键码点被剪切或复制之后，"粘贴"命令有效，在时

图 13-3　快捷菜单

间线的任意位置选择此命令，可以把键码点复制到当前时间线位置。如果希望一次性对多个键码点进行操作，可以按住 Ctrl 键，然后进行选择；如果希望对所有键码点进行操作，可以使用"选择所有"命令。

除了复制、粘贴、删除键码点外，还可以对所选键码进行更新来反映模型的当前状态。例如，

通过压缩一个装配配合来定义动画，然后对配合解除压缩，有些键码可能会变成红色，因为先前定义的配合阻止移动或视觉更改。欲重新定义键码，右击红色键码并选择"替换键码"命令，重新定义键码到配合所允许的位置。

同模型中的特征和配合一样，键码点也可以压缩，被压缩后的键码及相关键码将从其指定的函数中排除。取消压缩后重新恢复。

在快捷菜单中还有一个"插值模式"命令，用于在播放过程中控制零部件的加速或减速或视向属性。例如，如果零部件从 00:00:02 变为 00:00:06，可以调整从 A 到 B 的播放运动，方法是选择菜单中提供的几种方法。

2.　时间线

时间线被竖直网格线均分（就像常用的直尺一样），这些网格线对应于表示时间的数字标记。数字标记从 00:00:00 秒开始，其间距取决于窗口的大小，窗口越小，间隔越密。例如，沿时间线可能每隔 1 秒、2 秒或 5 秒就会有一个标记。

3.　时间栏

在时间线上的实体灰色竖直线即为时间栏（被选择时以红色显示），它表示动画的当前时间。可以沿时间线拖动时间栏到任意位置以设定动画时间；也可以单击时间线上的任意位置，时间栏同样会被设置在该位置。另外，当指针位于时间线上时，按空格键可以往前移动时间栏到下一个增量。

4.　更改栏

如图 13-2 所示的沿时间线方向连接两个键码点之间的水平线就是更改栏，用于表示一段时间内所发生的更改，包括时间长度、零部件运动、视图定向（如旋转）、视向属性（如颜色或视图）。同键码点一样，不同颜色的更改栏代表不同的内容，比如，绿色更改栏代表驱动运动，黄色代表从动运动，橙色代表爆炸运动等。

在运动算例中，零件的运动分为"驱动运动"和"从动运动"。其中，驱动运动是主动运动，从动运动是主动运动根据装配体零部件之间的几何约束驱动而生成的，因此两个键码点之间经常存在复合运动。

13.1.2　运动算例管理器

运动算例管理器包括顶部的工具栏、设计树、视图定向设置及与 SolidWorks 特征管理器相同的零部件清单。

运动算例管理器工具栏上提供多个命令按钮，用于进行动画播放、录制等操作。

用鼠标右击设计树中的 ✎ 视向及相机视图，在如图 13-4 所示的快捷菜单中提供"视图定向"命令，可以选择相应的命令，以操作模型的视图属性。另外，"禁止观阅键码播放"命令有效，将会压缩动画中的视点方向键，这样在播放或编辑动画过程中模型视图不会变化；否则允许动画根据设定的模型视图的方向变化。"禁止观阅键码生成"命令有效，可以在缩放、平移或旋转时不必将视图定向的变化作为动画的一部分；否则，将模型视向的变化作为动画的一部分，该命令默认有效。

双击设计树中任意一个零部件图标，下面会展开 3 个项目。

（1）🔄 移动：说明可以移动零部件。

（2）🔧 爆炸：说明零部件已在图形工作区域中重新定位。

（3）● 外观：说明零部件的颜色已被修改。

另外，右击零部件图标，在快捷菜单中还提供了一系列的命令，可以进行隐藏零部件，更改零部件的颜色、外观等视向属性操作。

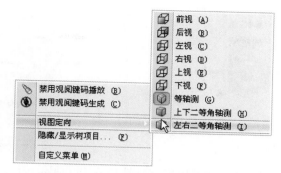

图 13-4 "视向及相机视图"快捷菜单

13.2 创建动画

在左侧运动算例管理器中右击 🔵 **视向及相机视图**，然后在如图 13-4 所示的快捷菜单中选择"禁止观阅键码生成"命令，以便允许录制动画，即图标由 🔵 变成 🖌️。

单击"放大或缩小"按钮 🔍️，先向下拖动鼠标，使装配体视图缩小到一定程度；然后用鼠标单击时间线上的 5 秒标记，以设置时间栏；再次单击 🔍 按钮，向上拖动鼠标，使装配体视图放大到一定程度，然后释放鼠标。此时会发现，在时间栏上生成一个键码，且在最左侧键码点和时间栏上键码点之间生成一个更改栏，如图 13-5 所示。

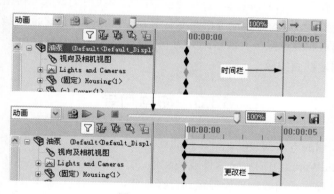

图 13-5 视向动画

再次使 🖌️ **视向及相机视图** 变成 🔵 **视向及相机视图**，其目的是在播放动画时禁止将模型视图或视向的更改记录为动画的一部分（以后每次录制动画都要重复此操作，也就是先允许录制动画，录制完成后再禁止录制，因此后面不再重复叙述）。单击"运动算例"工具栏上的"播放"按钮 ▶️，系统以动画方式播放刚才的操作，即模型模型视图不断放大，同时时间栏随着播放从最左侧向右侧移动，以指示动画进度。

接着录制下一段动画。设置时间栏到 3 秒位置，单击标准视图工具栏上的"前视"按钮，使模型处于前视状态；鼠标拖动如图 13-6（a）所示的齿轮轮廓，使齿轮顺时针转动 90°，到达如图 13-6（b）所示的位置。

设置时间栏到 6 秒位置；用鼠标拖动如图 13-7（a）所示铰杆，使铰杆顺时针旋转 90°，到达如图 13-7（b）所示的位置。

设置时间栏到 9 秒位置；用鼠标拖动如图 13-8（a）所示铰杆，使铰杆顺时针旋转 90°，到达如图 13-8（b）所示的位置。

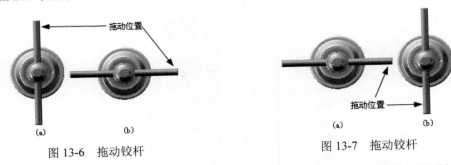

图 13-6　拖动铰杆　　　　　　　　　　　图 13-7　拖动铰杆

最后设置时间栏到 12 秒位置；用鼠标拖动如图 13-9（a）所示铰杆，使铰杆顺时针旋转 90°，到达如图 13-9（b）所示的位置。

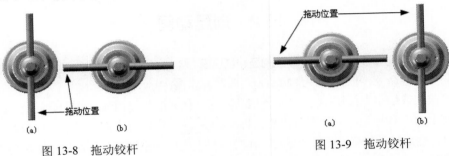

图 13-8　拖动铰杆　　　　　　　　　　　图 13-9　拖动铰杆

接下来单击"播放"按钮播放动画，会发现创建的动画在模型放大后再播放，直到一周。这里之所以要分四步旋转铰杆，原因是运动算例总是计算运动起点和终点之间的最短距离，因此如果一次旋转一周的话，起点和终点重合，最短距离为 0，也就是说不会旋转；所以要想旋转一周，必须分步完成。至此，创建动画完成。

13.3　动画向导

除了按照前面介绍的方法创建动画外，运动算例还专门提供了一个工具，即动画向导。利用该工具，可以配合 SolidWorks 中的旋转零件或装配体、爆炸或解除爆炸装配体、物理模拟等创建动画。当然，其前提是爆炸视图或物理模拟运动已经创建。

单击"装配体"工具栏上的"新建运动算例"按钮 [图]（或右击"运动算例 1"，在快捷菜单中选择"生成新运动算例"命令），建立一个新的动画界面，默认名称为"运动算例 2"，可以右击此标签，在快捷菜单中选择"重新命名"命令，然后为其输入一个新的名称。

在"运动算例 2"界面中，单击"运动算例"工具栏上的"动画向导"按钮 [图]，打开如图 13-10 所示的对话框。在对话框中有 3 个选项有效：旋转模型、爆炸、解除爆炸，而"从基本运动输入运动"等选项无效，原因是模型中尚未创建物理模型运动。还可以在已有动画基础上继续创建，也可以在对话框中选择"删除所有现在路径"选项将前面的路径删除。

此处先选择"旋转模型"选项，单击 下一步 (N) > 按钮进入如图 13-11 所示的对话框。该对话框的主要作用是要求设计者选择旋转轴、旋转次数和旋转方向。这里选择 Y 轴作为旋转轴，输入旋转次数为 5 次，顺时针旋转，设置完成后单击"下一步"按钮。

在如图 13-12 所示的对话框中输入播放的时间长度、开始运动前的延迟时间，并选择关闭动画向导后是否自动播放动画或录制动画。这里设置时间长度为 20 秒，延迟时间为 0 秒，设置好后单击 完成 按钮生成动画。单击"播放"按钮 [图]，可以看到模型绕 Y 轴旋转，旋转 5 秒后停止。

图 13-10 选择动画类型

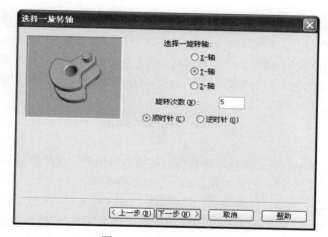

图 13-11 选择一旋转轴

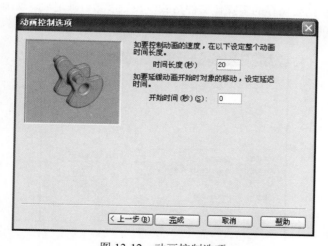

图 13-12 动画控制选项

再次单击"动画向导"按钮 ，在对话框中选择"爆炸"，然后设置时间长度为 20 秒，开始时间自动选择前一次结束时间 20 秒，当然也可以修改。确定后单击"播放"按钮 ，系统会产生爆炸视图动画。如果希望从头开始播放，单击工具栏上的"从头播放"按钮 ，系统先按照前面设置的路径旋转，然后以动画方式产生爆炸视图，如图 13-13 所示。

图 13-13   爆炸关系

至于"解除爆炸"操作，同前面类似，这里不再介绍，请参考 SolidWorks 帮助。

虽然使用动画向导可以非常容易地生成动画，但它生成的动画类型太过简单，不能表达出装配体的运动状态，所以要想生成更为生动形象的动画，还需要通过上一节介绍的方法。

13.4   动画录制

将设计好的动画以*.avi 形式保存，然后用其他播放器播放，这样做最大的好处就是可以将动画以多媒体的形式播放。另外，还可以保存成一系列连续的图片。

在运动算例工具栏上单击"保存动画"按钮 ，出现如图 13-14 所示的对话框。在该对话框中输入要保存的动画名称，并设置相应的参数（也可以选择文件类型为*.bmp 或*.tga，以保存图片）。单击 保存(S) 按钮，接着出现如图 13-15 所示的"视频压缩"对话框。在该对话框中可以设置视频压缩时的参数，包括要保存的多媒体文件格式及设置参数。确定后，动画自动播放，同时系统在后台录制所有动画的过程并保存。

图 13-14   "保存动画到文件"对话框

图 13-15 "视频压缩"对话框

除了利用动画录制功能录制动画外,还可以使用"荧屏捕获"功能录制动画。选择"菜单" |"视图" | "荧屏捕获" | "录制视频"命令,也会出现如图 13-14 所示的对话框,输入动画名称并设置好参数后确定。设定好动画路径后,一旦播放动画,系统将自动捕捉屏幕上的动画并加以保存。如果取荧屏捕获,则选择"菜单" | "视图" | "荧屏捕获" | "停止视频录制"命令。

13.5 实训——动画实例

制作附录 F 球阀装配体的装配动画,如图 13-16 所示。

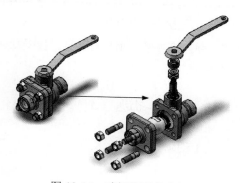

图 13-16 球阀装配体实例

步骤 1:单击绘图区下方的"运动算例"标签,切换到"运动算例"管理器,然后选择算例类型为"动画",进入动画制作编辑栏,如图 13-17 所示。

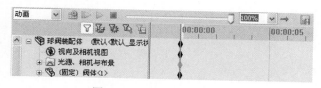

图 13-17 运动算例管理器

步骤 2:单击"运动算例"工具栏上的"动画向导"按钮 ,弹出"选择动画类型"对话框,选择"旋转模型"单选按钮,然后单击 下一步(N) > 按钮;选择"Y-轴"单选按钮,并设定旋转次数为"1",顺时针旋转,然后单击 下一步(N) > 按钮;设置动画时间长为"10"、开始时间为"0",然后单击 完成 按钮完成设置。

步骤 3:再次单击"动画向导"按钮 ,在对话框中选择"爆炸",然后设置时间长度为 20秒,开始时间自动选择前一次的结束时间 10 秒,然后单击 完成 按钮完成设置。单击"播放"按钮 ,在绘图区查看生成的未渲染动画。

步骤 4:单击"保存动画"按钮 ,在弹出的"保存动画到文件"对话框中先选择存储路径,保存类型选择 avi 后缀的视频文件;渲染器选择"PhotoWorks 缓冲区"(只有在 PhotoWorks 插件加载的情况下有效），表示生成的动画需要渲染；图形大小设置为 640*480；在"画面信息"组框中将每秒的画面设为 18，这样画面会比较流畅，没有顿挫感，如图 13-18 所示。

图 13-18 保存动画到文件

步骤 5：单击 保存(S) 按钮，弹出"视频压缩"对话框，接受默认参数，单击 确定 按钮后，就开始进行逐一画面的渲染了。

习题 13

完成附录中的各个装配体的装配动画。

附录 A　千斤顶

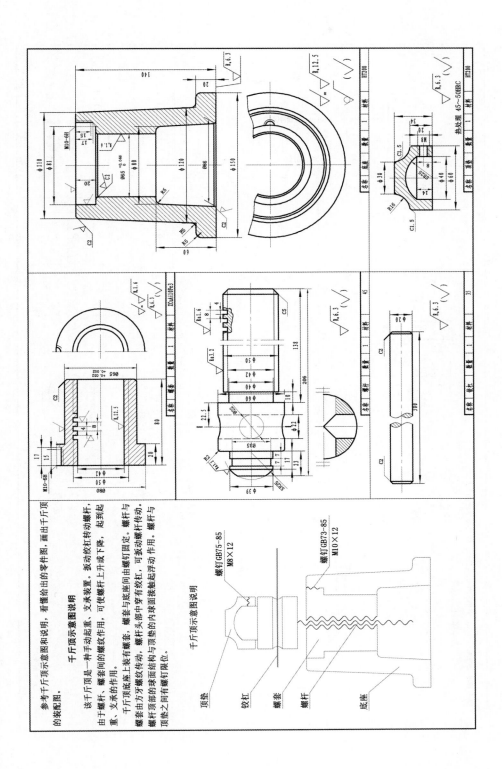

千斤顶示意图说明

参考千斤顶示意图和说明，看懂给出的零件图，画出千斤顶的装配图。

千斤顶示意图说明

这个千斤顶是一种手动起重、支承装置。扳动绞杠转动螺杆，由于螺杆与螺套间的螺纹作用，可使螺杆上升或下降，起到起重、支承的作用。

千斤顶底座上装有螺套，螺套与底座间由螺钉固定。螺杆由方牙螺纹传动，螺杆头部中穿有绞杠，可扳动螺杆传动。螺杆顶部的球面结构与顶垫接触起浮动作用。螺杆与顶垫之间有螺钉限位。

顶垫　螺钉GB75-85　M8×12
绞杠
螺套
螺杆　螺钉GB73-85　M10×12
底座

附录 B 轴承座

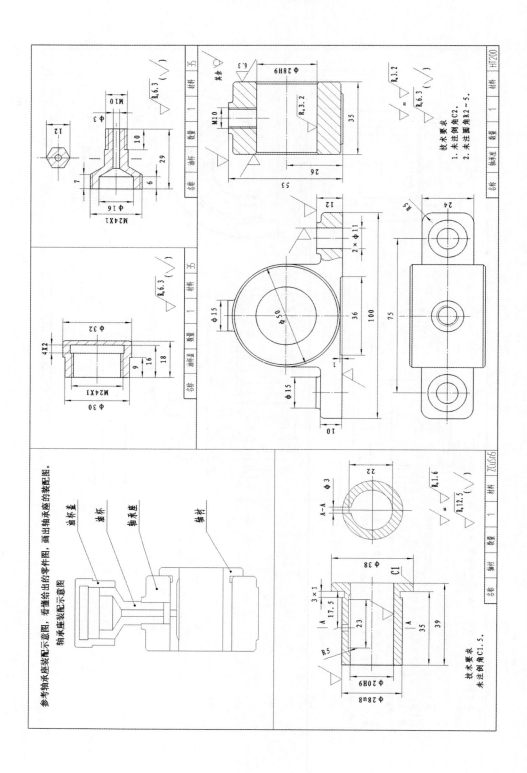

附录 C　虎钳

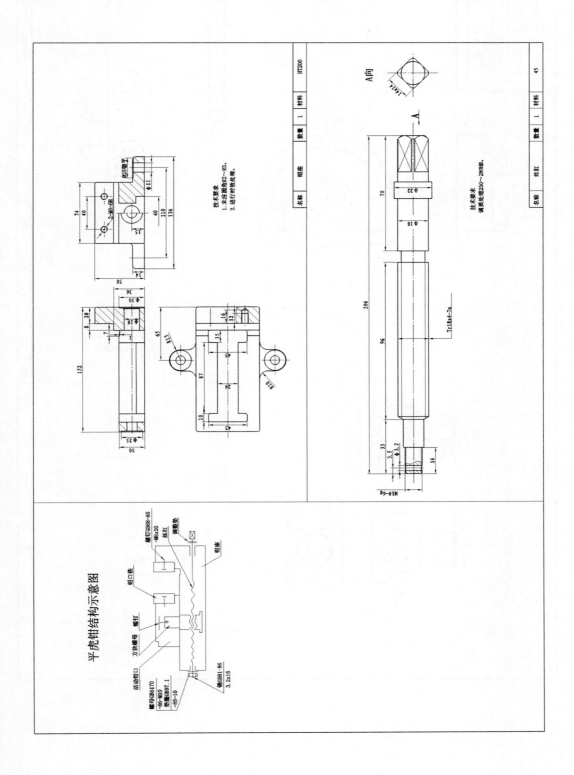

平虎钳结构示意图

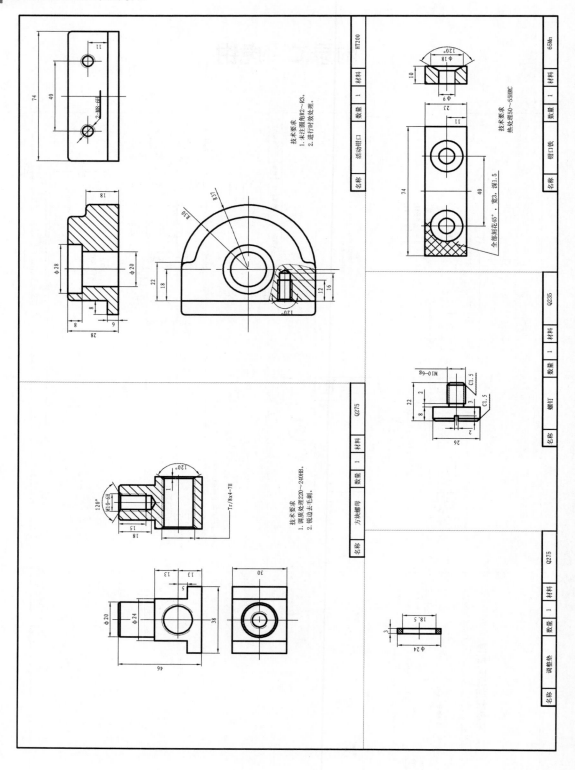

附录 D　针形阀

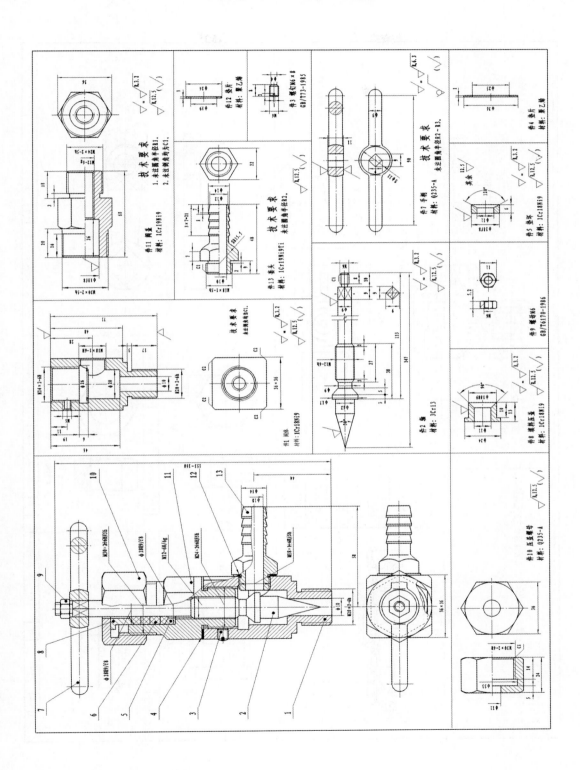

附录 E　旋转开关

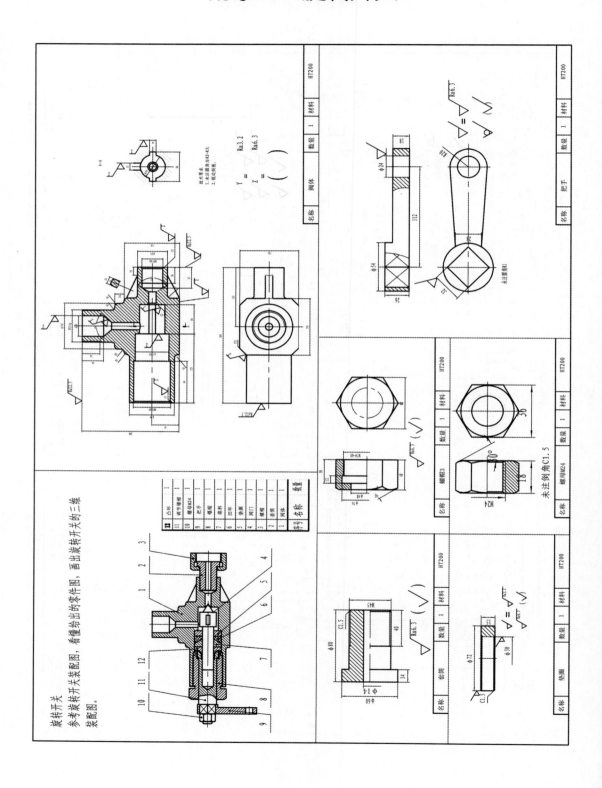

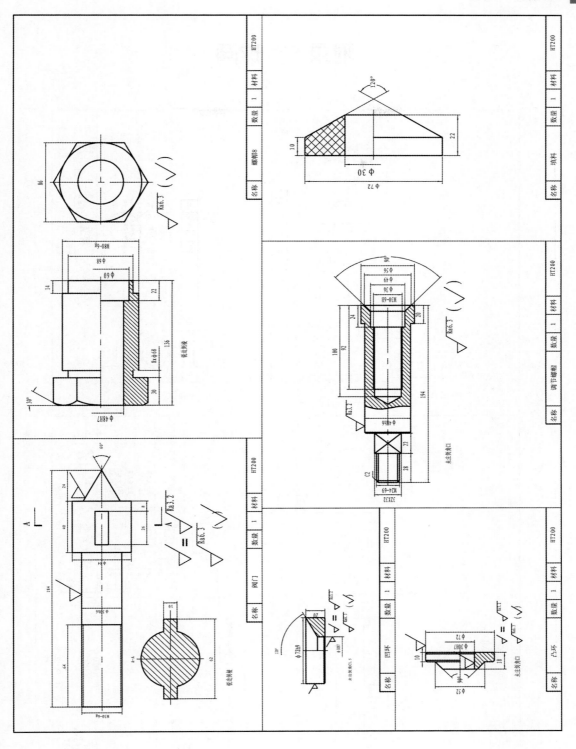

附录 F　球阀

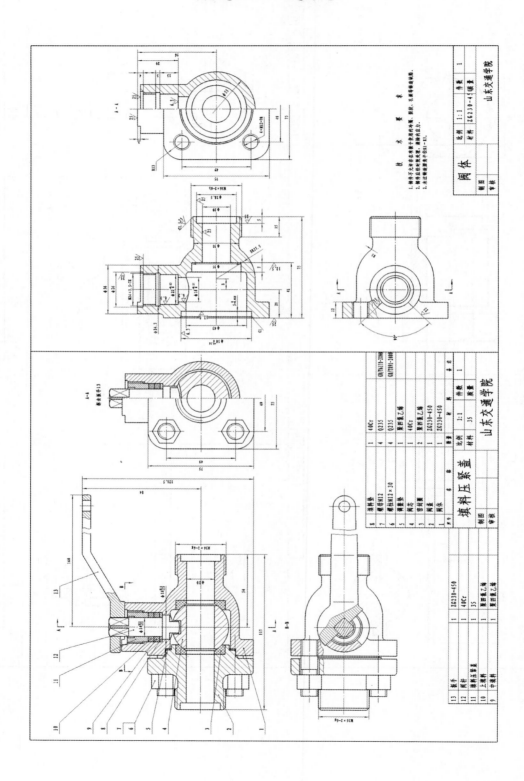

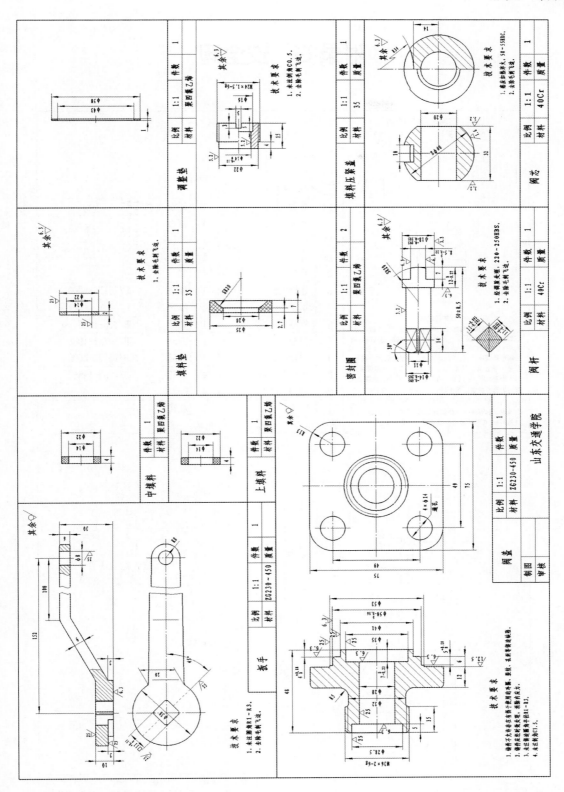

附录 G 安全阀

回油阀装配示意图

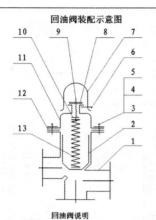

回油阀说明

　　回油阀是供油管路上的装置。在正常工作时，阀门2靠弹簧13的压力 处在关闭位置，此时油从阀体右孔流入，经阀体下部的孔进入导管。当导管 中油压增高超过弹簧压力时，阀门被顶开，油就顺阀体左端孔经另一导管流回油箱，以保证管路的安全。弹簧压力的大小靠螺杆9来调节。为防止螺杆 松动，在螺杆上部用螺母8并紧。罩子7用来保护螺杆，阀门两侧有小圆孔，其作用是使进入阀门内腔的油流出来，阀门的内腔底部有螺孔，是供拆卸时 用的，阀体1与阀盖11是用4个螺柱连接，中间有垫片12以防漏油。

序号	名称	数量	材料	备注
13	弹簧	1	65Mn	
12	垫片	1	纸板	
11	阀盖	1	ZL102	
10	弹簧垫	1	H62	
9	螺杆	1	35	
8	螺母M16	1	Q235	GB/T6170-2000
7	罩子	1	ZL102	
6	螺钉	1	Q235	GB/T75-1985
5	垫圈12	1	Q235	GB/T97.1-1985
4	螺母M12	4	Q235	GB/T6170-2000
3	螺柱M12×35	4	Q235	GB/T899-1988
2	阀门	4	H62	
1	阀体	1	ZL102	

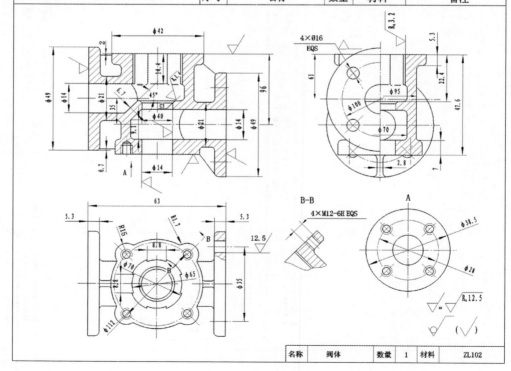

名称	阀体	数量	1	材料	ZL102

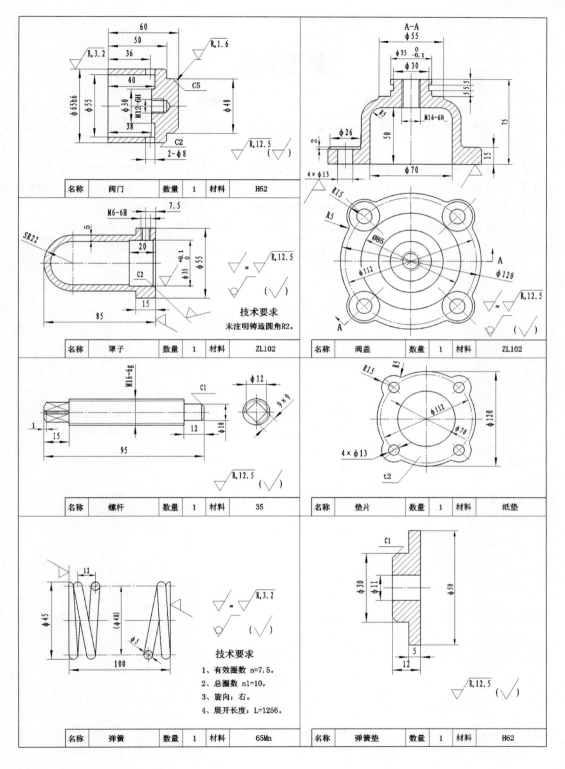

名称	阀门	数量	1	材料	H62

技术要求

未注明铸造圆角R2。

名称	罩子	数量	1	材料	ZL102

名称	阀盖	数量	1	材料	ZL102

名称	螺杆	数量	1	材料	35

名称	垫片	数量	1	材料	纸垫

技术要求

1、有效圈数 n=7.5。

2、总圈数 n1=10。

3、旋向：右。

4、展开长度：L=1256。

名称	弹簧	数量	1	材料	65Mn

名称	弹簧垫	数量	1	材料	H62

参考文献

[1] 齐月静，秦志峰，王渊峰. SolidWorks 2007 中文版曲面造型专家指导教程. 北京：机械工业出版社，2007.

[2] 苏建宁. SolidWorks 2008 产品造型设计实例精解. 北京：化学工业出版社，2008.

[3] 王卫兵. SolidWorks 2008 中文版产品设计案例导航视频教程. 北京：清华大学出版社，2008.

[4] 骆江峰，王锦，王军. SolidWorks 2006 基础教程. 北京：人民邮电出版社，2007.

[5] 叶修梓，陈超祥. SolidWorks 基础教程：工程图. 北京：机械工业出版社，2007.